中国高等教育学会工程教育专业委员会新工科"十三五"规划教材

U0182758

Information
System Security

信息系统安全

黄 杰 / 编著

ZHEJIANG UNIVERSITY PRESS
浙江大学出版社

图书在版编目(CIP)数据

信息系统安全 / 黄杰编著. -- 杭州 ： 浙江大学出版社，2020.1
ISBN 978-7-308-19784-7

Ⅰ. ①信… Ⅱ. ①黄… Ⅲ. ①信息系统—安全技术
Ⅳ. ①TP309

中国版本图书馆 CIP 数据核字（2019）第 266687 号

信息系统安全

黄　杰　编著

责任编辑	吴昌雷	
责任校对	刘　郡	
封面设计	北京春天	
出版发行	浙江大学出版社	
	（杭州市天目山路148号　邮政编码310007）	
	（网址：http://www.zjupress.com）	
排　　版	杭州朝曦图文设计有限公司	
印　　刷	杭州杭新印务有限公司	
开　　本	787mm×1092mm　1/16	
印　　张	17.25	
字　　数	410千	
版 印 次	2020年1月第1版　2020年1月第1次印刷	
书　　号	ISBN 978-7-308-19784-7	
定　　价	45.00元	

前　言

网络空间已成为继陆地、海洋、天空、外空之外的第五空间。"没有网络安全,就没有国家安全""加强网络空间安全人才建设,打造素质过硬、战斗力强的人才队伍""要培养造就世界水平的科学家、网络科技领军人才、卓越工程师、高水平创新团队",网络空间安全人才的培养成为国家战略需求,而《信息系统安全》是网络空间安全人才培养的基本专业教材之一。"新工科"是在新科技革命、新产业革命、新经济背景下工程教育改革的重大战略选择,它服务于国家战略发展新需求,构筑国际竞争新优势,落实立德树人新要求。根据"网络空间安全新工科"的要求,参照《高等学校信息安全专业指导性专业规范》所列知识点,结合编者的教学、科研实践,编写了本教材。

本书中的信息系统安全,强调的是信息系统整体上的安全性,即为运行在其上的系统(应用)、处理的数据和执行的操作(行为)提供一个安全的环境,并针对该环境如何评估、如何管理以及出现安全事件后如何应对等整个环节所涉及的关键安全技术进行了讲解。本书内容共12章,分为3个部分:信息系统安全体系结构、信息系统关键安全技术、信息系统安全管理。其中第1章和第2章属于信息系统安全体系结构部分,第3章至第9章属于信息系统关键安全技术部分,而第10章至第12章属于信息系统安全管理部分。

第1章"信息系统安全概述",它是全书的概论,从信息系统安全面临的挑战开始,介绍信息系统安全的基本概念、研究内容和研究方法,介绍信息系统安全的需求。本章是全书的基础,对后面章节的学习有指导作用。第2章"信息系统安全体系结构",从系统的角度讨论系统安全,为此,首先探讨信息系统安全体系架构的模型,将信息系统安全体系结构分为技术体系、组织体系和管理体系,并在此基础上讨论其三维模型。然后,描述信息系统安全体系结构的发展历程。最后,讨论5种典型的信息系统安全体系结构,即基于协议的安全体系结构、基于实体的安全体系结构、基于对象的安全体系结构、基于代理的安全体系结构和基于可信计算的安全体系结构。

第3章至第9章分别讨论信息系统安全所涉及的关键安全技术。第3章"物理安全",从环境安全和设备安全出发,讨论所涉及的安全技术,然后以GB 50174-2008标准为例,探讨物理安全等级保护的相关内容。第4章"身份认证技术",它是系统安全的基础技术之一,本章主要是从公钥密码技术、生理特征识别技术和行为特征识别技术等三个方面,探讨身份认证方法。第5章"访问控制技术",主要讨论访问控制的基本概念、分类和模型;讨论两类基于所有权的访问控制技术,即自主访问控制技术和强制访问控制技术,阐述它们的原理、特点和模型;讨论基于任务的访问控制技术,阐述它的原理、特点及其典型的模型;讨论基于角色的访问控制技术,阐述它的原理、特点、典型模型及其变种;讨论基于属性的访问控制技术等。第6章"操作系统安全",分别讨论典型操作系统:Windows操作系统、Linux操作系统、Android操作系统的安全框架、安全模型和基本安全机制。第7章"数据库系统安全",从数据库的安全问题出发,详细分析数据库的安全策略和安全机制,重点讲解数据库的加密机制、数据库审计、数据库的备份与恢复技术。第8章"入侵检测",主要讲解入侵检测的基本概念、分类和作用,入侵检测技术的常用方法,以及两种类型的入侵检测系统,即基于网络的入侵检测系统和基于主机的入侵检测系统,最后讲解了入侵检测系统的评估方法。第9章"可信计算",主要讲解可信计算的基本概念、特征和应用。然后从可信计算基和可信计算平台讲解可信计算技术,讲解静态可信认证、动态可信认证,以及信任链。

第10章至第12章分别对信息系统安全管理、评估和应急处理方面进行了讨论。第10章"信息系统安全管理",从信息系统安全管理的概念和标准出发,分别讲解系统安全管理的措施和安全审计的方法。第11章"信息系统安全风险评估和等级保护",主要讲解信息系统安全评测方法和技术,系统安全风险评估模型和系统的安全等级保护等。第12章"信息安全应急响应",从应急响应的概念出发,讲解应急预案和响应的制定方法,以及应急响应处置机制等。

本书作为网络空间安全专业必修课教材,适用于有操作系统、数据库系统、密码学、计算机组织与结构、计算机网络等相关基础的读者,也可作为大学基础专业课教学使用。

由于作者自身水平有限,也有许多不足甚至错误之处,恳请读者和专家提出宝贵意见。

目　录

第1章

信息系统安全概述

　　信息技术的飞速发展不仅促进了社会经济的发展和进步,而且正全面改变人们的生产生活方式,同时也为网络空间安全带来了新的威胁和挑战。信息系统是信息和信息技术的载体,它已经成为国家重要基础设施乃至整个经济社会的神经中枢,一旦遭受攻击,将导致能源、交通、金融、水利、医疗、教育、新闻、国防等基础设施的瘫痪,从而带来灾难性后果,严重危害国家政治经济、社会稳定和国防安全。

　　信息安全主要包括四个层面,即系统安全、数据安全、内容安全和行为安全,其中数据安全和内容安全就是传统的信息安全,即狭义信息安全,它强调的是信息本身的安全属性,而系统安全是本书主要研究的内容,即信息系统安全,它是信息安全的首要问题。信息系统安全强调信息系统整体上的安全性,即为运行在其上的系统(应用)、处理的数据和执行的操作(行为)提供一个安全的环境。本章是全书的概论,将从信息系统安全面临的挑战开始,介绍信息系统安全的基本概念、研究内容和研究方法,介绍信息系统安全的需求。本章是全书的基础,对后面章节的学习有指导作用。

1.1　信息系统安全面临的挑战

1.1.1　信息系统的发展历程

　　信息系统是指信息产生、存储、处理、传输和使用的人-机一体化计算机系统,包括:计算机硬件、软件、固件、网络和人员。信息系统的发展与计算机技术和网络技术的发展密不可分,了解信息系统的发展历程,有助于了解信息系统安全目标的演化过程,进一步理解信息系统安全的内涵。

1.用户独占单机系统

　　这个时期是从20世纪40年代中期到60年代中期。其间产生了世界上第一台计算机,它是由成千上万的晶体管组成,只能识别0和1,操作人员只能通过纸带或磁带输入机完成程序和数据(穿孔的纸带或卡片)的输入,只有程序运行完毕并取走结果后,下一个用户才能使用该机器,属于单用户单进程系统。此时,需要考虑的信息安全问题仅仅是物理安全问题,即:计算机电路被恶意修改或破坏,造成数据处理出错,但这不是严格意义上的信息安全问题,而且这种安全问题防范比较简单,只要严格管理设备就可以了。

60年代中期,计算机采用了小规模集成电路系统,CPU的处理能力更加高效,尽管此时计算机还是单用户独占,但用户提交的作业已经可以通过操作系统实现多进程并行处理了。此时,信息系统安全问题除了上述的物理安全外,还存在不同进程的保护问题,即:一个进程的数据不能写入另一个进程的地址空间。但这种问题只会引起数据处理的错误,不会产生数据机密性被破坏的问题,这是因为,此时只有一个用户使用该系统。

尽管这个时期已经出现了操作系统,但功能单一,在执行每个作业任务时,计算机系统仍然属于单用户独占状态,此时只要管理得当,不存在真正意义上的信息系统安全问题。

2. 多用户主机共享系统

这个时期是从20世纪60年代中期到70年代末期。60年代中期,人们开始采用小规模集成电路制造计算机,用户可以在一台主机上同时完成多个作业,"多道程序"操作系统完成对多个作业的控制,此时操作系统具有作业调度管理、处理机管理、存储器管理、外部设备管理和文件系统管理等功能。而随后出现的分时操作系统使得多用户同时使用一台主机成为可能,此时多个用户可以通过只有显示器和键盘的终端设备同时使用主机,CPU、内存和硬盘等都可以共用。终端设备通过网络与主机连接,这是计算机网络的萌芽阶段,属于"单计算机网络"。此时计算机系统的安全问题已经不再局限于物理安全,还包括用户的数据可能被窃取、篡改,用户的身份可能被冒用,用户的访问权限可能被修改。

70年代中后期,计算机网络已经不再局限于"单计算机网络",许多"单计算机网络"相互连接从而形成多个单主机系统相互连接的计算机网络。尽管此时的信息系统仍然属于"单计算机系统",但是由于网络的连接,使得单个主机所遭受的安全风险成倍增加,不仅可能遭受来自本主机用户的上述安全威胁,还可能遭受来自其他主机用户的上述安全威胁。

这个阶段信息系统的安全主要由操作系统管理,即:由操作系统实现用户的身份认证和访问控制,以及事后的安全审计。

3. 多用户联网信息系统

这个时期是20世纪80年代早期到90年代中期。大规模集成电路和超大规模集成电路在计算机系统中广泛使用,计算机的性能迅速提升,价格大幅降低,小型计算机和个人计算机应运而生。计算机上出现了磁盘操作系统(DOS),计算机作为信息处理系统开始广泛应用于社会生活和工作的各个领域。同时计算机网络也从封闭的局域网发展为万维网,以太网产生。国际标准化(ISO)制定了开放系统互连(OSI)标准,从而产生了以资源共享为目标的计算机网络。此时,人们不仅能够通过计算机系统执行多进程,而且还可以通过网络远程访问和控制其他机器的数据和文件,实现计算机之间的协同工作,信息系统开始走向了网络化。但总的说来,此时的信息系统属于集中管理的系统。

这个时期由于网络的开放性,理论上,网络上的任何一台计算机都能够访问特定的信息系统,此时的信息系统安全问题更加复杂,其遭受的安全威胁不仅来自局域网内部,更多的是来自外部网络。但是由于信息系统仍然是集中式管理,系统的边界非常清晰,因此,安全管理相对容易,防火墙技术可以抵御大部分网络威胁。

4.分布式信息系统

这个时期是从20世纪90年代中期开始至今。尽管集中式信息系统维护方便、管理简单,只要保护好中央计算机系统,信息系统的安全防护相对容易,但随着用户数量的增加和用户需求的差异化,集中式信息系统越来越复杂,运行速度越来越慢,很难实现对每个用户的需求和资源单独配置,这时出现了分布式信息系统。大型信息系统都采用分布式架构,如:网上银行服务信息系统、大型电子商务服务信息系统和云服务系统等。

分布式信息系统是指以计算机网络为基础,硬件或软件等组件分布在不同的网络计算机上,彼此之间仅仅通过消息传递进行通信和协调的信息系统。当用户向分布式信息系统提交服务请求时,他并不需要知道这个服务或数据来自哪个服务器,更无须关心服务器所在的位置。这时,我们会发现分布式信息系统的边界是模糊的。再如云服务系统,特别是公有云服务系统,不同用户或企业存储其上的数据或信息可能共用处理器、内存、磁盘,甚至网线,信息系统的边界更加模糊,或根本就没有,此时,以防火墙技术为中心的传统安全防护手段不再适用,需要全新的信息安全理念和架构。

1.1.2　信息系统安全风险和威胁

信息系统安全威胁是指由于信息系统存在软、硬件缺陷或系统集成缺陷,或软件协议等安全漏洞,以及信息安全管理中潜在薄弱环节,信息系统的组成要素和功能可能遭受破坏或无法实现预期目标的可能性。信息系统的安全风险是"绝对的",无论是否意识到,安全风险都存在,它与人的行为密切相关。信息系统的任何安全风险或不确定事件都可能造成损失。

1.信息系统的安全风险

信息系统的安全风险主要来源于系统的脆弱性,即安全漏洞,而且这种安全风险是全方位的,动态变化的。

(1)电磁泄漏。电磁泄漏是指寄生(杂散)电磁能量或谐波通过地线、电源线、信号线或空间向外扩散。任何处于工作状态的信息系统的设备都存在不同程度的电磁泄漏,如果这些泄漏携带了设备处理的信息,则称为电磁信息泄漏。利用专有设备,这些信息被接收后都能被还原。

信息系统的设备电磁泄漏主要有两个途径:一是通过电磁波向空中发射电磁信号,称为辐射泄漏。设备的印刷电路板、传输线和显示器中出现电流变化时,都会产生磁场,从而将电磁波向空中辐射出去。二是传导泄漏,即通过各种线路将电磁能量传导出去,如电源线、信号线、地线或机房网线等将电磁信号传导出去,造成电磁泄漏。

(2)芯片的脆弱性。一颗集成电路芯片是由成千上万,甚至上亿的晶体管构成,如:Intel 酷睿2四核Q6600的CPU内核,其晶体管数量是5亿8200万个。如果芯片存在设计缺陷,甚至是人为在某些晶体管上加上"后门",那么必然会导致处理的信息被泄露。

芯片的脆弱性属于硬件安全问题,它与软件脆弱性不同。软件的脆弱性是由于人的疏忽造成的,既可能是设计者也可能是使用者。这种脆弱性的解决途径可以通过软件的不断升级,或规范使用者行为的方式解决,但是芯片的脆弱性很难在后天补救。

以微处理器的两大安全漏洞——"Meltdown"(崩溃)和"Spectre"(幽灵)为例,这两个漏洞能让黑客窃取计算机的全部内容,包括移动设备、个人计算机,以及云服务器。"Meltdown"漏洞破坏了用户和操作系统之间的基本隔离,允许低权限的用户"越界"访问核心内存。目前的解决办法是采用软件升级或系统打补丁,但计算机的运行速度会下降30%左右。而"Spectre"(幽灵)破坏了不同应用程序之间的隔离,其问题的根源在于"推测执行(speculative execution)"这一优化技术,允许低权限的应用程序访问核心内存。针对此类漏洞可能需要重新设计处理器。

(3)操作系统的安全漏洞。操作系统的安全漏洞是指操作系统软件在设计上的缺陷或错误。这些漏洞一旦被不法者利用,就能通过网络植入木马或病毒,从而攻击甚至控制整个信息系统,窃取系统中的重要资料和信息,甚至破坏系统。产生漏洞的原因主要是由于程序员的能力和经验不足,或某种不可告人的目的而导致系统产生的漏洞,也可能是为了后期的调试,故意留下的"后门";或是由于硬件设计缺陷或不兼容性导致的硬件漏洞,使程序员在程序设计时无法弥补这些硬件漏洞,从而使硬件问题通过软件表现出来。

以 Windows 操作系统的两个漏洞——BadTunnel 漏洞和 Unicode 漏洞为例。BadTunnel 漏洞是 Windows 历史上影响最广泛的漏洞,涵盖所有的 Windows 系统。该漏洞为原始设计问题,当用户打开一个网址,或者打开任意一种 Office 文件、PDF 文件或者其他格式的文件,或者插上一个 U 盘,攻击者都可以利用该漏洞劫持整个目标网络,获取权限提升。Unicode 漏洞是在 IIS4.0/5.0 中,Unicode 字符解码时的一个漏洞,可以导致用户远程通过 IIS 错误地打开或执行 Web 根目录以外的文件,如 CMD.EXE,从而随意执行和更改目标计算机上的任意文件。

(4)数据库的安全漏洞。数据库是信息系统常见的数据存储工具,里面存储了大量有价值的或敏感的数据,特别是在大数据时代,数据库被广泛应用于各种场景中。在传统的信息系统建设中,数据库安全往往被忽略,这主要是由于在传统的安全防护体系中,数据库处于被保护的核心位置,不易被外部攻击,因此从表面上看已足够安全。但不断涌现的数据泄露事件,暴露了这种防御思想的致命缺陷,如:Equifax 公司 1.43 亿信用卡信息泄露,5000 万名 Uber 客户个人信息泄露和京东 50 亿条公民信息泄露等。

数据库出现安全漏洞的原因很多,主要可以归结为以下几个方面:

①数据库自身存在安全缺陷。数据库中的数据是存储在物理文件中的,无论是数据文件、备份文件还是日志文件,虽然其自定义了存储格式,但其文件的组织结构是公开的,只要得到这些数据文件,就能获取存储的数据。此外,还包括提权漏洞、缓冲区溢出漏洞和系统注入漏洞等。

②错误部署和配置。数据库的错误或不严谨部署与配置,使得数据库面临安全风险。数据库部署后,其出厂设置和薄弱的配置,使其非常容易遭受来自外部的攻击。如由于数据库部署问题,使其暴露在公共网络中,成为被直接攻击的目标。而共享服务账

号由于难以被监控和权限较大,可能带来很大的安全风险。不必要的服务和应用,增加了攻击者可以利用的攻击面。

③SQL注入。SQL注入不仅仅是最常见的数据库漏洞,而且是其头号安全威胁。通过SQL注入可以使攻击者通过SQL查询语句注入攻击代码,从而达到读取敏感数据,修改数据,执行管理操作乃至向操作系统发出指令等目的。由于程序员在开发过程中不注意书写规范,对SQL语句和关键字没有进行过滤,从而导致应用程序可以提交恶意代码到服务器后正常运行。

(5)通信协议的安全漏洞。现代信息系统是以计算机网络为基础的,网络连接是其基本的功能和特性,如果此时应用于信息系统的通信协议存在安全漏洞,那必然会威胁到系统本身的安全。通信协议出现安全漏洞主要是以下几个原因:

①协议的开放性。通信协议的开放性是为了方便网络互联,但是这也为非法入侵者提供了便利,他们可以假冒合法的用户篡改信息,窃取报文内容,甚至攻击信息系统。

②协议的设计缺陷。有些通信协议,如TCP/IP协议,在设计之初,并没有考虑其安全问题。信息系统针对TCP/IP协议提供的服务是基于IP地址进行认证和授权的,但由于IP地址缺乏有效的认证和保密机制,因此,系统无法阻止攻击者伪造IP地址。

③代码实现的缺陷。为了解决TCP/IP协议的先天安全缺陷,人们采取了很多措施,其中SSL(安全套接层)协议就是使用最为普遍的安全协议,它位于传输层和应用层之间,可以说是TCP/IP协议的安全补丁。OpenSSL是实现SSL协议的开源代码,能实现网络通信的高强度加密,然而它在2014年却爆出了严重的安全漏洞,使得黑客可以任意监控登录的用户名和密码。

(6)移动存储介质的安全漏洞。移动存储介质具有体积小、携带方便、容量大和通用性强的特点,因此被广泛应用于数据存储的载体。如果移动存储介质在信息系统之间随意使用,极易造成病毒感染和传播,引发泄密事件。也有可能将内部介质非法带出使用,造成数据外泄。为此,可以对移动存储介质实施分密级保护,规定不同密级实体之间的访问规则,如高密级移动存储介质不能在低密级信息系统上使用,高密级电子文件不能存储在低密级存储设备上,等等。对移动存储介质的安全防护主要还是通过管理的手段,这部分内容不在本书的讨论范围内。

2.信息系统的安全威胁

信息系统的安全威胁主要来源于自然因素和人为因素。自然因素造成的威胁是一种偶发性威胁,它由不可抗力或偶发性事件构成,具有发生概率小、随机性大的特点,如断电、鼠害、设备的自然老化、电磁干扰、恶劣的场地环境和地震洪灾等意外事故或自然灾害,这部分内容不是本书的研究内容。与自然因素的威胁相比,人为因素的威胁是精心设计的人为攻击威胁,难防备,种类多,数量大。从对信息的破坏性上看,这种威胁类型可以分为被动威胁和主动威胁。本书主要研究人为因素对信息系统造成的安全威胁,归纳起来主要包括以下几个方面:

(1)物理攻击。物理攻击是通过物理接触信息系统及其周边设备的方式,对信息系统的硬件、软件和数据产生破坏。如人为(有意)电磁干扰,攻击者人为将电磁波能量引入信息系统的电气或电子部分,使系统的正常工作受到干扰,运行出现紊乱,甚至电子线路遭到破坏。或通过获取系统的登录账号和密码,攻击信息系统,窃取有价值或秘密信息。或信息系统安装了携带恶意代码或病毒的软件后,被攻击或破坏,不过这种攻击行为往往发生在互联网发展的早期,其中最著名的事件是20世纪80年代初,苏联克格勃间谍从一家外国公司盗取了一套急需的工业控制软件,并将该软件用在整条泛西伯利亚天然气管道上进行测试,但他们不知道的是美国情报机构早已经在软件中放置了逻辑炸弹等着他们上当。1982年6月,软件中暗藏的逻辑炸弹被触发,泛西伯利亚天然气管线发生了相当于3000吨TNT炸药当量的特大爆炸,连当时的卫星都能观测到。而在1999年3月,美国使用了尚在试验中的微波武器对南联盟进行轰炸,造成南联盟部分地区通信设施瘫痪3个多小时。伊拉克战争中,美军于2003年3月26日,用电磁脉冲弹空袭伊拉克国家电视台,造成其信号转播中断。

(2)网络攻击。网络攻击是目前最常见的安全威胁,它是利用网络设备或协议存在的漏洞或安全缺陷对信息系统的硬件、软件及其数据进行攻击的行为。攻击者通过寻找系统的弱点,以非授权的方式达到破坏、假冒、伪造、篡改和窃取数据信息等目的。

网络攻击的破坏程度与信息化程度成正比。据中国互联网络信息中心(CNNIC)发布的《中国互联网络发展状况统计报告》显示:截至2019年6月,我国网民规模达8.54亿,互联网普及率达61.2%,而手机网民规模达8.47亿,网民使用手机上网的比例达99.1%。"提速降费"推动移动互联网流量大幅增长,用户月均使用移动流量达7.2GB,为全球平均水平的1.2倍。而据国家互联网应急中心(CNCERT)报告,2019年上半年,我国境内互联网上用于MongoDB数据库服务的IP地址约2.5万个,其中存在数据泄露风险的IP地址超过3,000个,涉及我国一些重要行业。"零日"漏洞收录数量占比43.3%,同比增长34.0%。我国境内峰值超过10Gbps的大流量分布式拒绝服务(DDoS)攻击事件数量平均每月约4,300起,同比增长18%,而且随着我国"感知中国""智慧城市"和"一带一路"建设,信息化程度还将进一步提高,因此我国面临网络攻击的威胁将与日俱增。

从目前的形势看,网络攻击的动机已经从早期的炫耀技术转向了获取利益目的,无目的蠕虫扩散行为已成为过去,针对特定群体的信息窃取、勒索甚至是破坏行为成为网络攻击的新趋势。其攻击行为的组织性更强,目标更加明确和直接,入侵者的专业能力更强,甚至在攻击过程中有严格的分工,同时攻击的目的性更强,以获取巨额经济利益或政治利益为目的。

(3)恶意代码。恶意代码又称恶意软件,是指在用户不知情或未授权情况下潜入信息系统,在信息系统上安装运行,对信息系统产生威胁或潜在威胁的计算机代码。恶意代码包括:计算机病毒、木马、蠕虫、僵尸、逻辑炸弹、后门、广告软件、勒索软件、间谍软件和恶意共享软件等。恶意代码的共同特点是它们都是计算机程序,都带有恶意的目的,但只有通过执行才能发挥作用。恶意代码的传播方式有多种,既可以通过软件漏洞传播,也可以通过社会工程中的某种方式传播,还可以通过文件或邮件传播。

恶意代码一旦入侵信息系统,轻则引起信息系统资源的过度消耗,侵占系统的存储空间,使系统的运行速度或网络连接能力下降,影响系统的性能,重则引起系统瘫痪,危害系统中的数据文件安全存储和使用,甚至泄露用户的隐私。对于上述已有的恶意代码,其防范手段或技术主要包括:恶意代码分析技术、误用检测技术、权限控制技术和完整性检验技术等。

（4）安全管理。信息系统的安全管理与安全技术同样重要。信息系统的安全管理是指通过维护信息系统的机密性、完整性和可用性等安全需求，指导、规范和管理信息系统的一系列活动和过程。其本质是风险控制过程，最终目的是使安全风险降低到用户和决策者都可以接受的程度。

信息系统是一个非常复杂的系统，其安全运行不仅与安全技术有关，而且与人和制度有关。信息系统安全管理贯穿信息系统生命周期的全部过程，而信息系统的生命周期包括规划、设计、实施、运维和废弃五个阶段，每个阶段都存在风险，需要采用不同的安全管理方法进行控制。信息系统的安全管理主要包括：设备的安全管理、数据的安全管理和运行的安全管理。

1.1.3　信息系统安全问题的根源

由信息系统的定义我们可以知道，信息系统由硬件、软件、固件、网络和人员组成。信息系统之所以存在安全问题，从技术的角度，主要包括以下三个原因：

1.信息系统的开放性

信息系统发展到如今已经成为开放的分布式信息系统，网络通信是其最基本的特征。为了实现信息系统开放互联，国际标准化组织（ISO）制定了开放系统互连（OSI）模型，该模型定义了不同计算机互联的标准，是设计和描述计算机网络通信的基本框架。OSI模型把网络通信的工作分为7层，由低到高分别为物理层、数据链路层、网络层、传输层、会话层、表示层和应用层。第一层到第三层属于OSI参考模型的低三层，负责创建网络通信连接的链路；第五层到第七层为OSI参考模型的高三层，具体负责端到端的数据通信；第四层负责高低层的连接。利用OSI模型，一次通信会话期间，各系统每层运行的进程相互通信。由于TCP/IP协议在设计之初就考虑到了各种异构网络之间的互联，而OSI则是希望将所有异构网络统一，显然这不现实。另外，TCP/IP协议在网络管理、面向无连接通信方面表现都比OSI模型优异，因此，普遍采用的网络协议是TCP/IP协议，而OSI仅用于开放网络模型。

TCP/IP协议的开放性和灵活性好似一把双刃剑，在推动了互联网的迅猛发展的同时，给信息系统安全带来了极大的安全隐患。以面向连接的TCP协议为例，TCP建立连接需要三次握手，假设A为源主机，B为目的主机，如图1.1所示。A发送第一个握手报文SYN包；B接收到A发送的报文后，发送第二个握手报文SYN/ACK，其中，ACK是对A的SYN包的应答，同时向A发送SYN握手报文；A接收到B发送的报文后，仅发送ACK包应答B发送的SYN报文。

由于通信过程中，TCP包头的内容都是明文，攻击者很容易就可破坏A和B之间的连接，并在攻击机和目的主机之间建立连接，如图1.2所示。攻击机可以拦截B发送的SYN/ACK报文，然后向B发送RST报文，终止A和B的本次连接，接着攻击机伪装成A重新发起连接请求，向B发送SYN'包；B响应新的连接请求，发送连接响应报文SYN'/ACK'；攻击机收到来自B的第二个握手报文后，仅发送ACK'包应答，从而攻击机与B

建立了连接。这不仅达到了破坏 A 和 B 之间建立连接的目的,一旦攻击者利用这个连接插入有害数据包,则可以直接达到破坏 B 主机的目的,甚至后果更严重。

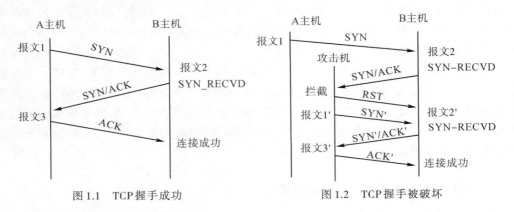

图 1.1 TCP握手成功   图 1.2 TCP握手被破坏

2.信息系统的脆弱性

信息系统主要是由硬件和软件构成,硬件和软件的缺陷客观上导致了信息系统的脆弱性。如 1.1.2 节的描述,在信息系统的硬件部分,由于系统的显示器、印刷电路板、传输线、电源线、信号线等都可能将电磁信号传导出去,从而造成电磁泄漏。而集成电路芯片由于自身的设计缺陷,可以使攻击者绕开信息系统的安全防护机制,窃取系统的全部内容。在信息系统的软件方面,由于开发者的疏忽或知识水平的局限,产生 BUG 是在所难免的。以能力成熟度模型(Capability Maturity Model,CMM)的 5 级水平为例,千行代码的出错率应控制在 0.32‰ 以下,Windows 7 系统的代码量在 5000 万行左右,这就意味着该操作系统可能有近 1.6 万个错误,那么这些错误和缺陷都可能形成漏洞,给系统带来安全隐患。

3.黑客的恶意入侵

人的恶意行为,即黑客攻击,是影响信息系统安全的最主要因素。黑客行为已经由最初的炫耀技术,发展成为破坏系统、窃取信息,甚至危及国家安全。例如:1998 年 6 月爆发的 CIH 病毒,由一名中国台湾大学生编写,在当时可算是一宗大灾难,全球不计其数的电脑硬盘被垃圾数据覆盖,这个病毒甚至会破坏电脑的基本输入输出系统(BIOS),最后连电脑都无法启动。在 2001 年和 2002 年,该病毒还死灰复燃过几次。2000 年 5 月爆发的"爱虫"病毒,通过 Outlook 电子邮件系统自动传播。该病毒在很短的时间内就袭击了全球不计其数的电脑,它喜欢攻击高价值 IT 资源的电脑系统,比如美国国安部门、美国中央情报局、英国国会等政府机构,股票经济及那些著名的跨国公司等。2006 年至2008 年间,黑客入侵了 5 家大公司的电脑系统,盗取大约 1.3 亿张信用卡和借计卡的账户信息,直接导致支付服务巨头 Heartland 向 Visa、万事达卡、美国运通以及其他信用卡公司支付超过 1.1 亿美元的相关赔款。2010 年 6 月首次被检测出来"震网"病毒是第一个专门定向攻击基础设施的"蠕虫"病毒,它开启了网络战时代。2017 年 5 月爆发勒索病毒使得近百国中招,其中英国医疗系统陷入瘫痪,大量病人无法就医,中国的高校校内网也被感染。受害者只有付费后才能解锁计算机。

从上述的例子我们可以发现,研究信息系统的安全,了解信息系统漏洞产生的原因和工作原理,掌握信息系统的防护技术和机制,对于保护信息系统的安全,抵御外部攻击起到至关重要的作用。

1.2　信息系统安全概念

1.2.1　信息系统安全的定义

无论是哪种类型的信息系统,或一个复杂信息系统由多少个分系统或子系统组成,其组成的硬件、软件和固件都应有相应的安全功能,确保所管辖范围内的信息是安全的,提供的服务是可信可控的。在本书中,我们把信息系统安全定义为:信息系统的硬件、软件或固件、网络不因偶然的或恶意的原因而遭受破坏、更改、访问和泄露,从而保证信息系统能够连续可靠地正常运行,提供稳定的服务。

信息系统的安全功能分为:物理安全、系统软件安全、网络安全、应用软件运行安全和安全管理。物理安全是信息系统安全的基础,如果物理安全得不到保障,其他的一切安全措施都是空中楼阁,其目标是保证信息系统的稳定性(Stability)、可靠性(Reliability)和可用性(Availability)。系统软件安全是信息系统安全的必要条件,操作系统安全能够保证应用软件有一个安全可靠的运行软环境,数据库管理系统安全则能够保证大量数据存储和管理的安全。网络安全则保证信息系统在传输和交换数据时的安全。应用软件运行安全是保证应用软件无安全漏洞,或攻击者无法利用安全漏洞攻击信息系统。安全管理是为了保证信息系统安全功能达到应有的安全性而必须采取的管理措施,它涉及制度和人员。

针对不同对象,信息系统安全关注的侧重点是不同的:从用户的角度而言,最关注的问题是信息系统如何保证涉及个人隐私和商业利益的数据在生成、处理和传输过程中的机密性、完整性和可用性,如何避免其他用户利用窃听、冒充、篡改等手段,对其利益和隐私造成伤害和侵犯;同时保证其存储在信息系统中的数据,不会受到未授权用户的访问和破坏。从信息系统管理者的角度而言,最关注的问题是如何保护和控制未授权用户对信息系统进行非法访问和读写等操作,如:避免出现“陷门”、病毒、非法存储、拒绝服务和网络资源非法占用及非法控制等现象,阻止和防御系统遭受“黑客”的攻击。对安全保密部门和国家行政部门而言,最关注的问题是信息系统如何对非法的、有害的或涉及国家机密的信息进行有效过滤和封堵,避免信息非法泄露,从而给国家和人民造成巨大的经济损失和安全隐患。

1.2.2　信息系统安全技术的研究内容

　　无论是单机系统、联网系统还是分布式系统,其安全风险都来自于自然和人为等诸多因素的脆弱性引发的安全威胁,因此,一切影响信息系统安全的因素和保障信息系统安全的措施都是信息系统安全的研究内容。信息系统安全是一门涉及计算机技术、通信技术、网络技术、密码技术、信息安全技术、数学等多种学科交叉的综合性学科。

　　信息系统安全技术可以划分为6个层次:基础安全技术、物理安全技术、操作系统安全技术、数据库安全技术、网络安全技术和应用系统安全技术,如图1.3所示。

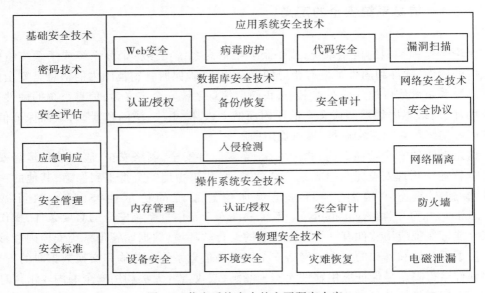

图1.3　信息系统安全的主要研究内容

　　基础安全技术包括密码技术、安全评估、应急响应、安全管理和安全标准,它是其他5个技术层次的基础。而网络安全技术则贯穿操作系统安全技术、数据库安全技术和应用系统安全技术,它们之间是相互依存的。

　　(1)基础安全技术。密码技术主要研究的是密码编码技术和密码分析技术,前者是防,后者是攻。在密码编码技术中,主要研究密码算法、密码协议和密码管理等,具体包括:对称密码算法、公钥密码体制、消息认证、认证协议、密钥交换协议、密钥分配等。它们根据用户的需要为信息传输提供机密性、完整性、认证、访问控制和不可否认性等,是构成信息系统安全的基本要素。

　　安全管理和应急响应是信息系统安全的支撑,尽管它们不为信息系统提供直接的安全防护技术,但却是信息系统提供稳定服务的必要手段。完善的安全制度和安全管理手段能够使信息系统安全风险降到最低,但即使如此,也不能保证信息系统在威胁攻击下不出现异常。应急响应是在信息系统发生安全事件、行为和过程时及时做出响应处理,杜绝危害的进一步蔓延扩大,力求系统能够提供正常的服务。

安全标准与安全评估是衡量信息系统是否安全的尺子和方法。在信息系统使用过程中,用户最为关心的是:系统安全吗? 但用户自身无法做出这种判断,也无法进行相关的验证。目前,国内和国际上存在多种信息系统安全性评估的标准体系,这些评价标准能够针对不同类型的信息系统准确表达其安全性要求,给出了相应的评价方法和准则。

(2)物理安全技术。物理安全是信息系统安全的前提,是为了应对地震、水灾等自然灾害,设备自身的缺陷,环境干扰,人为操作失误或错误,而采取的安全措施。

(3)操作系统安全技术。操作系统是软件系统的核心,是其他各种软件运行的基础平台。与之类似,操作系统安全是信息系统安全的核心,其安全技术主要包括:内存的安全管理,用户的身份认证和授权,使用过程中的安全审计等。

(4)数据库系统安全技术。数据库系统是信息系统最重要的软件系统,存储信息系统的所有数据,其安全性直接关系到信息系统的可靠性和可用性。其安全技术主要包括:用户的认证与授权,数据的安全备份与恢复,使用过程中的安全审计等。

(5)网络安全技术。网络是信息系统数据交换和传输的载体,网络安全是信息系统安全的重要组成部分,其安全技术主要包括:网络安全协议,网络隔离,防火墙,网络入侵检测等。其中,前三项内容不在本书的讲解范围。

(6)应用系统安全技术。由于应用软件系统的自身编程错误而产生的安全问题,不仅威胁应用系统本身的安全,而且会威胁到整个信息系统的安全。这种威胁防范非常困难,需要通过内外兼修的方式抵御外部入侵,其主要的安全技术包括:代码安全,病毒防护,Web安全和漏洞扫描等。这部分内容不在本书的讲解范围内。

1.2.3　信息系统基本安全属性

信息系统是为信息在产生、传输、存储、处理和使用过程提供服务的系统,其3个基本安全属性分别为:

(1)保密性。保密性保护是指对信息系统中产生、传输、存储、处理和使用的信息及整个信息系统的保密性进行保护。保密性保护的范围包括从信息系统的物理实体、操作系统、数据库管理系统、网络系统到应用软件系统等信息系统的每一个组成部分。这些组成部分应得到必要的保护,使其不因人为的或自然的原因使信息或信息系统非授权的泄露或破坏达到不能容忍的程度。

(2)完整性。完整性保护是指对在信息系统中产生、传输、存储、处理和使用的信息及整个信息系统的完整性进行保护。完整性保护的范围包括从信息系统的物理实体、操作系统、数据库管理系统、网络系统到应用软件系统等信息系统的每一个组成部分。这些组成部分应得到必要的保护,使其不因人为的或自然的原因使信息或信息系统非授权的修改或破坏达到不能容忍的程度。

(3)可用性。可用性保护是指对信息系统中产生、传输、存储、处理和使用的信息及整个信息系统所提供的服务的可用性进行保护。可用性保护的范围包括从信息系统的物理实体、操作系统、数据库管理系统、网络系统到应用软件系统等信息系统的每一个组成部分。这些组成部分应得到必要的保护,使其不因人为的或自然的原因使系统中产生、传输、存储、处理或使用的信息出现延迟或其他不可用的情况,或者系统服务被破坏或被拒绝达到不能容忍的程度。

上述为标准GA/T 708-2007定义的信息系统基本安全属性,也是信息系统安全的目标。美国联邦政府FIPS-199标准也采用了类似的分类方法,而在国际电信联盟标准ITU-T X.800中,则从信息系统提供安全服务的角度,将信息系统安全需求分为认证、访问控制、机密性、完整性和不可否认性,这也可以看成是信息在产生、传输、存储、处理和使用等过程中的安全需求。在本书中,我们采用GA/T 708-2007标准中的信息系统安全属性分类。

1.3　本章小结

从信息系统的发展历程我们可以发现,信息系统存在安全问题的根源主要是:信息系统的开放性,信息系统的脆弱性以及来自外部的黑客恶意攻击。本章明确了信息系统安全的定义,即信息系统的硬件、软件或固件、网络不因偶然的或恶意的原因而遭受破坏、更改、访问和泄露,从而保证信息系统能够连续可靠地正常运行,提供稳定的服务。

然后明确了本书主要阐述的内容,即物理安全技术、操作系统安全技术、数据库安全技术、身份认证技术、访问控制技术、入侵检测技术、可信计算技术,以及信息系统的安全管理、安全评测和应急响应等方面的内容,其目的是为运行在信息系统之上的系统(应用)、处理的数据和执行的操作(行为)提供一个安全的环境。

习题

1.信息系统和信息系统安全的定义?

2.如果信息系统无任何脆弱性,是否就不存在安全问题呢? 分析举例。

3.如何理解信息系统的开放性? 举一个书本以外的例子。

4.信息系统的安全风险和安全威胁分别体现在哪些方面? 简要阐述。

5.信息系统的基本安全属性包含哪些? 除此之外,你认为信息系统还需要有哪些安全需求? 举例说明。

6.信息系统安全包含哪四个层面? 其内涵是什么? 分析它们之间的相互关系。

7.信息系统的开放性是信息系统安全问题的根源之一,本书中列举了TCP协议存在的安全漏洞。再举两个例子说明系统的开放性所带来的风险。

第 2 章

信息系统安全体系结构

信息系统安全体系结构的发展是与计算机信息系统的发展密不可分的,它是从系统的角度分析信息系统的安全服务、安全机制、安全技术和技术管理,为信息系统的安全提供整体解决方案。

2.1 节讨论信息系统安全体系架构的模型,将信息系统安全体系结构分为技术体系、组织体系和管理体系,并在此基础上讨论其三维模型。2.2 节是描述信息系统安全体系结构的发展历程。2.3 节讨论 ISO/IEC 7498-1 标准,分析 ISO 组织提出的开放系统互连的安全体系结构。2.4 节讨论 5 种典型的信息系统安全体系结构,即:基于协议的安全体系结构,基于实体的安全体系结构,基于对象的安全体系结构,基于代理的安全体系结构和基于可信计算的安全体系结构。

2.1 信息系统安全体系结构的概述

2.1.1 安全体系结构框架

信息系统安全体系框架是从系统的角度解决信息系统安全问题,其目的是从管理和技术上保证完整准确地实现安全策略和安全服务,全面准确地满足安全需求,包括确定必需的安全服务、安全机制、安全技术和技术管理,以及它们在系统上的合理部署和关系配置等。如图 2.1 所示,信息系统安全体系由技术体系、组织机构体系和管理体系共同构建。技术体系包含了技术机制和技术管理,其中:技术机制主要保证系统安全与物理安全;技术管理主要采用 OSI 安全技术,为系统提供安全服务与安全机制,主要制定相对应的安全策略,对密钥进行管理,以及状态监测和入侵监控等。组织机构体系与管理体系包含人的活动,为信息系统安全提供人为可控的外在管理。

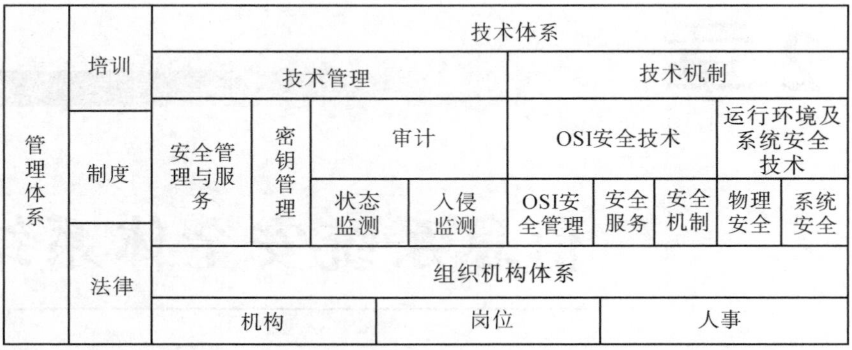

管理体系	培训	技术体系								
	制度	技术管理				技术机制				
		安全管理与服务	密钥管理	审计		OSI安全技术			运行环境及系统安全技术	
				状态监测	入侵监测	OSI安全管理	安全服务	安全机制	物理安全	系统安全
	法律	组织机构体系								
		机构		岗位			人事			

图 2.1　信息系统安全体系框架

信息系统安全体系结构是与信息系统的体系结构紧密相连的,它是将信息安全要素加入系统体系结构中,描述的是信息系统满足安全需求时各基本要素之间的关系,即:安全要素如何组织才能满足系统安全的需要。1980年,国际标准化组织(ISO)针对计算机网络体系结构提出了"开放系统互连基本参考模型(OSI/RM)",并在此基础上提出了开放系统互连的安全体系结构标准 ISO 7498-2。信息系统安全体系结构是计算机网络安全体系结构的扩展,20世纪90年代,美国国家安全局(NSA)公布的国防信息系统安全计划(DISSP)和多级信息系统安全倡议(MISSI)将 ISO7498-2标准扩充为国防信息系统安全框架三维模型,综合考虑了网络安全、端系统安全、接口安全、信息传输安全和信息处理安全等。系统安全体系结构与系统体系结构的紧密关联,为信息系统安全研究工作带来如下好处:

(1)对信息安全问题进行系统思考。安全体系结构可以非形式化、半形式化或形式化语言表达和表述各种安全性和需求,反映系统开发初期的安全决策,对系统安全的设计质量和后期的使用维护有极大的影响。

(2)安全体系结构在安全需求、安全技术方法与管理技术评估标准、相关法律法规之间架起一座桥梁,使得系统设计人员可以方便地与组织管理者和成员用户交流,并依据标准,根据需求,考虑风险,全局地指导安全系统设计和实现。

(3)安全体系结构能够极大地促进安全系统设计的重用。安全体系结构的通用设计模式、组成部件、文档等很容易被用于新的设计中。

(4)对于复杂的网络化分布式的现代信息系统,以一定的安全体系结构和信息安全标准作指导,有利于保障安全系统间的互连、互通、互操作,以及支持各类安全产品在开发研制过程中的认证和版本升级,使其具有更好的安全性、兼容性和扩展性。

根据该信息系统安全框架的三维模型,设计信息系统的安全保障系统,如图 2.2 所示,将协议层次、信息系统构成单元和安全服务(安全机制)作为三维坐标体系的 3 个维度来表示,为信息系统安全提供全面的技术保障。

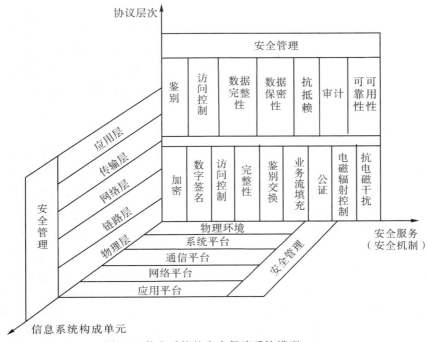

图 2.2　信息系统的安全保障系统模型

　　信息系统有不同类型的安全体系结构,根据信息系统的不同概念层次、视图和原理,信息系统安全体系结构有不同的分类。按照信息系统从抽象到具体的概念层次区分,信息系统分为抽象型、一般型、逻辑型和具体型等类型的安全体系结构;按照信息系统所涉及的安全功能、安全系统和安全技术等安全视图区分,信息系统分为安全功能体系结构、安全系统体系结构和安全技术体系结构,且 3 个结构视图是相互关联的;按照信息系统的结构原理区分,信息系统可以分为基于协议、实体、对象和代理等原理的安全体系结构。

　　一个完善的信息系统安全体系结构的构成直接或间接地涉及安全需求、安全策略、安全模型和安全机制等要素。

1. 安全需求

　　安全需求是指信息系统要达到的安全服务要求,是制定安全策略和建立安全模型的前提。不同类型的安全体系结构所描述的安全需求侧重点也不相同,即有面向不同层次、不同视图和不同原理的安全要求。例如,抽象型安全体系结构所要满足的安全需求就是对信息安全最典型的基本要求,即保密性、完整性和可用性;而具体型安全体系结构所涉及的安全需求则要对系统运行环境及安全威胁进行分析后,得出哪些传输链路、处理环节需要保证信息的保密性和完整性,对哪些用户要保证服务的可用性等实际要求。

2. 安全策略

　　在安全体系结构中,安全策略指用于限定一个系统、实体或对象进行安全相关活动的规则集,即要表明在安全范围内什么是允许的,什么是不允许的。它直接体现了安全需求,并且也有面向不同层次、视图和原理的安全策略,其描述内容和形式各不相同。对于抽象型和一般型安全体系结构而言,安全策略主要是对加密、访问控制、多级安全等策略的通用规定,不涉及具体的软、硬件实现。而对于具体型安全体系结构,其安全策略则是要对实现系统安全功能的主体和客体特性进行具体的标识和说明,既要描述允许或禁止的系统和用户何时执行哪些动作,也要能映射到软、硬件安全组件的具体配置,如网络操作系统的账户策略、用户权限策略和审计策略等安全策略最终体现为安全功能的各种选项。

3.安全模型

安全模型用于准确描述系统在功能和结构上的安全特性,它反映了一定的安全策略,是引导和验证安全系统开发设计的一种概念模型。对安全策略及其形式化模型的研究起源于美国军方对高安全级别的计算机系统的需求,它为计算机操作系统的安全性设计提供了理论基础。这些经典安全模型主要针对计算机系统的访问控制,并没有涉及信息在网络传输等环节的安全保护。安全模型主要由身份标识(Identification)、认证(Authentication)、授权(Authorization)、审计(Audit)4个环节构成,如图2.3所示,经典安全模型的前提假设是:引用监视器(Reference Monitor)是主体对客体进行访问的唯一通路;身份标识与认证的机制是可靠的;审计文件和访问控制数据库受到充分的保护。而这些前提在实际的信息系统中并不一定成立,因此,信息系统安全模型的描述应反映相应层次和视图上的安全策略。例如,数据库管理系统(DBMS)是作为计算机操作系统的一个应用程序运行的,它不受操作系统的用户认证机制保护,也没有通往操作系统的可信路径,因此DBMS还必须建立自己的用户认证机制,即需要建立相应的数据库安全模型。

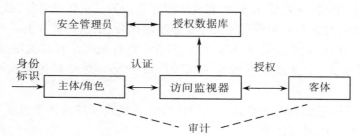

图注:↔表示实体之间控制/数据传输方向,——表示审计是针对主体的访问和客体的使用。

图2.3 经典安全模型

4.安全机制

安全机制是实现信息系统安全需求及安全策略的各种措施,具体可以表现为所需要的安全标准、安全协议、安全技术、安全单元等。对于不同层次、不同视图和不同原理的安全体系结构,安全机制侧重点也有所不同。例如,OSI安全体系结构中建议采用8种安全机制,即:加密机制,数字签名机制,访问控制机制,数据完整性机制,认证机制,信息流填充机制,路由控制机制及公证机制。而对于特定系统的安全体系结构,则要进一步说明有关安全机制的具体实现技术,如认证机制的实现可以有口令、密码技术及实体特征鉴别等方法。

2.1.2　安全体系结构的类型

在美国国防部的目标安全体系(DoD goal security architecture)中,把安全体系划分为以下4种类型。

1.抽象体系

抽象体系(abstract architecture)是从描述需求开始,定义执行这些需求的功能函数。之后指导如何选用这些功能函数,以及如何把这些功能组织成一个完整的原理和相关的基本概念。在这个层次的安全体系就是描述安全需求,定义安全功能以及提供安全服务,确定系统实现安全的指导原则和基本概念。

2.通用体系

通用体系(generic architecture)的开发是基于抽象体系的决策来进行的。它定义了系统分量的通用类型和使用相关行业标准的情况,它也明确规定了系统应用中必要的指导原则。通用安全体系是在已有的安全功能和相关安全服务配置的基础上,定义系统分量类型及实现这些安全功能的有关安全机制。在把分量与机制进行组合时因不兼容导致的局限性或安全强度退化,必须在系统的应用指导中明确说明。

3.逻辑体系

逻辑体系(logical architecture)就是满足某个假设的需求集合的一个设计,它显示了把一个通用体系应用于具体环境时的基本情况。逻辑体系与下面描述的特殊体系的不同在于:特殊体系是使用系统的实际体系,而逻辑体系是假想的体系,是为了理解或其他目的而提出的。因为逻辑体系不是以实现为意图的,因此无须实施开销的分析。在逻辑安全体系中,逻辑设计过程往往伴随着对特殊体系中实现的安全分析的解释。

4.特殊体系

特殊体系(specific architecture)要表达系统分量、接口、标准、性能和开销,它表明如何把所有被选择的信息安全分量和机制结合起来以满足我们正在考虑的特殊系统的安全需求。这里信息安全分量和机制包括基本原则和支持安全管理的分量等。

2.1.3　安全体系结构的设计原则

在设计一个复杂的信息系统时,如何提出一个好的安全体系结构,使系统很好地满足设计时提出的各种要求。为此,人们总结了系统安全体系结构设计中必须遵守的7个基本原则:

1.从系统设计之初就考虑安全性

在不少系统的设计中,开发者的开发思想都是:先把系统建成,再考虑安全问题。其结果是有关安全的实现无法很好地集成到系统中,为了获得所必需的安全性,不得不付出巨大的代价。例如:Linux在设计之初,没有考虑各种安全问题,特别是只有通过密码技术才能有效解决的安全问题,为了解决这些问题,人们或是改进内核,或建立专门的系统,前者要求人们重新开发各种应用软件,后者则需要人们花费大量的人力、物力建立并维护新系统。之所以出现这样的情况,是因为设计一个系统时,可以达到系统要求的方法是多种多样的,有的对安全有利,有的则对安全不利。在这种情况下,如果没有一个安全体系结构来指导系统设计的早期决策,就完全有可能选择了有致命安全缺陷的设计思路,从而只能采取在系统设计完成后,再添加安全功能的补救措施,但此时可能需要付出比选择其他方案要多很多倍的代价才能获得相应的安全特性和保证。而且正如经验丰富的系统设计专家 M.Gasser 所指出的:已有的大系统开发实践经验表明,除非在系统设计的早期考虑了安全对系统的影响,否则最后设计出来的系统很少会获得满意的安全性。因此,在考虑系统体系结构的同时就应该考虑相应的安全体系结构。

2. 应尽量考虑未来可能面临的安全需求

安全体系结构除了考虑当前的安全需求外,还应着眼于未来,考虑一些不在计划之列的潜在安全属性。由于设计时纳入了这些"预设的"安全问题,当未来系统要实施安全增强时,其开销必然小。同时,开发时由于预留了接口而带来很大的方便。即使预留的安全特性在系统的后续开发中从未用到,但系统因预留了接口而造成的损失往往也是很小的。

系统要实施安全增强包括两方面的问题:第一,改进系统原有的安全性。其重要手段是改变系统的安全参数,或替换原有技术所实现的相关安全部件。第二,给系统增加新的安全属性。这是由于系统的许多安全性是无法进行改进的,其根本原因在于系统的功能是依赖于系统的不安全属性的方式定义的,一旦改变系统的这些属性,系统就不再按照我们希望的方式工作,因此就要求超前考虑安全需求。

如何考虑这些"预设的"安全问题才是恰当的呢?需要考虑以下三个方面:

(1)不能把"预设的"安全问题定得太特殊,或太具体,否则,会损失系统的灵活性。

(2)要从适当的抽象层次来理解安全问题,也就是说要从问题类的角度来理解安全问题,而不是针对具体的问题。该设计必须包含完成未来安全需求的足够细化的分析。

(3)设计计划必须特别关注安全策略的定义,因为安全策略的改变会给系统带来灾难性的影响。之所以会出现这样的情况,是因为应用系统与这些策略紧密相关,在旧策略下运行良好的应用系统完全有可能在新策略下无法正常工作。

3. 实现安全控制的极小化和隔离性

为了获得高可信的安全系统,设计者应该极小化系统内部设计中安全相关部分的复杂度和规模尺度,即应尽量优化结构,使其复杂性尽可能极小化,同时还应该尽量保障各相对独立功能模块在程序量上的极小化。同时,在体系结构设计中考虑安全控制的隔离性,确保设计者在向系统添加新的、有用的安全属性时,系统的可靠性不发生改变。

为了实现安全控制的极小化和隔离性,在系统安全体系结构设计时必须注意以下几个方面:

(1)不是所有的从软件工程的角度看有效的设计原则都很好地适用于系统安全部分的设计。例如:机制的经济性原则。该原则是指系统应尽可能地使用少量不同类型的实施机制,从而迫使安全行为仅在少量隔离的系统部分中发生。但这个原则在安全设计中很难实施,其根本原因在于:①安全问题是与系统的多个不同功能域紧密相关的,这些功能域主要包括文件系统处理、存储管理、进程控制、输入输出及大量的管理功能等,因此在不同的功能域中几乎相同的安全问题往往需要使用不同的安全机制,才能获得好的安全控制;②相同的机制用于多种应用系统的保护,通常也是缺乏灵活性的;③当在旧系统中引入新的、灵活的安全机制时,它们通常与现存的机制是不兼容的,然而现实又需要它们彼此兼容共存。

(2)系统中的安全机制应尽量简洁,易于确认,而且相对独立,这样有利于实现附加的控制来保护它们,避免受到系统其他部分出错时带来的危害。

(3)数据隔离必须适度,不能走极端。高度的隔离能够带来高安全,但也导致效率的大幅下降,因此安全与效率往往要折中考虑。

4.实施极小特权

与隔离安全机制紧密相关的概念就是极小特权原理,该原理的基本点是:无论在系统的什么部分,只要是执行某个操作,执行该操作的进程(主体)除了能够获得执行该操作所需要的权限外,不得获得其他权限。极小特权原理的内涵是简洁的,但外延是丰富的,它主要包括以下几个方面:

(1)与硬件相关的极小特权,即硬件特权。当处理器不是以特权模式或特权域的方式进行操作时,必须限制特殊指令的使用,而且限制对某些存储区的访问。

(2)与软件相关的极小特权,即软件特权。它是由管理员指派某些程序的特权,这些特权允许程序超越常规的访问控制,或调用所选择的系统参数。但是依赖于复杂纷繁的特权完成常规安全功能的系统可能是访问控制设计很糟的系统。

(3)最小特权的实施方法。要求系统在构造时必须按一定的技术进行,例如:模块化编程和结构化设计等。

(4)最小特权总是包含用户的行为和系统管理者的行为。用户和系统管理者不应当获得多于完成他们工作需要的访问权限。

5.安全相关功能必须结构化

系统体系结构应该可以比较容易地确定系统安全相关的内容,以便对系统的大部分进行快速检验,这对安全系统是非常重要的。一个好的安全体系结构必须是:安全控制是隔离的、极小化的,对安全相关功能有一个清晰且易于规范的接口。

6.使安全性能"友好"

在设计安全机制时,使安全性能"友好"方面需要遵循以下原则:

(1)安全不应当对服从安全规则的用户造成功能影响。

(2)授权用户访问应该是容易的。

(3)限制用户访问应该是容易的。

(4)建立合理的默认规则。

7.使安全性不依赖于保密

系统的安全体系要避免依赖于系统安全机制的任何保密部分。例如:用户不能突破系统,是因为用户没有用户手册或软件资源列表,这种假设是不安全的。

2.2 信息系统安全体系结构的发展

信息系统安全体系结构在过去的30年间逐渐成为信息安全学科研究的重点领域和重要分支,研究内容主要包括安全模型的建立及其形式化描述与分析,安全策略和安全机制的研究,检验和评估系统安全性的科学方法与准则的建立,以及符合这些模型、策略和准则的系统研制。纵观信息系统安全体系结构的发展过程,它是与计算机信息系统的发展历程紧密相连的,主要可分为4个阶段。

1.无安全体系结构阶段

20世纪60年代至70年代,计算机系统已经由用户独占单机系统向多用户主机共享系统发展。许多独立计算机网络开始相互连接,但此时的计算机系统体积庞大,还属于专用系统;并且由于信息系统间的网络互联,系统的安全风险已经成倍增加。为此,1983年,美国国防部计算机安全保密中心发表了《可信计算机系统评估准则》(TCSEC),简称橙皮书。它是以经典安全模型为基础实现计算机系统安全,是目前公认的信息系统安全体系结构的最早标准。

2.安全体系结构初级阶段

20世纪80年代至90年代初,计算机开始小型化,计算机网络逐渐普及。随着各种信息系统的建立和应用,信息系统安全体系结构的重要性也开始引起关注。在这一时期,网络攻击事件逐渐增多,传统的信息系统安全保护措施难以抵御黑客入侵及有组织的网络攻击。针对保障信息系统安全的需求,20世纪90年代,美国国家安全局(NSA)公布的国防信息系统安全计划(DISSP)以及多级信息系统安全倡议(MISSI)是由ISO 7498-2扩充而形成的国防信息系统安全框架三维模型,它不仅考虑了信息传输安全、信息处理安全、网络安全和端系统及接口安全问题,还增加了互操作性、质量保证、性能等安全特性。

3.安全体系结构发展阶段

20世纪90年代末至21世纪初,分布式信息系统开始出现,网络环境更加复杂,此时也是信息系统安全体系结构飞速发展的阶段。此时,信息系统安全体系结构不仅考虑了安全技术、设备安全管理,而且考虑了人员和法律法规等诸多因素。这一阶段,信息系统安全体系结构从复杂系统工程的角度得到了全面而系统的研究,出现了各种不同类型,如:DTOS、Flask、DOCT、SSAF、XDSF和CDSA等。

4.安全体系结构高级阶段

20世纪初至今,信息系统已经全面网络化,关键信息基础设施的安全已经上升到国家安全层面,防御已经由被动向主动发展。信息系统保障依赖于人、技术和操作来共同实现组织职能/业务运作,对技术/信息基础设施的管理也离不开这3个要素。在这个阶段,信息系统安全涉及4个信息安全保障领域:保护网络和基础设施,保护边界,保护计算环境和支撑基础设施。

其中代表事件是 2000 年美国颁布的信息保障技术框架（IATF，Information Assurance Technical Framework）3.0。针对信息保护过程中的不同角色，IATF 提出了信息系统保障应包括保护、检测、反应和恢复等环节，它不再过分强调"严防死守"，而是要保证信息系统在遭受攻击的情况下，能够及早地识别、检测出这些攻击，将可能造成的损失降到最低程度，并保证信息系统基本业务的连续性。该框架的信息保障策略是深层防护、多级配置，使得在深层防护架构内，各种安全措施和手段互相支持，达到整体信息系统安全。如图 2.4 所示，IATF 将信息保障技术层面分为四个部分：网络和基础设施，区域边界，本地计算环境和支持性基础设施。网络和基础设施提供区域互联，它们包括操作域网（OAN）、城域网（MAN）、校园域网（CAN）和局域网（LAN）；"区域"指的是通过局域网相互连接，采用单一安全策略并且不考虑物理位置的本地计算设备的集合；本地计算环境包括服务器、客户以及所安装的应用程序；支持性基础设施以安全地管理系统和提供安全有效的服务为目的，其包含密钥管理基础设施/公钥基础设施（KMI/PKI）和检测与响应基础设施两个方面。随后，我国信息安全专家沈昌祥院士提出了"三纵三横，两个中心"的主动防御信息安全防御保障框架，它是由密码管理中心和安全管理中心支持下的应用环境安全、应用区域边界安全、网络传输安全的三重保障体系结构。信息系统在引入"三横三纵，两个中心"的信息安全保障技术框架后，可以易于在不同层次以及不同区域之间部署物理或逻辑安全防范措施，形成水平和垂直两个方向的多层次保护，使得高风险节点的信息安全分析被局限在相应的区域内。

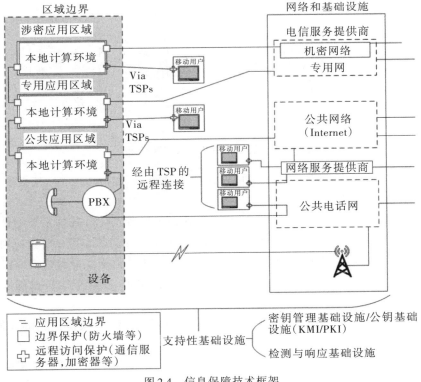

图 2.4　信息保障技术框架

2.3　开放系统网络互联的安全体系结构

　　ISO 7498-1给出了开放系统互连的基本参考模型,ISO 7498-2确定了保护开放系统之间通信的通用信息安全体系结构。它的目的是允许异构计算机系统互联,使得应用进程间的有用通信可达,而为了保护应用进程间交换信息,必须建立系统的安全性。其核心内容是尽可能地将安全服务(即身份认证、访问控制、数据保密、数据完整性、不可否认性等5大类安全服务)与安全机制(即加密、数字签名、访问控制、数据完整性、认证、业务流填充、路由选择控制、公证等8类安全机制)放置于OSI模型的7层协议中,以实现端系统信息传送的安全通信通路。其安全体系结构的三维空间表示如图2.5所示,它是目前网络安全研究中主要参考的安全体系结构之一。

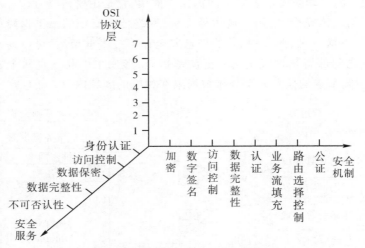

图2.5　OSI安全体系结构的三维空间表示

　　ISO 7498-2扩展了ISO 7498-1的基本参考模型,以覆盖安全性,其提供了5大类安全服务,具体描述如下:

　　(1)身份认证(Authentication)服务:提供对通信中对等实体和数据来源的认证。

　　(2)访问控制(Access Control)服务:对资源提供保护,以对抗其非授权使用和操纵。

　　(3)数据保密(Data Confidentiality)服务:保护信息不被泄露或暴露给未授权的实体。

　　(4)数据完整性(Data Integrity)服务:对数据提供保护,以对抗未授权的改变、删除和替换。

　　(5)不可否认性(Non-reputation)服务:防止参与某次通信、交换信息的任何一方事后否认本次通信或通信内容。

　　在实施中,ISO 7498-2提供的这5类安全服务,其具体的形式可能是多样化的,每一类安全服务可对应一种或多种服务形式,安全服务与服务形式的关系如表2.1所示。

表 2.1　OSI 安全服务与服务形式

安全服务	服务形式
身份认证	对等实体认证
	数据源认证
访问控制	访问控制
数据保密	连接保密性
	无连接保密性
	选择字段保密性
	通信业务流保密性
数据完整性	有恢复的连接完整性
	无恢复的连接完整性
	选择字段连接完整性
	无连接完整性
	选择字段无连接完整性
不可否认性	源发方抗抵赖
	接收方抗抵赖

安全服务与 OSI 七层协议存在相对应的关系,服务的不同形式体现在 OSI 模型的不同层次中,其对应关系如表 2.2 所示。

表 2.2　安全服务形式与 OSI 七层协议关联关系

安全服务	协议层						
	1	2	3	4	5	6	7
对等实体认证			√	√			√
数据源认证			√	√			√
访问控制			√	√			√
连接保密性	√	√	√	√		√	√
无连接保密性		√	√	√		√	√
选择字段保密性							√
通信业务流保密性						√	√
有恢复的连接完整性	√		√				√
无恢复的连接完整性				√			√
选择字段连接完整性			√	√			√
无连接完整性							√
选择字段无连接完整性			√	√			√
源发方抗抵赖							√
接收方抗抵赖							√

安全服务由相应的安全机制提供。ISO 7498-2 包含与 OSI 模型相关的 8 种安全机制,这 8 种安全机制可配置在适当的层次中,以提供相应的安全服务。ISO 7498-2 提供

的8种安全机制详细介绍如下：

(1)加密机制。加密既能为数据提供保密性，也能为通信业务流提供保密性，并且还能为其他机制提供补充。加密机制可配置在多个协议层次中，选择加密机制的原则是根据应用需求来确定。

(2)数字签名机制。可以完成对数据单元的签名工作，也可实现对已有签名的验证工作。数字签名必须具有不可伪造和不可抵赖的特点。

(3)访问控制机制。按实体所拥有的访问权限对指定资源进行访问，对非授权或非法访问应有报警或审计跟踪方法。

(4)数据完整性机制。针对数据单元，发送方产生一个与数据单元相关的附加码，接收方通过对数据单元与附加码的验证，来保护数据完整性。

(5)鉴别交换机制。使用密码技术，由发送方提供，而由接收方验证来实现鉴别。通过特定的"握手"协议防止鉴别"重放"。

(6)通信业务填充机制。业务分析，特别是基于流量的业务分析是攻击通信系统的主要方法之一。通过通信业务填充来提供各种不同级别的保护。

(7)路由选择控制机制。针对数据单元的安全性要求，可以提供安全的路由选择方法。

(8)公证机制。通过第三方机构，实现对通信数据的完整性、原发性、时间和目的地等内容的公证。一般通过数字签名、加密等机制来满足公证机构提供的公证服务。

上述的5大安全服务与8种安全机制存在对应关系，可以是一种或多种安全机制来提供某一种安全服务，其对应关系如表2.3所示。

表2.3   OSI安全服务与安全机制之间的对应关系

安全服务	安全机制							
	加密	数字签名	访问控制	数据完整性	鉴别交换	通信业务填充	路由选择控制	公证
对等实体认证	√	√			√			
数据源认证	√	√						
访问控制			√					
连接保密性	√						√	
无连接保密性	√						√	
选择字段保密性	√							
通信业务流保密性	√					√	√	
有恢复的连接完整性	√			√				
无恢复的连接完整性	√			√				
选择字段连接完整性	√			√				
无连接完整性	√	√		√				
选择字段无连接完整性	√	√		√				
源发方抗抵赖		√		√				√
接收方抗抵赖		√		√				√

开放系统互连安全体系结构在实际应用中每一层的功能除了提供五类安全服务外，

还负责给端到端传输的数据进行加密。物理层需确保安全的物理信道,数据链路层需给传输链路加密,网络层需要采用防火墙,防止病毒入侵等,同时传输层需要进行端到端加密,如图2.6所示。

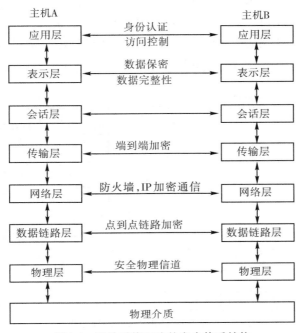

图2.6　开放系统互连的安全体系结构

ISO 7498-2提供了开放系统环境下安全体系结构的一个概念性框架,关注的是开放系统之间的安全通信问题,但并未考虑终端系统、设备或组织内所附加的安全特征,也没有覆盖传输网络本身的安全需求。

2.4　典型的信息系统安全体系结构

2.4.1　基于协议的安全体系结构

协议是网络的同一层次实体之间为了相互配合完成本层次功能的约定,所以,协议是网络体系结构的最终表现形式。对基于协议的安全体系结构而言,它的基本构成和最终表现形式就是网络安全协议。基于TCP/IP协议的安全体系结构是基于协议安全体系结构的重要组成部分,包括提供基本的主机级安全机制的IPSec,提供IPsec安全机制协商的ISAKMP,提供对DNS机制保护的DNSSec,提供对MIME格式封装内容保护的Security/Multipart、安全机制中证书标准X.509v3,提供传输层安全机制的TLS以及其他安全机制。基于TCP/IP协议簇的安全架构如图2.7所示,其中虚线框为安全协议。

图2.7中IP层的安全协议IPSec由身份认证头(AH,Authentication Header)和封装安全负载(ESP,Encapsulating Security Payload)两个协议组成,这两个协议在通信双方的IP层进行加密和认证,保证数据完整性、数据源认证和数据机密性,参见IPSec的RFC2406。通常,IPSec协议的实现需要安全关联(SA,Security Association)的支持,SA是通信双方协商的安全参数,如加密算法与密钥、认证算法与密钥、源地址与目的地址等,它由ISAKMP/Oakley协议管理和维护。

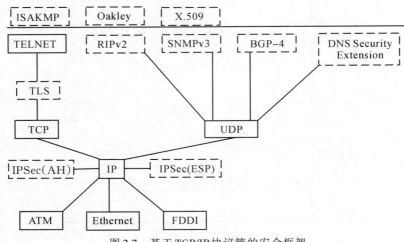

图2.7 基于TCP/IP协议簇的安全框架

传输层安全协议(TLS,Transport Layer Security)是建立在安全套接层协议(SSLP,Secure Socket Layer Protocol)基础之上的一个协议,由TLS握手协议和TLS记录协议组成。TLS握手协议在客户和服务器双方进行保密通信前确定密钥、加密认证算法等安全参数。TLS记录协议在可靠的传输层(如TCP)之上提供加密认证等安全服务。

此外,网络的管理和控制对网络的安全运行也至关重要,DNS安全扩展、SNMPv3、RIPv2、BGP-4等是相关协议的安全扩展。

1.IPSec协议

IPSec协议的基本思想是利用认证、加密等方法在IP层为数据传输提供一个安全屏障。尽管现有的技术可以在TCP/IP协议中的任何层次实现认证与加密,但许多安全协议都是在IP层之上实现的,如PGP、SSH安全远程登录以及SSL在传输层实现安全功能。

与其他层次相比,在IP层实现数据通信安全具有更多的优点。IPSec协议是在IP层实现通信安全服务最普遍的技术。应用层安全技术仅仅保护单个应用层数据,如优良保密协议(Pretty Good Privacy,PGP)用于保护邮件服务。物理层安全技术仅仅保护单个的传输媒介,如传输媒介两端设置一对加密盒。但是IPSec既能为IP层之上的高层协议提供保护,也能为IP层之下的传输媒体提供保护。特别地,IPSec能在后台为用户提供透明的安全服务,用户无须自己维护安全相关信息,如安全口令等。通过 IPSec 可以在不可信的网络上建立起可信的安全隧道,构成虚拟专用网 VPN。

基于加密技术,IPSec 为 IPv4 和 IPv6 提供高效的安全服务,包括:存取控制,无连接完整性,数据源认证,数据机密性,抗重放和有限抗流量分析等。IPSec 由 AH 和 ESP 两个协议组成,AH 可证明数据的起源地,保障数据的完整性以及防止相同数据包的重放。ESP 则更进一步,除具有 AH 的所有能力之外,还可以为数据流提供有限的机密性保障。SA 可在通信双发进行手工维护,如果需要更安全可靠的方式,则可采用 ISAKMP 协议来自动维护。AH 和 ESP 既可单独使用,也可结合使用,这两个协议都具有两种工作模式:传输模式和隧道模式,其中传输模式保护 IP 上层包(如 TCP 报文);隧道模式保护整个 IP 包。

2.ISAKMP 协议

ISAKMP 协议属于应用层协议,通过认证将密钥管理、SA 的协商双方连接起来,为 Internet 上的通信提供所需的安全保障。必须指出,ISAKMP 可以为各安全协议层(如 TLS,RIPv2 等)提供 SA 协商而不仅仅是 IPSec 服务。ISAKMP 定义了建立、修改和删除 SA 的过程和包格式,固定在 UDP 的 500 端口。ISAKMP 消息包由固定的头和一个以上的载荷组成,载荷类型有:安全关联、标识、密钥、证书、签名和随机数等。SA 的协商、证书的交换、协商双方的认证和密钥交换都是通过包含各种载荷的 ISAKMP 消息进行交换实现的,ISAKMP 的协商过程分为两个阶段:第一阶段进行 ISAKMP SA 的协商,用于保护后续的 ISAKMP 会话安全,在此阶段将得到一个共享会话密钥;第二阶段支持其他安全协议(如 IPSec)的 SA 协商,这一阶段的消息交换将受到 ISAKMP SA 的保护。基本的 ISAKMP 消息的交换如图 2.8 所示。

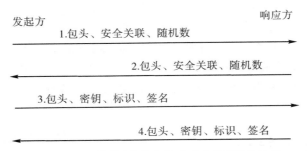

图 2.8 基本的 ISAKMP 交换(发起方和响应方是 ISAKMP Server 进程)

第一个消息包中,发起方构造一个安全关联载荷,这是一个发往响应方的 SA 建议,同时还发送随机数,响应方将在第四个包中对之签名以备认证响应者;第二个消息包中,响应方从 SA 建议中选择可接受的 SA 参数,同时也构造一个具有相同功能的随机数;第三和第四个消息包中,双方相互交换密钥、标识和签名,标识和签名将验证双方的身份,密钥交换建议使用 Oakley 密钥协商协议。该协议使用 DiHie-Hellman(DH)密钥交换技术。双方通过传递 DH 公共部分而各自得到一个并没有在网络上传输的共享会话密钥。

3.DNSSec 协议

DNSSec 协议是一种通过软件来验证 DNS 数据在互联网传输过程中未被更改的协

议。DNSSec的研究始于20世纪90年代,1999年因特网工程任务组(IETF)发布RFC 2535,提出了以公钥密码机制为基础的DNSSec实施解决方案。DNSSec协议通过使用公钥基础设施在原有的DNS基础上增加数字签名,对通过DNS体系内部的信息同时提供权限认证和信息完整性验证,能够部分地解决DNS的安全问题。

DNSSec的主要功能有3项:

(1)提供数据来源验证。验证DNS数据来自正确的域名服务器。

(2)提供数据完整性验证。验证数据在传输过程中没有任何更改。

(3)提供抗否认验证。对否认应答报文提供验证信息。

基于DNSSec的域名解析过程,服务器将把签名信息和查询到的DNS原始信息一起发送给客户端。由于签名信息无法伪造,客户端通过验证应答报文中的签名信息即可判断接收到的信息是否安全。

DNSSec的工作原理如图2.9所示,采用DNSSec机制的DNS服务器(一般是区内的子DNS服务器)首先基于公钥密码系统产生一对公钥和私钥。公钥不对外进行公开发布,需解析服务器请求后获得;私钥由子DNS服务器的管理员或系统负责保管,严格对外保密。DNSSec的工作分为八个步骤:①解析服务器向子DNS服务器发送资源查询请求。②子DNS服务器返回给解析服务器一个标准的资源记录(RR),例如:IP地址,同时返回一个同名的RRSIG记录,其中包含子DNS服务器的数字签名。③解析服务器再次向子DNS服务器发送公钥信息查询请求。④子DNS服务器将其公钥记录与公钥ZSK_DNSKEY的数字签名一起返回给解析服务器,用于验证资源记录(RR)的真实性与完整性。⑤如果解析服务器不相信子DNS服务器提供的公钥信息,则将会向子DNS服务器的父DNS服务器发送关于子DNS服务器公钥信息的查询请求。⑥父服务器包含子DNS服务器的DS(DelegationSigner)记录,即DSRR。DSRR中存储着子DNS服务器公钥的哈希散列值。DS和RRSIG将被一起发送给解析服务器,此处的RRSIG包含父DNS服务器的数字签名。⑦解析服务器再次向父DNS服务器发送公钥信息查询请求。⑧父DNS服务器将其公钥记录和公钥KSK_DNSKEY的数字签名一起返回给解析服务器,最终验证子DNS服务器公钥ZSK_DNSKEY的正确性。

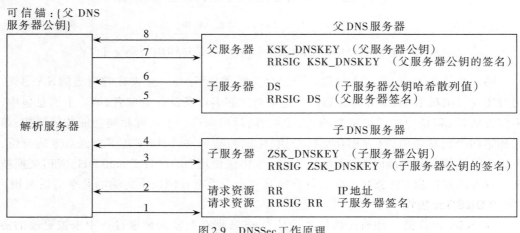

图2.9　DNSSec工作原理

在DNSSec的实际运行中,每个区需要两对密钥,第一对密钥用来对区内的DNS资源记录进行签名,称为区签名密钥(ZSK);第二对密钥用来对包含密钥(如ZSK)的资源记录(DNSKEY)进行签名,称为密钥签名密钥(KSK)。在DNSSec中,解析器必须信任所收到的公钥,才能用其解密,从而验证数据的完整性。解析器首先用KSK公钥验证DNSKEY,然后用ZSK公钥来验证数据,因此,KSK公钥是DNSSec的关键入口。如果解析器信任它所使用的KSK公钥,则这个KSK公钥就被称为这个解析器的"可信锚"。启用DNSSec的区(或称签名区)将自己的KSK公钥交给父区,由父区用自己的ZSK私钥对其签名;同样地,父区也可以将自己的KSK公钥交给自己的父区,由其用ZSK私钥签名。这样的过程称为安全授权,当这个过程向上到达可信锚的时候,就形成了一条信任链。

由于DNS所具有的层级结构,根区位于最顶端,且具有唯一性,因此根区的KSK公钥就自然而然地成为所有区的可信锚。这样,当一条信任链一直通达根区时,表明这条链上的各级区域都是可以信任的,能够用根区的KSK公钥对其进行签名验证,从而确保数据来源的可靠性和数据本身的完整性。在理想情况下,如果所有的区都部署DNSSec,则解析器只需保存作为可信锚的根区KSK公钥就可以依次进行验证。为了保证和查询相应的资源记录确实不存在,而不是在传输过程中被删除,DNSSec机制提供了一个验证资源记录不存在的方法。它生成一个特殊类型的资源记录:NSec(Next Secure)。NSec记录中包含了区域文件中它的所有者相邻的下一个记录以及它的所有者拥有的资源记录类型。这个特殊的资源记录类型会和它自身的签名一起被发送到查询的发起者。通过验证这个签名,一个启用了DNSSec的域名服务器就可以检测到这个区域中存在哪些域名以及此域名中存在哪些资源记录类型。为了保护资源记录中的通配符不被错误地扩展,DNSSec会对比已验证的通配符记录和NSec记录,从而验证域名服务器在生成应答时,通配符扩展是否正确。

4.X.509v3证书标准

数字证书(Digital Certificate)是一段包含用户身份信息、公钥信息以及身份认证机构(CA)数字签名的数据。数字证书作为一种数字标识,类似于身份证或护照,用于证明其中的公钥身份及其有效期限。不同类型的终端实体和最终用户可以使用不同类型的数字证书。数字证书作为网上信息交流和商务活动的身份证明,在电子交易的各个环节,解决通信双方相互信任问题。

可信认证机构作为权威的、可信赖的、公正的第三方机构,负责为各种认证需求提供数字证书的签发和管理等服务。X.509标准的公钥证书的编码格式已被广泛接受,多数认证机构签发的证书均遵循X.509标准。

1988年的X.509 v1建议中,规定了最早的第一版公钥证书,但它缺乏支持额外属性的扩展,所以缺乏灵活性。v2版的公钥证书在灵活性方面进行了一些改进,在第一版的基础上增加了两个可选字段,但由于对这两个字段的使用要求描述太少,以及无法对其他应用所需扩展进行有效的支持,使得v2版的公钥证书也没有得到广泛的接受。在1997年颁布的X.509建议中,弥补了前两版的不足,在扩展支持方面做出了重大改进和提高。

如图2.10所示,X.509 v3证书包含了版本号、序列号、算法标识、发布者、有效期、主体、公钥信息、颁发者唯一标志和主体唯一标志。

(1)版本号:表示证书的版本,现在合法的值为1、2和3(分别表示X.509的第1、2、3版本)。

(2)序列号:由证书颁发机构分配给证书的数字表示符。同一CA签发的证书序列号必须是唯一的。

(3)算法标识:签名算法标识符(由对象标识符加上相关参数组成),用于说明本证书所用的数字签名算法。

(4)发布者:证书签发者的可识别名(DN)。

(5)有效期:证书有效的时间段。本字段由"有效期从(Not Valid Before)"和"有效期到(Not Valid After)"两项组成,它们一般采用UTC时间格式,在证书生效期之前和证书失效期之后,证书都是无效的。

(6)主体:证书持有者的可识别名,可以是用户的姓名、地址等信息,此字段不能为空。

(7)公钥信息:这个字段包括用户的公钥和使用此公钥的算法。

(8)颁发者唯一标志:证书颁发者的唯一标识符,仅在版本2和版本3中要求,属于可选项,该字段在实际应用中很少使用,并且不被RFC2459推荐使用。

(9)主体唯一标志:证书拥有者的唯一标识符,仅在版本2和3中要求,属于可选项,该字段在实际中很少使用,并且不被RFC2459推荐使用。

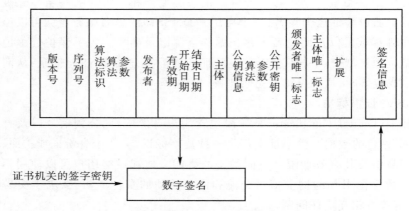

图2.10 X.509 v3证书格式

为了克服v1和v2版证书中的缺陷,在证书中附加一些信息来扩充原来的版本,v3版数字证书在v2版基础上增加了扩充字段,通过扩展域为证书提供了携带附加信息和证书管理的能力。v3版数字证书的扩充字段可由多段组成,每段说明一种需要注册的扩充类型和扩充字段值,如图2.10所示。原则上,任何人为了某种特定的需求都可以定义扩充类型,但在实际应用中为了互操作性,不同的应用需要遵循公用的扩充类型,每一个扩展字段包括以下三个域:

(1)扩展类型域:定义扩展值的语法和句法。

(2)扩展值字域:包含扩展域的实际数据,它由扩展类型字段描述。

（3）关键状态指示域：是一个标识位，只有两个状态，即关键状态和非关键状态。通知一个使用证书的应用程序在不能识别一个扩展字段时，能否忽略一个扩展域是否安全。非关键状态表示可以忽略此类扩充；若为关键状态，则证书必须在此类扩充下应用才安全。

目前，对证书扩展域的定义主要集中在四个方面：密钥及其策略扩展、属性扩展、证书路径约束扩展和 CRL 分布点扩展等。

5. 基于 TCP/IP 协议的安全体系结构与 OSI 的对应关系

TCP/IP 体系结构也是一种分层结构，其中的每一层，都对应于 OSI 体系结构的某一层或某几层。其具体的对应关系，如表 2.4 所示。

表 2.4　TCP/IP 体系结构与 OSI 体系结构的对应关系

TCP/IP 体系结构			OSI 体系结构
应用层	FTP（文件传送协议），Telent（远程登录协议），SMTP（简单邮件传送协议），SNMT（简单网络管理协议）		应用层（AL）
			表示层（PL）
			会话层（SL）
传输层	TCP（传输控制协议）、UDP（用户数据报协议）		传送层（TL）
网络层	路由协议 ｜ IP（网际协议）	ICMP（互联网控制报文协议）	网络层（NL）
	ARP（地址解析协议）、RARP（反向地址解析协议）		
网络接口层	不指定		数据链路层（DLL）
			物理层（PHL）

基于协议的安全体系结构描述了信息系统采用的网络协议和安全协议与网络各层的关系，如表 2.5 所示。802.10 协议为局域网提供了互操作安全规范标准（SILS），属于数据链路层和物理层安全规范。传输层和网络层可以采用符合 OSI 传输层和网络层的安全协议，也可以采用 TCP/IP 对应的安全协议，如 IPSec 协议。传输层之上的高层安全协议需要根据具体应用而定。应用层安全协议应根据所采用的应用软件而定，由应用软件的安全协议组件提供，不存在通用的应用层安全协议，如：认证服务可采用私钥认证协议 Kerberos，或公钥认证协议 X.509，安全网络管理服务可采用 SNMPv3 协议。

表 2.5　基于协议的信息系统安全体系结构

OSI 参考模型层次	安全服务	网络协议	安全协议
应用层	身份认证，访问控制，数据保密性，数据完整性，不可否认性，可用性	X.400, Telnet, FTP, SMTP, SNMP, HTTP	Kerberos, X.509, SNMPv3
表示层			
会话层			
传输层	身份认证，访问控制，数据保密，数据完整性	SPX, TCP, UDP	TLS, SSL, IPSec
网络层	身份认证，访问控制，数据保密，完整性	IPX, IP	NLS, IPSec
数据链路层	数据保密，可用性	802.3, 802.4, 802.5, 802.6, X.25	802.10（SILS）
物理层	数据保密，可用性		802.10（SILS）

2.4.2　基于实体的安全体系结构

基于实体的信息系统安全体系结构的基本思想是系统功能的实现是由各种实体(包括应用实体、服务实体、系统实体及管理实体)完成的,为了向系统用户提供安全服务,就需要给各种实体分配相应的安全功能,如表2.6所示。基于实体的安全体系结构不同于基于协议的安全体系结构,它强调安全管理以安全政策为中心,并把安全管理功能落实到具体实体中。

表2.6　基于实体的信息系统安全体系结构

单元	实体	安全功能	安全服务
端系统	应用实体	用户身份鉴别、对等实体鉴别、数据传输保密与完整性	身份认证,访问控制,数据保密,数据完整性,不可否认性,可用性
	服务实体	对等实体鉴别、数据传输保密与完整性、访问控制	
	系统实体	本地软、硬件系统完整与可用性,安全审计	
	管理实体	访问控制决策、安全事件管理、密钥管理	
信息传输系统	服务实体	访问控制实施、数据传输保密与完整性、信息服务可用性	访问控制,数据保密,数据完整性,不可否认性,可用性
	系统实体	网络软、硬件系统完整与可用性	
	管理实体	访问控制决策、安全事件管理、密钥管理	

计算机网络的组成结构模型是安全体系结构的基础,计算机网络系统的组成元素统称为实体(Entity),包括所有的资源、用户、进程等具体或抽象的对象,每个实体有一定的安全属性(Security Attributes),其中包括:

(1)标识属性。如用户名、目录服务中的Distinguished Name、IP地址、域名等。

(2)认证属性。如口令、对称密钥、公钥、私钥等。

(3)访问控制属性。如能力表、访问控制链表、安全级别等。

(4)保密及完整性属性。如加密、解密、验证完整性校验码所需的公钥、密钥、私钥等。

上述的安全属性值定义了该实体的安全状态,网络中的基本实体主要分为两类:非活动实体和活动实体。用户和资源构成非活动实体,不直接参与网络活动,而是在活动实体代理或控制下完成。信息系统的实体结构模型如图2.11所示。

图2.11中,用户表示系统中的主动实体,可以是一个人,也可以是一个用户组、一个部门或组织机构。用户的安全属性包括:用户的标识属性,与访问控制相关的能力表,级别,角色,与数据机密性与完整性相关的共享密钥、私钥和公钥证书等。资源表示系统中的被动实体,既包含文件、数据库记录等数据资源,又包含可执行程序、打印服务、RPC服务等计算资源,还可包含设备中的缓冲区、物理/逻辑信道等通信资源。应用实体、服务实体、系统实体、管理实体统称为活动实体。活动实体代理用户的身份参与网络活动,继承用户的标识、保密等安全属性。安全管理负责安全政策的制定、实施、监控与验证。此安全管理域内部的系统结构模型,包括了一组用户、一组端系统及控制下的信息资源或计算资源,网络系统及其控制下的通信资源与网络公共资源,安全管理及其制订的安全政策等。

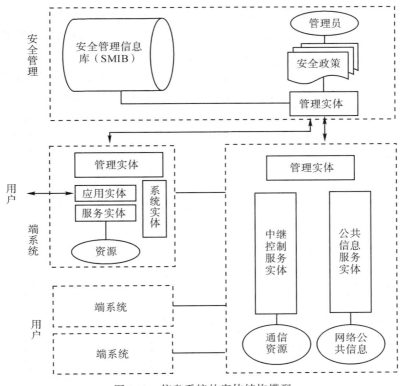

图2.11 信息系统的实体结构模型

基于实体的安全体系结构是从系统的实体结构模型出发设计安全机制,包含的每一类实体都将拥有自己的安全结构,与基于协议的安全体系结构不同,它强调实体之间的联系以及实体的安全问题。

2.4.3 基于对象的安全体系结构

基于对象的信息系统安全体系结构是针对基于对象技术的分布式信息系统的安全服务规范,其中包括对象管理组(OMG)于1999年修订的CORBA(公共对象请求代理体系结构)安全服务规范,它可以为异构分布式系统提供统一的安全框架。CORBA安全体系结构从应用构件、安全服务、安全技术构件及安全通信等4个层次实现对象的安全调用。应用构件可通过对安全服务的直接调用来实现安全需求;安全服务包括安全调用与访问控制对象服务;安全技术构件则要实现各种安全规则与域管理;安全通信则实现安全对象互操作、调用安全连接及消息保护等机制。

基于CORBA的安全系统中,安全服务的实现需要一个两层框架:一层建立在CORBA安全服务底层结构上,另一层建立在应用层上。

(1)ORB层。在这一层次,安全系统首先提供接口为应用设置相适应的ORB安全策略,然后在运行中激活部分CORBA安全服务,并且与安全系统其他部分进行配合,最终在CORBA下层结构中为客户端和服务器端提供ORB层次的安全认证和接入控制,实现证书等用户安全信息的录入,以及数据在传输过程中的安全保障等。

(2)应用层次。需要被保护的对象通过调用底层安全接口来提取所需的安全信息,进行用户级别的身份和权限鉴别,从而使得只有合法用户才可以进入系统,也只有拥有相应权限的用户才可以调用该对象的操作。在这一层次,安全实现的要素包括:通过安全系统所提供的接口获得用户信息;根据所提取的安全信息实现应用层的安全策略、控制逻辑。

根据实现的功能不同,在实现中将系统划分为 4 个模块,分别为:应用调用模块、数据库连接模块、数据库操作模块、管理维护模块。各个模块所处位置和相互之间的关系如图 2.12 所示。

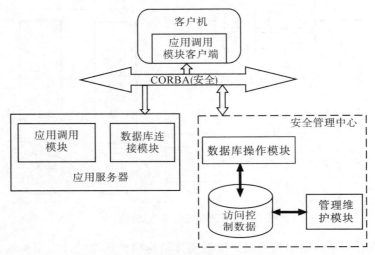

图 2.12　基于对象的信息系统安全框架

(1)应用调用模块。它是一组供客户端和服务器端调用的安全 API(应用程序接口),包括如下功能:登录检测函数,客户端安全 ORB API,服务器安全 ORB API,服务器操作安全 API。通过配置 ORB,客户端与服务器的连接成为建立在 SSL/TLS 之上的安全连接,由 ORB 截获客户端的证书及安全信息,以确定是否允许客户端对服务器的访问。

(2)数据库连接模块。它是一组提供数据查询功能的 API,该模块经过初始化后和数据库操作模块之间通过 CORBA 建立连接,然后可根据要求在数据库中查询用户权限信息。在服务器端,数据库连接模块完成对指定用户或客户端权限信息的查询,在此基础上安全系统做出能否进行操作的判断。

(3)数据库操作模块。其属于安全管理中心的一部分,该模块直接对存放安全信息的数据库进行一些特定的读操作。数据库连接模块实际和该模块建立了连接,并调用其中的操作,获得相应的结果。

(4)管理维护模块。其属于安全管理中心的一部分,该模块为安全系统管理员提供人机交互的 GUI(图形用户界面),从而进行各项管理和维护操作。它主要对安全管理中心的访问控制数据库进行管理。

2.4.4 基于代理的安全体系结构

基于代理的信息系统安全体系结构是一种运用软件代理技术实施信息系统安全机制,从而实现安全服务的框架。总的来看,根据不同的应用需要和实现技术,基于代理的安全体系结构具体内容是不同的,但都强调安全策略的动态适应性和主动性。

基于代理的信息系统安全体系结构普遍采用以防火墙为主的被动方式,但防火墙本身容易受到攻击,且对于内部网络出现的安全问题经常束手无策。一旦出现问题或被攻克,整个内部网络将会完全暴露在外部攻击者的面前。以入侵检测技术实现基于代理的信息系统安全体系结构为例,通过检测系统和网络内部的数据和活动,发现入侵者的行为,查出系统的非法使用。入侵检测技术可以根据检测对象的不同,分为基于主机的检测和基于网络的检测两种。基于主机的检测主要是分析与主机相关的数据,寻找入侵行为。而基于网络的检测主要是分析与网络相关的数据,通常布置在单独的主机上。这是一种较为主动的基于代理的信息系统安全体系结构,如图2.13所示。

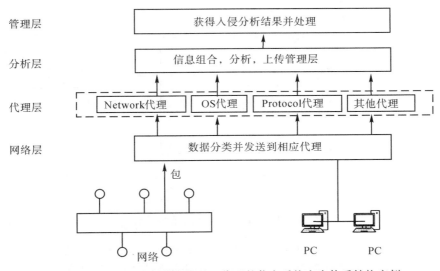

图2.13 采用入侵检测技术的基于代理的信息系统安全体系结构实例

在这个实例中,设计了一种并行机制来实现入侵检测。在这种机制中使用了一组自由运行的并行程序,它们可以独立于其他程序来运行,这些独立的程序用术语"自治代理"来表示。代理是能独立运行的实体,它能从系统中加入或退出,各个代理能在运行时动态配置,无须重启系统。每一个代理将在连续变化的条件下,尽力检测出一个计算机系统中的异常入侵。这里的代理就是入侵检测实体,如果一个入侵检测系统可以分成许多功能的小实体,则每一个小实体就是一个代理,于是可以同时运行多个入侵检测实体。这种架构具有并行、自治等特点。

网络层的作用类似于TCP/IP结构的网络层。它的作用是接收从网络和系统主机传输到本层分类器的审计数据,然后分类器将审计数据按照一定的分类原则分成多种审计类型的数据(拆包),最后分别传送给它的上一层中相应的代理。该层中,分类方法主要使用面向检测的攻击分类方法,分类的依据是攻击在系统审计记录中表现出来的特征。通过特征分析,构造攻击的分类结构。

代理层是整个体系结构的核心。在该层中,每个代理执行基于审计内容的计算;然后每个代理产生一个怀疑值,这个怀疑值表明了代理管理的相应系统是否处于入侵的威胁之下;最后,每个代理分别报告它的怀疑值给它上一层的分析模块,以做进一步的处理。多个代理在系统中并行运行,互不影响,体现了该体系结构的并行性。在整个系统中,每个代理都是在系统的内核中运行,每个代理都是一个小程序,一个单一的代理不能形成一个有效的入侵检测系统,只能检测系统的某个方面。然而,如果许多个代理都在一个系统上运行,那么就可以建立一个更加复杂的入侵检测系统,而代理之间是相互独立的,且可以动态添加和删除。

分析层中有一个分析模块、一个控制模块和一个通信模块。分析模块分析来自多个代理的单独怀疑值,组合为一个整体的怀疑报告。入侵检测系统分析层结构如图2.14所示。

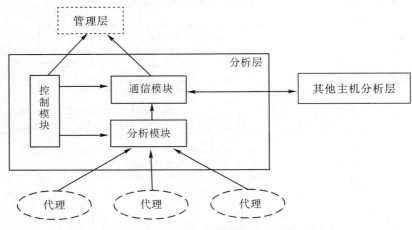

图2.14 入侵检测系统分析层结构

根据入侵报告,通过控制协议向管理层或其他网络中的主机分析层发送入侵事件信息,接受本机管理层或其他网络中主机管理层的查询和控制命令,从而形成一个分布式的入侵检测系统,提高入侵检测的效率。控制模块执行管理层发来的控制命令,负责分析模块的配置管理和维护,以及通信模块要完成的功能。

管理层是系统的决策与响应部分。在该层中,系统接收来自分析层的报告,并由最终的用户进行相应处理。每一个主机在这一层都会得到最终的信息,再将这些信息结合起来进行分析,从而检测出系统的入侵。

2.4.5 基于可信计算的安全体系结构

可信计算主要为了消除当前终端系统由于硬件结构简化而带来的安全隐患,其核心技术是在现有硬件基础上增加一层可信机制,从而防止终端系统遭受可能的基于软件,甚至硬件的攻击。可信计算平台是一组强化的硬件部件,包括:增强型处理器。增强型芯片组。TPM 芯片和特殊的 I/O 设备。其技术具有以下特性:①执行保护。软件在隔离的模式下运行,任何其他程序都不能访问它的代码段和数据段,这种技术也被称为域隔离(Domain Separation)。②密封存储。数据进行加密存储,只有在和存储环境一致的情况下才能正确解密。③输入保护。保护输入设备不会被监视,或输入的数据不会被恶意程序篡改。可信计算平台技术先对设备输入的数据进行加密,只有拥有密钥,程序才能访问这些数据。④显示保护。对显存中的数据进行保护,不允许无关程序访问修改。⑤认证机制。可信计算平台技术对当前环境中的硬件采用认证机制。⑥启动保护。操作系统的启动需在认证保护机制内进行。

2005 年,TCG 发布了可信网连接(TNC)规范,它提出了一种基于可信计算的网络体系结构。在 TNC 体系结构中,终端系统在访问网络之前,其完整性和其他一些安全属性需要被度量是否符合系统安全策略,只有符合系统安全策略的终端才能访问网络,否则将会被隔离,直到其连接状态符合相应的要求。TNC 体系结构对网络连接请求的判断采用三实体模式:访问请求者(Access Requestor,AR),策略决定点(Policy Decision Point,PDP),策略实施点(Policy Enforcement Point,PEP)。具体访问网络过程如下:当访问请求者向策略实施点发出网络连接请求时,该连接请求首先由策略决定点进行判断,依据系统的访问策略,根据访问请求者当前的完整性及其他安全属性,对连接请求做出判断。然后将该判断发送给策略实施点,由策略实施点来具体实施。

可信计算可以作为信息系统安全体系结构的基础,并建立以三重防御架构为核心的安全体系结构,最终确保重要信息系统的机密性、完整性。基于可信计算的信息系统安全体系结构是以安全管理中心为核心,终端安全为基础的可信应用环境、可信边界控制以及可信网络传输组成的三重防御体系。可信应用环境能够确保用户的工作环境不会遭受恶意篡改,系统中的安全机制始终有效,重要数据的安全不会受到安全威胁;可信边界控制确保不会有非授权或恶意的信息流入或流出信息系统,从而确保信息系统中的重要数据不会被盗取或篡改;可信网络传输确保信息在传输过程中其机密性和完整性不会遭受破坏。基于可信计算的三重防御体系结构如图 2.15 所示。

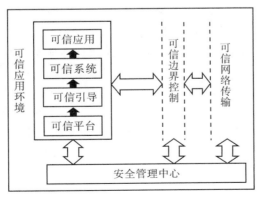

图注:空心双向箭头表示相互支撑,实心单向箭头表示信任链的建立过程

图 2.15　基于可信计算的三重防御框架

由图 2.15 中可以看出,基于可信计算的三重防御框架以可信应用环境为主体,可信边界控制和可信网络传输与可信应用环境互为依赖、相互独立。安全管理中心通过制定相应的系统安全策略,然后强制分发到应用环境、边界控制及网络传输模块中执行,使得信息系统始终在安全管理员的管控下运行,实现了信息系统的可控、可管。

2.5　本章小结

信息系统安全体系结构与计算机的发展密切相关。本章首先阐述了信息系统安全体系结构的框架、类型和设计原则;然后阐述了信息系统安全体系结构的发展历程,从中可以发现,信息系统安全措施和机制的设计必须与系统设计同步,否则很难与信息系统融合为一个整体;接着介绍了国际标准化组织 ISO 给出的开放系统互连的基本参考模型 ISO 7498;最后,根据最新研究成果,分析了 5 种典型的信息系统安全体系结构:基于协议的安全体系结构,基于实体的安全体系结构,基于对象的安全体系结构,基于代理的安全体系结构和基于可信计算的安全体系结构。

习题

1.分析信息系统安全框架三维模型中,3 个维度之间的关系是什么。

2.详细分析信息系统安全体系结构在信息安全中的作用是什么。

3.ISO 7498-2 标准 5 大类安全服务和 8 类安全机制分别是什么? 安全服务和安全机制的关系是什么?

4.参照表 2.2,如何在 1,2,3,4,6 和 7 层实现连接的机密性?

5.参照表 2.2,如何在 3、4 和 7 层实现访问控制?

6.详细分析 TCP/IP 协议的安全体系结构。

7.举例说明如何利用实体的思想设计信息系统安全体系结构。

第 3 章

物理安全

物理安全又称实体安全，它是信息系统安全的基础。如果没有信息系统的物理安全，其他的一切安全措施都是空中楼阁。物理安全是应对由于自然灾害、设备自身缺陷、环境干扰或人为操作失误或破坏，使得信息系统设备或其中保存的信息面临严重的安全威胁，其内容主要涉及系统的硬件组成、设施(含网络)、运行环境和存储介质等方面的安全。本章主要讨论物理层面所涉及的安全技术。

3.1节首先给出了本章讨论的物理安全范围，对于类似笔记本电脑、平板电脑、智能手机和USB硬盘等移动信息系统不在本章的讨论范围内。然后比较物理安全两类不同的定义，明确了本书讨论的物理安全包括设备安全、环境安全和系统安全。3.2节首先讨论设备可能遭受的安全威胁，如，被盗与被毁、电磁干扰、电磁泄漏和声光泄漏等，然后讨论针对这些威胁所采用的相应保护方法。3.3节根据GB 50174-2017标准，讨论电子信息系统不同级别的环境安全要求，其内容涉及机房安全等级、机房位置与设备部署、温度和湿度要求等。3.4节讨论TEMPEST技术的相关标准、主要研究内容和主要技术措施。3.5节讨论国内外信息系统物理安全技术的相关标准，并详细阐述GB/T 21052-2007标准中四类物理安全等级。

3.1 物理安全概述

由于信息系统类型多样、结构复杂、规模庞大，以及应用方式存在差异，因此，其脆弱点或漏洞越来越多。与几十年前相比，维护信息系统的物理安全已经变得越来越困难，例如：笔记本电脑、平板电脑、智能手机和USB硬盘，由于其便携性和访问的可移动等特性，其物理安全很容易被破坏。这不同于信息系统早期，大型计算机被锁在房间里，只有少数人能使用，其物理安全很容易做到。如今，办公桌上随处可见台式计算机和笔记本电脑，它们可以随时访问内部网络，这种复杂和动态的环境，使得物理安全变得越来越难管理。本书所讨论的物理安全不涉及上述相关内容，只讨论有固定边界的信息系统物理安全问题。

针对物理安全的概念有多种定义，武汉大学出版社出版的《物理安全》中，定义的信息物理安全是:阻止非授权访问设施、设备和资源,以及保护人员和财产免受损害的环境和安全措施。而在 GB/T 21052-2007《信息安全技术 信息系统物理安全技术要求》中,定义的信息物理安全是:为了保证信息系统安全可靠运行,确保信息系统在对信息进行采集、处理、传输、存储过程中,不致受到人为或自然因素的危害,而使信息丢失、泄露或破坏,对计算机设备、设施(包括机房建筑、供电、空调等)、环境人员、系统等采取适当的安全措施。从上述的两种定义,我们可以发现,前者的定义属于科普性质,而后者更全面和具体,可操作性更强。

本章所讨论的物理安全主要包括:设备安全、环境安全和系统物理安全等三个方面。

1.设备安全

设备安全是指为保证信息系统的安全可靠运行,降低或阻止人为或自然因素对硬件设备安全可靠运行带来的安全风险,对硬件设备及部件所采取的适当安全措施。其涉及的技术要求包括:抗电磁干扰,抗电磁泄漏,电源保护,操作部件过热,以及设备的振动适应性、温度和湿度适应性、冲击适应性、碰撞适应性和可靠性。

2.环境安全

环境安全是指为保证信息系统的安全可靠运行所提供的安全运行环境,使信息系统得到物理上的严密保护,从而降低或避免各种安全风险。其涉及的技术要求包括:场地的选择,机房屏蔽,防火,防辐射,稳定的供电系统,防静电,防雷,防虫鼠,防盗防毁,温湿度控制,综合布线和通信线路安全。

3.系统物理安全

系统物理安全是指为保证信息系统的安全可靠运行,降低或阻止人为或自然因素从物理层面对信息系统保密性、完整性、可用性带来的安全威胁,从系统的角度采取的适当安全措施。其涉及的技术要求包括:灾难备份与恢复,设备的资源、性能、状态和故障的管理,设备鉴别和访问控制,以及边界防护等。

3.2 设备安全

3.2.1 设备的安全威胁

设备面临的安全威胁很多,这里我们讨论的设备安全威胁主要是:设备的被盗与被毁,电磁干扰,电磁泄漏,声光泄漏。

1.设备的被盗与被毁

由于材料和制造技术的改进,芯片的集成度越来越高,同时组装工艺越来越先进,因此组成信息系统的计算机设备已经从早期的"傻大粗"专用设备向体积小和质量轻的通用设备演进,并进一步朝小型化和便携化方向发展。显示器已经由轻便、超薄的液晶显示器取代了粗大、笨重的CRT显示屏,机箱内的功能板卡集成度更高,一个主板几乎可以完成所有的功能,如果没有特殊需要无须再增加板卡。机箱的设计更便于装卸,整个机箱盖甚至无须螺钉就能够进行拆卸。这些变化给用户带来方便的同时,也给用户带来了被盗或被毁的风险,而对于便携式电脑和智能终端,其整机都有可能被盗走。

2. 电磁干扰

电磁干扰是干扰源利用传导或辐射的方式,将电磁信号通过介质或空间耦合到电络上,从而对设备或传输的信号造成不良影响。电磁干扰的分类如图3.1所示。

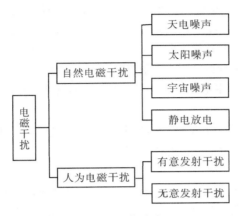

图3.1　电磁干扰分类

电磁干扰源分为自然干扰源和人为干扰源。自然干扰源主要来源于雷雨和闪电等天电噪声、太阳噪声、宇宙噪声和静电放电。它们既是地球电磁环境的基本组成部分,同时又是无线电通信和空间电子设备的干扰源。例如:强磁场形成的太阳黑子猛然增多时,会导致地球表面的电离层结构发生显著变化,从而造成高频通信、卫星通信等中短波和超短波传输路径严重衰减,甚至中断;而且严重干扰人造卫星、宇宙飞船和运载火箭的电子设备正常运行,甚至造成设备损害。再如:在干燥的环境中,人体的静电最高可达20kV,如果没有防静电措施,直接用手去取芯片或电路板,都有可能造成芯片或器件的损坏。人为干扰源是由人工装置产生电磁能量干扰,一部分如发射电磁信号的装置,如广播、电视、通信、雷达和导航等无线电设备,称为有意发射干扰源。另一部分是在完成自身功能的同时附带发射电磁能量,如交通车辆、架空输电线、照明器具、电动机械、家用电器,以及工业、医用射频设备等,称为无意发射干扰源。一种典型例子是:一个正在工作的大功率电源变压器离显示器比较近时,将产生较大的电磁干扰,造成屏幕出现明暗条纹、雪花、闪烁或抖动。早期的舰载飞机起飞和着舰时,必须关闭某些搜索雷达和通信发射机,避免电磁干扰影响飞机安全。

以信息系统为例,分析其产生电磁干扰的原因。由于信息系统是由大量的电子线路和电子元器件组成,电磁干扰源产生的电压或者电流干扰波可以通过耦合(即直接耦合、共阻抗耦合、电场耦合和磁场耦合)和电磁感应的方式将干扰信号传导到被干扰的电路中,造成系统的电路损坏和信息丢失。其来自系统外部的电磁干扰如上所述,不再赘述。这里我们主要分析系统设备自身的电磁干扰是如何产生的。

由于电子元器件在长期使用后会出现老化现象,导致其性能会发生衰变,它的参数往往会偏离理论值,从而影响元器件的噪声特性。另外,电路设计失误将导致电路的自激,接插件接触不良导致信号传输特性变化,将发热量大的元器件排布在温敏器件旁等都将产生不同程度的噪声干扰;如果电路板上的元器件和线路布局不合理,如:高速数字电路是禁止锐角走线的,地线和屏蔽线接法不正确,电路间耦合不良时,导线间将产生分布电容或电感,寄生信号便通过它们耦合进电路,造成信号畸变;当印刷电路板金属化孔导通不良,或印刷线粗细不均时,信号线阻抗和负载阻抗不完全匹配,脉冲信号将在线路中产生反射现象,使信号波形产生瞬间冲击,造成电路逻辑故障;交直流地连接在一起或接地线自成闭合回路,或者一根接地导线在不同的地点接地,当负载不平衡或受其他因素影响时,接地点之间的电位不等于0,就会在地、导体和电源之间形成"地环路",这种地环路电流不仅会产生地线干扰,使系统的信号出错,还会损坏元器件;系统中的高频电路不仅会产生有用的时序信号,还会产生电磁辐射干扰,其能量主要集中在它的谐波和杂乱辐射上。

与来自外部的电磁干扰类似,系统设备内部的这种电磁干扰,不仅影响设备的正常工作,甚至会损坏设备中的电子元器件。

3.电磁泄漏

电磁泄漏是指电子设备工作时,其寄生电磁信号或谐波通过地线、电源线和信号线或空间向外扩散的现象。这种电子设备不仅仅是计算机,对于打印机、复印机、传真机、手机、电话等,都存在不同程度的电磁泄漏问题。一旦这些信号被专用设备接收后,经过提取处理,就可恢复出原信息,造成信息泄漏。由于电子设备中的每个元器件和每根线路都存在一定的电流和电压,因此其周围一定会存在电磁场。信号在处理过程中,其电流会发生变化,其磁场也会跟着发生相应的改变,因此这种电磁发射一定会携带系统的大量内部信息,一旦被截获或破解,将使系统的数据信息面临极大的安全威胁。

尽管电磁泄漏和电磁干扰都是电子设备的电磁现象,而且传输方式都是通过空间的电磁辐射和导体的信号传导,但它们之间存在明显的差异,如表3.1所示。

表3.1　电磁干扰和电磁泄漏的差异

	电磁干扰	电磁泄漏
发射源	既有自然干扰源,如雷电、太阳黑子和静电等,也有人为干扰源,如电子设备电磁能量释放	电子设备上与信息处理相关的电压和电流变化,无意造成的电磁发射
接收源	被干扰设备	专用接收设备
关注对象	电磁发射对敏感设备的影响程度	电磁发射中与信息相关的成分
影响程度	对敏感设备的影响与电磁强度有关,电磁能量衰减到一定程度后就不再影响敏感设备	微弱电磁信号被窃收后,仍然有被还原的可能,而且随着窃收分析技术的发展,越来越微弱的电磁信号能够被接收处理
后果	造成敏感设备的性能降级,甚至元器件损坏而无法工作,危害设备的物理安全	造成源设备信息外泄,破坏信息的机密性,危害信息安全

电磁泄漏信号链路构成与通信系统非常类似,电磁泄漏通信系统模型如图3.2所示。

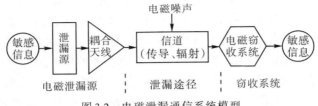

图 3.2 电磁泄漏通信系统模型

从电磁泄漏通信系统模型分析可以看出,电磁泄漏是从"泄漏源"向"窃收系统"进行无意的信号传输,因此,从泄漏源电磁发射到窃收系统还原信息,整个环节可视为一个"无意发送、蓄意接收"的通信系统。该系统中,电子信息设备是信源,同时也是潜在泄漏源(即发射设备),它将设备处理的信息调制加载到电磁波信号中发射出去。其传输媒介为电磁波及适合电磁发射的介质,传输方式包括辐射和传导两种,两种传输方式都会受到空间电磁噪声的干扰。窃收系统(或信宿)具有很强的信号接收与处理能力,能够将接收到的泄漏信息还原。

理论分析和实际测量表明,电磁辐射强度与其功率和频率成正比,而与距离成反比。当设备的功率越大、信号频率越高时,辐射强度越大,反之越小;在其他条件相同的情况下,距离辐射源越近,辐射场衰减越小,辐射强度越大,反之,辐射强度越小。如果辐射源被屏蔽,则屏蔽情况的好坏直接影响辐射强度的大小。

4. 声光泄漏

除了电流和电压变化引起的电磁泄漏对系统的信息安全造成威胁外,光和声音的无意泄漏也会对信息的安全造成威胁。

(1)光的泄露。如果计算机的显示器直接面对窗外,它发出的光可以在很远的地方通过专用设备被接收到,即使没有直接的通道,通过接收墙面反射的显示器光线仍然能够再现显示屏的信息。2002年,剑桥大学的Kuhn讨论了接收CRT显示器光泄漏信号的原理和防范技术,他认为光泄漏与电磁泄漏非常类似,在当前复杂的电磁环境下,光信号的接收还原更容易实现。他利用光敏器件接收了经过墙面反射的显示器荧光,然后运用一系列还原算法,就能再现显示屏上的信息。为了验证实验效果和便于计算,Kuhn选取一个背景光线较暗的环境,将显示器面对白墙1m以内放置,而将光敏器件放在显示器背后,距离墙面1.5m的距离。在这种非视距的情况下,显示器的荧光经过墙面漫反射后被光敏器件(实验中采用的是光电倍增管模块)接收,然后通过高通滤波器,就能还原出比较清晰的信息。最后,Kuhn指出,如果条件合适,接收距离可以达到几十米到几百米。目前能够重现显示器信息的距离仅为2.7m,但液晶显示器不存在此类问题。

科学家们发现,捕捉调制解调器、路由器、键盘等设备上发光二极管(LED)发出的光线后,经过相应处理,可以将流经这些设备的数据还原。实验表明,配备合适望远镜和光学传感器的窃密者可在1.6km外完成对LED设备的窃密行为。

现如今,光纤通信技术已经被大量采用,全球90%以上的信息通信都由光网络承载,光网络已成为社会不可或缺的、重要的战略基础设施。然而,通过改变光纤的某些物理特征,窃听者就可以获得线路上传输的信息。其窃听的手段主要有两种:侵入式和非侵入式。前者需要对光纤进行破坏后重新接入,如:光束分离法。20世纪90年代中期,美国国家安全局进行了海底光缆窃听的首次实验,他们在运营商不察觉的情况下,成功切开了一条海底光纤电缆,并获取了内部传输的信息,但由于无力破解,因此并没有获取有价值的情报。而后者无须切断光纤,也不会造成业务的中断,如:光纤弯曲耦合法、消逝波耦合法、V形槽法和光栅法。以光纤弯曲耦合法为例,将光纤适当地弯曲,可以改变以完全反射方式前进的光信号的传输路径,使部分光信号外泄。这种光纤弯曲的曲率半径比光纤芯径($8\sim10\mu m$)大得多,在毫米级以上,使光在光纤中的传播特性发生变化,大量的传导模变成辐射模。此时,光信号不再继续传输,而是被包层或涂覆层吸收,甚至辐射出涂覆层。

(2)声音的泄露。声音信号也存在泄露现象,例如,通过点阵打印机击打打印纸发出的声音组合,进行逆向工程,破译出打印的字符。点阵式打印机击打色带时,打印机要产生振动,而不同字符产生的振动幅度是有差异的,从而引发噪声泄漏。通过研究分析,打印机的声音泄漏是信息泄漏的途径之一,而且其造成的危害在某种程度上讲,更甚于电磁泄漏。这是由于电磁波比声波衰减得更快,声场中压强的衰减与距离成反比,而电磁场中近场与距离的三次方成反比。

3.2.2　设备安全的防护方法

设备的安全防护方法主要是针对设备的安全威胁,即防设备被盗与被毁,抗电磁干扰,防电磁泄漏和防声光泄漏。

1.防设备被盗与被毁

设备防盗与防毁是利用设备防盗与防毁措施保护系统设备及其部件不被盗取或毁坏。早期的防盗主要通过锁的方式进行防盗,如机箱锁扣、Kensington锁孔等,只有打开锁才能搬运设备。这些防护措施的强度有限、安全系数低,锁扣很容易被破坏。而有些锁,如机箱电磁锁,它安装在机箱内,嵌入在BIOS中的子系统通过密码实现电磁锁的开关管理,这种锁美观,操作人性化,但只能防止机箱被打开,并不具有防盗功能。

当前的防盗技术更趋于智能化,如设备移动报警器,将光纤电缆连接到机房的每台设备上,光束通过光纤传输,一旦连接的设备被盗,光束的传输通道就会被切断,报警器接收不到光信号,则立即报警。这种报警装置成本低,便于实施,主要用于机房的重要设备上。

在机箱防入侵方面,有一种BIOS机箱防拆卸方法,但必须与机箱侧板上的微动开关联动。在BIOS中有一项功能设置——Chassis Intrusion(机箱入侵),如果设置为Enabled,则该机箱具有防拆卸功能。一旦机箱被非法打开,系统就会报警,而且主机也不能开机,只有合上侧面板后,报警才能取消,主机才能开机。

除此之外,在机房安装门禁系统、视频监控系统和红外探测系统也是非常必要的,它们能够更为可靠地保护设备,防止设备被盗或被非法拆卸。

2.抗电磁干扰

防止计算机受到电磁干扰的主要措施有:屏蔽、滤波和接地。

(1)屏蔽。电磁屏蔽是利用金属切断电磁波的传播途径,从而消除电场波、磁场波、平面波由一个区域向另一个区域辐射和感应。当电磁波到达屏蔽体表面时,由于空气与金属的交界面上阻抗不同,从而对入射波产生反射。而未被反射掉的能量进入屏蔽体,在向前传输的过程中,被屏蔽材料吸收绝大部分能量。未被屏蔽体吸收的残余能量传导到另一表面,遇到阻抗不同的交界面时,会再次形成反射,重新返回屏蔽体。经过多次反射和吸收后,电磁波几乎全部被屏蔽体吸收。

屏蔽体距离辐射源较近时,电磁波的波阻抗取决于辐射源的物理特性,因此,针对电场波、磁场波和平面波,其屏蔽体的材料是不同的。对于高阻抗的电场波,屏蔽体可以采用逆磁材料(如:铜、铝)制成,并和地连接,这样电场波将终止在屏蔽体表面,电荷被引导入地。对于低阻抗的磁场波,屏蔽体可以采用磁导率很高的强磁材料(如:钢)制成,可以把磁力线限制于屏蔽体内,频率越低的磁场越难屏蔽,有时甚至采用高导电性和高导磁性复合材料。对于阻抗为常数的平面波,则需要根据频率的大小选择不同材质的材料。

但是,如果屏蔽体上出现洞穴或缝隙,将会直接降低屏蔽效果,频率愈高,这种现象愈显著。

(2)滤波。因为设备或系统上的电缆是最有效的电磁接收与发射天线,因此往往单纯采用屏蔽不能提供完整的电磁干扰防护。许多设备单独做电磁兼容实验时都没有问题,但当两台设备连接起来后,就不能满足电磁兼容的要求,这就是电缆起了天线的作用。此时采取的措施就是加滤波器,切断电磁干扰沿信号线或电源线传播的路径,与屏蔽共同构成完善的电磁干扰防护。无论是抑制干扰源、消除耦合或提高接收电路的抗干扰能力,都可以采用滤波技术。

滤波的作用主要是使电子设备的内部产生的噪声不向外泄漏,同时防止电子设备外部产生的噪声进入设备。一般情况下,有害的电磁干扰频率远高于正常信号频率,电磁干扰滤波器是通过选择性地阻拦或分流有害的高频来发挥作用的,如采用LC电路。这样可以显著降低或衰减所有要进入或离开受保护电子器件的有害噪声信号。

(3)接地。良好的接地不仅对抑制电磁干扰有显著效果,而且可以保护设备和人身安全。常见的接地有三种:保护接地、系统接地和屏蔽接地。保护接地是将设备的金属壳与大地直接连接,防止外壳带电威胁操作人员的人身安全,如防雷地;系统接地是为系统各部分提供稳定的基准电位,要求接地回路的公共阻抗尽可能小,如交流地和直流地;屏蔽接地是将屏蔽体接地,抑制电磁阻抗。

在接地设计时,交流地、直流地、防雷地和屏蔽地的接地线必须分开,不能连接在一起,而且复杂电路要采用多点接地和公共地。

3.防电磁泄漏

与抗电磁干扰不同,防电磁泄漏是抑制信息系统和电子设备在信息处理时,向外辐射电磁信号,或采取有关技术措施使对手不能接收到辐射信号,或从辐射信号中难以提取有用的信息。国际上把电磁辐射泄漏监测与防护技术简称为 TEMPEST(Test for Electromagnetic Propagation Emission and Secure Transmission),它是 20 世纪 60 年代末70年代初由美国国家安全局和国防部联合研究和开发的技术。它的研究包括理论、工程和管理等方面,涉及电子、电磁、计算机、信息测量、材料和化学等多个学科领域。

抑制电磁泄漏的途径有两条:一是电子隐藏,即用干扰、跳频等技术来掩盖全部计算机的工作状态和保护信息;二是物理抑制,即通过屏蔽,或优化设备与线路设计,抑制一切有用信息的电磁外泄。

(1)使用低辐射设备。低辐射设备即为TEMPEST设备,是防辐射泄露的根本措施。这些设备在设计和生产时,从线路和元器件入手,采取了防辐射措施,消除产生较强电磁波的根源,将设备的电磁泄漏抑制到最低限度。如:尽可能选用电压和功率较低的元器件;在电路布线设计时,降低耦合和辐射;在电源设计部分和信号设计部分,分别使用电源滤波器和信号滤波器;使用阻挡电磁波的透明膜;将“红”信号与“黑”信号隔离。

此外,显示器是信息系统安全的一个薄弱环节,拦截显示器工作时的辐射信号已经是一项成熟的技术,因此选用低辐射显示器十分重要,如:单色显示器辐射低于彩色显示器,等离子显示器和液晶显示器也能进一步降低辐射。

(2)屏蔽。与抗电磁干扰类似,屏蔽是TEMPEST技术中的一项基本措施。根据用途不同,屏蔽分为:整体屏蔽、部件屏蔽和元器件屏蔽。例如,整体屏蔽最典型的案例就是屏蔽室,它是用于处理高度保密信息的场所,通过金属网将需要保护的房间包裹起来,为了达到良好的屏蔽效果,金属网必须良好接地。部件屏蔽的一个例子是使用防电磁泄漏玻璃,但必须良好接地。将该玻璃安装在电子设备显示窗上,如:早期使用的CRT显示器,防电磁泄漏玻璃可以将89%的电磁辐射通过地线导入地下,再将10%的电磁辐射反射掉,剩下的电磁辐射不足1%,即使被截获也不能还原出完整的信息。

(3)滤波。正如抗电磁干扰技术描述的一样,滤波技术是屏蔽技术的一种补充。设备和元器件并不能完全密封在屏蔽体内,仍有电源线、信号线和公共地线需要与外界连接,因此,电磁波还是可以通过传导或辐射从屏蔽体内传到外部。在电源线、信号线和公共地线上加装滤波器,只允许某些频率的信号通过,而阻止其他频率范围的信号,从而起到防止信息泄露的目的。

(4)电磁干扰器。电磁干扰器是一种能够发射电磁噪声的仪器,通过辐射电磁噪声降低泄露信息的信噪比,从而达到电磁干扰的目的,使窃收方很难从泄露的信号中提取有价值的信息。利用干扰器的方法有两种:一是将一台能产生噪声的干扰器放在计算机设备旁边,干扰器产生的噪声与计算机设备产生的电磁信号一起向外辐射,要么掩盖有效电磁波的发送,要么将干扰叠加到有效电磁信号上,窃收方接收信号后,很难还原;二是将处理重要信息的计算机放在中间,四周放一些处理一般信息的设备,如打印机、传真机等,让这些设备产生的电磁信号一起向外辐射,从而起到混淆的作用,即使窃收者能够获取这些信号,也无法解调。对于第一种方法,需要注意一个问题:当干扰器发出的电磁辐射强于有效信号时,会造成保护对象的电磁污染,而且这种方式很容易通过滤波或抑制解调的方式获取有效信号,因此要求干扰器不能干扰设备的正常工作,即干扰器产生的电磁辐射不应超过EMI(电磁干扰)标准。

4.防声光泄漏

为防止光泄密事件,建议将设备摆放在远离窗户的地方,如果实在无法避免远离窗户,建议拉上窗帘。遮蔽室内灯光或用其他光源(例如蜡烛)制造散射效果。

在光缆线路的维护过程中,光时域反射检测(OTDR)技术虽然广泛应用,但窃取光纤中传输的信息所引起的光纤损耗非常小,OTDR很难将其分辨出来。为了防止光缆窃听,可以采用偏振光时域反射技术(POTDR)和迈克尔逊干涉技术。前者是测量光脉冲在光纤传输中偏振态的演变过程,一旦外界扰动,偏振态演变的速度就会发生变化。后者已在安全监测方面获得了实际应用,它利用相干光脉冲的相位对周围环境非常敏感的原理,一旦光纤中的光信号受到外界扰动,通过干涉技术输出后就可以检测出光纤受扰动的位置和程度。该方法分辨率高、测量精确。

为了防止声音泄漏信息,可以采用隔声、吸声材料,其隔声性能取决于它的质量、坚硬度、阻尼性质等,如果是多层结构,还要考虑多层板的数量,每层的自身性质,与周围环境的连接情况等。常用的隔声材料和结构主要分为单层复合结构、特殊刚性板、软质隔声结构、双层板结构、各类轻型结构和高隔声量结构等,而吸声材料和结构多采用多孔吸声材料和共振吸声结构。

3.3 环境安全

电子信息系统的环境安全是指对计算机信息系统所在环境的区域保护和灾难保护。要求电子信息系统场地要有防火、防水、防盗措施和设施;有拦截、屏蔽、均压分流、接地防雷等设施;防静电、防尘设备,温度、湿度和洁净度在一定的控制范围等。为了规范电子信息系统机房设计,确保电子信息系统设备安全、稳定、可靠地运行,GB 50174-2017《数据中心设计规范》(以下简称《174规范》)对机房建设提出了相应要求。

1.机房安全等级的要求

由于机房包含的范围太大,既有银行、电信业的大数据中心,也有企业自用的小机房,而且随着信息技术的发展,各行各业对机房的建设也都提出了不同的要求,如果不分级,《174规范》的可操作性就很差。机房等级低了,不足以保护高等级数据的安全;机房等级高了,则造成不必要的浪费。因此,《174规范》根据机房的使用性质、管理要求及其在经济和社会中的重要性,将其划分为A、B和C三级。

符合下列情况之一的数据中心应为A级:

(1)电子信息系统运行中断将造成重大的经济损失;

(2)电子信息系统运行中断将造成公共场所秩序严重混乱。

A级是最高级别,主要是指涉及国家安全和国计民生的机房设计。其电子信息系统运行中断将造成重大的经济损失或公共场所秩序严重混乱,甚至国家安全受到威胁。如:国家气象台、国家级信息中心和计算中心、重要的军事指挥部门、大中城市的机场、广播电台、电视台、应急指挥中心、银行总行等属A级机房。

符合下列情况之一的数据中心应为B级:

(1)电子信息系统运行中断将造成较大的经济损失；

(2)电子信息系统运行中断将造成公共场所秩序混乱。

如：科研院所、高等院校、三级医院、大中城市的气象台的信息中心、疾病预防与控制中心、电力调度中心、交通(铁路、公路、水运)指挥调度中心、国际会议中心、国际体育比赛场馆、省部级以上政府办公楼等属B级机房。

不属于A级或B级的数据中心为C级。

在异地建立的备份机房，设计时应与原有机房等级相同。同一个机房内的不同部分可以根据实际需求，按照不同的标准进行设计。

A级又称为容错型，电子信息系统机房内的场地设施应按容错系统配置，在电子信息系统运行期间，场地设施不应因操作失误、设备故障、外电源中断、维护和检修而导致电子信息系统运行中断。

B级又称为冗余型，电子信息系统机房内的场地设施应按冗余要求配置，在系统运行期间，场地设施在冗余能力范围内，不应因设备故障而导致电子信息系统运行中断。

C级又称为基本型，电子信息系统机房内的场地设施应按基本需求配置，在场地设施正常运行情况下，应保证电子信息系统运行不中断。

2.机房位置和设备部署

在机房位置的选择上，应该保证：电力供给稳定可靠，交通便捷，通信快速畅通，自然环境清洁；远离粉尘、油烟、有害气体及生产或储存具有腐蚀性、易燃、易爆物品的场所；远离水灾、地震等自然灾害隐患区域；远离强振源和强噪声源；避开强电磁场干扰。对于多层或高层建筑物内的电子信息系统机房，在确定主机房的位置时，应对设备运输、管线敷设、雷电感应和结构荷载等问题进行综合考虑和经济比较；采用机房专用空调的主机房，应具备安装室外机的建筑条件。如表3.2所示为机房位置选择的具体要求。

表3.2　机房位置选择的具体要求

项目	技术要求			备注
	A级	B级	C级	
距离停车场	不应小于20m	不宜小于10m		包括自用和外部停车场
距离铁路或高速公路	不应小于800m	不宜小于100m		不包括各场所自身使用的数据中心
距离地铁	不宜小于100m	不宜小于80m		不包括地铁公司自身使用的数据中心
在飞机航道范围内建设数据中心距离飞机场	不宜小于8000m	不宜小于1600m	－	不包括机场自身使用的数据中心
距离甲、乙类厂房和仓库、垃圾填埋场	不应小于2000m		－	不包括甲、乙类厂房和仓库自身使用的数据中心
距离火药炸药库	不应小于3000m		－	不包括火药炸药库自身使用的数据中心
距离核电站的危险区域	不应小于40000m			不包括核电站自身使用的数据中心

续表

项目	技术要求			备注
	A级	B级	C级	
距离住宅	不宜小于100m			—
有可能发生洪水的地区	不应设置数据中心		不宜设置数据中心	—
地震断层附近或有滑坡危险区域				—
从火车站、飞机场到达数据中心的交通道路	不应少于2条道路	—	—	—

　　数据中心的组成应根据系统运行特点及设备具体要求确定,一般由主机房、辅助区、支持区和行政管理区等功能区组成。主机房的使用面积应根据电子信息设备的数量、外形尺寸和布置方式确定,并预留今后业务发展需要的使用面积。辅助区的面积宜为主机房面积的20%～100%倍;用户工作室可按每人3.5～4m²计算;硬件及软件人员办公室等有人长期工作的房间,可按每人5～7m²计算。

　　设备的布置应满足机房管理、人员操作和安全、设备和物料运输、设备散热、安装和维护的要求。产生尘埃及废物的设备需要远离对尘埃敏感的设备,并布置在有隔断的单独区域内。当机柜或机架上的设备为前进风/后出风方式冷却时,机柜和机架的布置应采用面对面和背对背的方式。用于搬运设备的通道净宽不应小于1.5m;面对面布置的机柜或机架正面之间的距离不应小于1.2m;背对背布置的机柜或机架背面之间的距离不应小于1m;当需要在机柜侧面维修测试时,机柜与机柜、机柜与墙之间的距离不应小于1.2m;成行排列的机柜,其长度超过6m时,两端应设有出口通道;当两个出口通道之间的距离超过15m时,在两个出口通道之间还应增加出口通道;出口通道的宽度不应小于1m,局部可为0.8m。

3.温度

　　电子信息系统的主要部件,如主板、CPU、显卡、网卡和存储控制单元都是封闭在机箱中的,系统在工作时,其内部温度非常高,因此系统需要配备散热部件或设备。例如:元器件需要安装散热器,插件需要安装散热条,机箱或机柜需要安装风扇。一般电子元器件工作的环境温度范围是0～45℃(工业级的是-40～+85℃,军品级的是-55～+150℃),温度每升高10℃,电子元器件的可靠性就会降低25%。而元器件可靠性的下降直接影响到系统的工作性能,破坏系统的稳定性。如表3.3所示为机房相对湿度和温度要求。

表3.3　机房相对湿度和温度要求

项目	技术要求			备注
	A级	B级	C级	
冷通道或机柜进风区域的温度	18~27℃			不得结露
冷通道或机柜进风区域的相对湿度和露点温度	露点温度宜为5.5~15℃,同时相对湿度不大于60%			

续表

项目	技术要求			备注
	A级	B级	C级	
主机房温度和相对湿度（停机时）	5~45℃，8%~80%，同时露点温度不大于27℃			不得结露
主机房和辅助区温度变化率	使用磁带驱动时应小于5℃/h；使用磁盘驱动时应小于20℃/h			
辅助区温度、相对湿度（开机时）	18~28℃，35%~75%			
辅助区温度、相对湿度（停机时）	5~35℃，20%~80%			
不间断电源系统电池室温度	20~30℃			

当机房环境温度高至60℃，电子信息系统将不能正常工作，同时会加快微机主板、插头、插座、信号线等的腐蚀速度，会引起接触不良、图像质量下降、线圈骨架尺寸改变等现象。温度过低则导致材料变脆、变硬，使得磁性存储器的性能变差，同时漏电流增加，给显示器的正常工作造成影响。

另外，温度对磁介质的磁导率影响很大，磁介质具有热胀冷缩的特性，一旦温度的变化超出了范围，磁介质表面就会出现变形，造成数据读写错误。

总之，环境温度的过高或过低都会引发硬件性能的下降，从而导致电子信息系统不能正常工作。电子信息系统的最佳环境温度是21±3℃。

4. 湿度

电子信息系统工作的环境湿度宜保持在40%~60%的范围内，如表3.3所示。过高或过低对系统运行的可靠性和安全性都会产生不良影响。

在环境湿度过低的情况下，空气过于干燥，容易产生静电，此时在触碰MOS器件时，很容易引起错误的动作，甚至有可能使器件被击穿。干燥的空气还有可能使印刷电路板变形、纸张变脆，这样很容易引起磁介质上的信息被破坏。

在环境相对湿度高于60%时，元器件的表面容易附上一层薄薄的水膜，这层水膜不仅会使元器件锈蚀发霉，还会引起元器件各引脚间出现漏电的现象。磁介质是多孔性材料，容易吸收空气中的水分，磁性介质变潮后，磁导率将会发生明显的变化，很容易造成磁介质错误地读写信息。同时，打印纸吸潮后会变厚，从而影响打印机的正常操作。

5. 其他

电子信息系统的机房环境除了温度和湿度要求外，还有空气中粉尘浓度、噪声、电磁干扰、振动和静电等要求。

灰尘容易造成电路板上接插件的接触不良，发热元件的散热效率降低，绝缘破坏，甚至造成击穿。灰尘增加部件的机械磨损，如：驱动器和盘面，不仅会使读写信息出错，而且会划伤盘片，甚至损坏磁头。因此，《174规范》规定A级和B级主机房的含尘浓度，在静态条件下测试，每升空气中大于或等于0.5μm的尘粒数应少于18000粒。

有人值守的主机房和辅助区，在电子信息设备停机时，在主操作员位置测量的噪声值应小于65dB（A）。

主机房内无线电干扰场强,在频率为0.15～1000MHz时,主机房和辅助区内的无线电干扰场强不应大于126dB。

主机房和辅助区内磁场干扰环境场强不应大于800A/m。

在电子信息设备停机条件下,主机房地板表面垂直及水平向的振动加速度,不应大于500mm/s²。

主机房和辅助区的绝缘体的静电电位不应大于1kV。

3.4　TEMPEST 技术

1.TEMPEST技术的相关标准

TEMPEST技术包括了对电磁泄漏信号中所携带的敏感信息进行分析、测试、接收、还原和防护的一系列技术。电子信息设备在处理信号时会发射大量的电磁波,频率从几十赫兹到几千赫兹。这些电磁波一方面会通过公共电源线、公共地线、数据线和控制线的传输作用对其他设备产生传导干扰;另一方面,电磁波也可以通过空间辐射对其他电子设备产生干扰。这种电磁波干扰不仅会产生信息泄露,而且会对电子设备周围人群的身体健康造成威胁,因此必须采用专门的技术来防止电磁泄漏。据资料显示,1991年的海湾战争中,美国发射了一颗装有先进TEMPEST系统的间谍卫星,它不仅能够通过对方电子设备无意的电磁泄漏,截获伊拉克和海湾地区的政治、军事情报,而且还能够发射电磁干扰,以保证美军的C3I系统的安全性。

1985年,荷兰学者在第三届通信安全防护大会上,发表了第一篇计算机显示器安全威胁分析类的文章,同时在现场演示了通过在常规黑白电视中加入一个价值15美元的电子设备,就能接收计算机辐射泄漏信号。他的文章和演示在国际上引起了强烈的反响,引起了人们对电磁辐射的普遍担忧。1998年,英国剑桥大学的科学家提出了"Soft Tempest"的概念,即通过"特洛伊木马"程序主动控制计算机的电磁辐射,这标志着TEMPEST技术已从"被动防守"转变为了"主动进攻"。

早在20世纪50年代,美国就开始研究TEMPEST技术,TEMPEST最早的含义是瞬时电磁脉冲发射标准(Transient Electromagnetic Pulse Emanation Standard),现在已经演变成了电磁泄漏发射和声光泄漏发射的总称。在20世纪50年代,美国发布了第一个TEMPEST标准——NAG-1A"通信和信息设备的发射标准",后在20世纪60年代被FS222标准替代。20世纪80年代之后,又陆续发布了国家的TEMPEST标准NACSIM 5100A"关于TEMPEST设备的要求",NACSIM 5101"泄漏发射实验室测试标准技术原理",NACSIM 5102"泄漏发射测试标准管理指南",NACSIM 5103"关于红黑工程"和NACSIM 5104"关于屏蔽室要求"。随后,NACSIM 5100A标准被NACSIM TEMPEST 1-92标准替代,NACSIM 5101和NACSIM 5102标准被

NACSIM TEMPEST 2-93 标准替代，NACSIM 5103 标准被 NACSIM TEMPEST 2-95 标准替代，NACSIM 5104 标准被 NACSIM TEMPEST 1-95 标准替代。2000年后，美国对 TEMPEST 的相关标准做过一次修订。同时，美国军方也发布了相关的技术标准，如：美国陆军的 AR(C)530-4"泄密发射控制"、FM32-6"信号保密技术"等，美国空军的 AFR100-45"控制泄密发射"、AFNAG-9A"空军贯彻 NACSIM 5100 系列标准"等，以及美国国防部颁发的 DoD5200.28"国防部可信计算机系统评价准则"、CSC-STD003-85"国防部计算机安全保密要求"和 NCSC-TG-005"可信计算机网络说明"等。此外，一些西方发达国家和组织也制定了 TEMPEST 的类似标准，如：加拿大的 CID/09/12A 和 CID/09/7A 标准，澳大利亚的 ACSI71 标准，以及北约的 AMSG720B、AMSG784 和 AMSG788 标准。

与民用和军用电磁兼容标准相比，TEMPEST 技术标准对电子信息设备的电磁发射要求更为严格和苛刻。例如：满足 TEMPEST 标准 NACSIM 5100 的设备，其电磁辐射水平比满足电磁兼容标准 MIL-STD-461/462D"子系统和设备电磁干扰特性的控制要求"的同类设备低 40~60dB，即相当于 100~1000 倍的衰减量。假设一台满足电磁兼容标准的设备其危险半径（可窃取的电磁泄漏区域）为 1500m，那么，一旦该台设备满足 TEMPEST 标准后，其危险半径将降为 1.5~15m，从而大大降低了电磁波泄漏其有用信息的可能。

在我国，国家 863 计划、国家计委重大专项都曾将电磁泄漏发射防护技术列入了信息安全主题，投入了大量的研发资金。从 1991 年起，由国家保密局牵头，联合国内有关部门和科研院所，先后制定和颁布了具有 TEMPEST 性质的系列国家保密标准，初步建立了我国 TEMPEST 产业科学管理体系，并在 2001 年，国家保密局建立了电磁泄漏发射防护产品检测中心，负责相关产品的评测。相关的 TEMPEST 技术标准有：BMB1-1994"电话机电磁泄漏发射限值和测试方法"、BMB2-1998"使用现场的信息设备电磁泄漏发射检测方法和安全判据"、BMB3-1999"处理涉密信息的电磁屏蔽室的技术要求和测试方法"、GGBB1-1999"信息设备电磁泄漏发射限值"、GGBB2-1999"信息设备电磁泄漏发射测试方法"、BMB4-2000"电磁干扰器技术要求和测试方法"、BMB5-2000"涉密信息设备使用现场的电磁泄漏发射防护要求"、BMB6-2001"密码设备电磁泄漏发射限值"、BMB7-2001"密码设备电磁泄漏发射测试方法（总则）"、BMB8-2004"国家保密局电磁泄漏发射防护产品检测实验室认可要求"和 BMB17-2006"涉及国家秘密的信息系统分级保护技术要求"等二十多项标准，初步形成了满足我国实际需要的 TEMPEST 标准体系。目前，这些标准还在不断地修改、完善和加强。

2. TEMPEST 技术的主要研究内容

TEMPEST 技术作为美国国家安全局和国防部联合研究与开发的一个非常重要的项目，其研究内容主要有：研究信息处理设备的电磁泄漏机理，分析有用信息是通过何种途径，以何种方式加载到辐射信号上的，以及电子信息处理设备的电气特性和物理结构对电磁泄漏的影响；研究电磁泄漏的防护技术，分析电磁泄漏中，元器件、电路设计和印刷电路板的布局、设备结构、连线和接地所起的作用，研究各种屏蔽材料、屏蔽结构对电磁的屏蔽效果；研究有用电磁信息的提取技术，即电磁信号接收技术和电磁信号还原技术;研究电磁泄漏测试技术和标准,涉及测试的内容、测试方法、测试要求和测试条件设计和制定,测试仪器设备研制和测试结果分析;TEMPEST材料、元器件和设备的研制。

研究TEMPEST技术的目的是降低或抑制有用信息的电磁发射。抑制电磁泄漏的方法是电子隐蔽技术和物理抑制技术。电子隐蔽技术主要包括用干扰、跳频等技术来掩盖全部电子信息设备的工作状态和保护信息;物理抑制技术则是从元器件、线路和设备入手,通过屏蔽或降低功率的方式抑制一切有用信息的外泄,分为包容法、抑源法和Soft-tempest技术。

包容法是通过屏蔽的方法阻止元器件、线路、设备甚至系统的电磁波外泄。其目的是切断电磁泄漏的传输耦合路径,使其不能向外传播,可采用金属机箱(屏蔽主机电磁辐射)、屏蔽电缆和屏蔽护套(屏蔽接口电磁辐射)等。这种方法虽然不会破坏设备的电气特性,实施起来也比较容易,但会增加设备的质量和体积,提高成本。

抑源法是从根本上解决电子信息设备箱外发射电磁波,消除产生较强电磁波的源头。其目的是抑制TEMPEST源的发射,降低全部或部分频段信号的传导和辐射强度。为此可选用电压和功率较低的元器件,电路设计时减小耦合和辐射,采用电源滤波器和信号滤波器,采用阻挡电磁波的透明膜,或采用"红黑"隔离技术等。这种方法虽然不会增加设备的质量和体积,但技术难度大,易造成电路性能的差异。

Soft-tempest技术是通过在处理的信号中添加高频噪声,使敌方无法正确还原出真实信息的技术。它使用软件控制计算机涉密信号的发射。这种方法无须改变硬件的结构,无须增加设备的体积和质量,但技术难度大,作用范围小,抑制能力有限。

3.TEMPEST技术的主要技术措施

TEMPEST技术是电磁兼容的延展技术,两者有着相同的技术基础,也存在较大差异。例如,TEMPEST技术的目标是防止涉密信息外泄,采取低辐射发射方式或利用伪噪声覆盖有效信息的方式等减少涉密信息被截获的可能性,设备间相互干扰或无用电磁能的泄漏等不是其关心的主要问题。但是在电磁安全防护方面,很多措施都可从电磁兼容角度出发。下面介绍几种常见的技术措施:

(1)屏蔽技术。屏蔽技术是电磁泄漏防护措施中常用的技术。由于TEMPEST设备价格昂贵,短期内使用率不能达到要求,只能在普通设备的基础上进行改造使其达到TEMPEST技术要求。例如对计算机主机箱进行优化设计,对其孔、缝等电磁泄漏处进行仿真、合理布局,同时利用屏蔽技术对主机、显示器等进行屏蔽使电磁泄漏减少到最小。屏蔽的方法可以分为:整体屏蔽、部件屏蔽和元器件屏蔽。

(2)滤波技术。滤波是TEMPEST技术中的一项重要研究内容。滤波器能较有效地抑制电磁泄漏,一般加载在电子信息系统的电源线、信号传输线和公共地线上。

(3)电磁干扰器。采用低辐射发射产品,仍有无意电磁信号泄漏出去,为干扰敌方截获信息,干扰器采用宽频率范围和高幅度两方面同时掩盖信息。例如计算机视频信息干扰器是专门为解决计算机辐射泄密问题而研制的一种信息安全保密防护产品。采用空间混淆加密技术、相关干扰和噪声混淆覆盖等多种干扰方式同时对电子设备辐射的信息进行多重保护,使敌方窃取信息更加困难。其中,空间混淆加密技术是指涉密电子设备的电磁辐射信号被扰乱,即使敌方接收到电磁辐射信号也很难解调出有效信息;相关干扰技术是指干扰器发出的干扰信号与电子设备辐射信息实时跟踪,具有良好的相关性,克服单一白噪声作为干扰信息易被解调的弱点。该种技术相对成熟,抗还原能力强,使用方便,但防护程度较低,主要用于防护密级较低的信息。

(4)保证安全距离。电磁泄漏防护技术中最简单直接的方法就是安全距离保障。由于电磁波在空间传播过程中,其辐射强度随着距离的增加而衰减,可以将"红"设备安放在安全距离范围内,使电子设备泄漏的有用信号场远小于噪声场,从而减小敌方破译有用信息的概率。

(5)低辐射技术。低辐射技术是"红黑"隔离技术、屏蔽技术和滤波等防辐射措施的综合运用,从而达到减少电磁泄漏的目的。首先,在系统设计初期,考虑"红黑"隔离技术,将可能产生有用信息的辐射源("红"设备)与无用信息(杂散、谐波等)辐射源("黑"设备)分离开。与之对应,可以破译出有效信息的信号,称为"红"信号,否则称为"黑"信号。其次,为防止"黑"设备成为"红"设备的传播载体,"红""黑"设备不可双向信息交换,只允许"黑"设备到"红"设备的单向信息传输,同时采用屏蔽和滤波防止连接线产生耦合作用。

3.5 信息系统物理安全等级保护标准

1.国内信息系统物理安全技术标准

以 GB/T 17859-1999 对计算机信息系统五个安全等级的划分为基础,依据 GB/T 20271-2006 五个安全等级中对于物理安全技术的不同要求,结合当前我国计算机、网络和信息安全技术发展的具体情况,根据适度保护的原则,将物理安全技术分为五个不同级别,并对信息系统安全提出了物理安全技术方面的要求。每一级别中又分为设备物理安全、环境物理安全和系统物理安全。不同安全等级的物理安全平台为相对应安全等级的信息系统提供应有的物理安全保护能力。不同安全等级的物理安全平台为相对应安全等级的信息系统提供应有的物理安全保护能力。随着物理安全等级的依次提高,信息系统物理安全的可信度也随之增加,信息系统所面对的物理安全风险也逐渐减少。

第一级物理安全平台为第一级用户自主保护级提供基本的物理安全保护。在设备物理安全方面,为保证设备的基本运行,对设备提出了抗电强度、泄漏电流、绝缘电阻等要求,并要求对来自静电放电、电磁辐射、电快速瞬变脉冲群等的初级强度电磁干扰有基本的抗扰能力。在环境物理安全方面,为保证信息系统支撑环境的基本运行,提出了对场地选择、防火、防雷电的基本要求。在系统物理安全方面,为保证系统整体的基本运行,对灾难备份与恢复、设备管理提出了基本要求,系统应利用备份介质以降低灾难带来的安全威胁,对设备信息、软件信息等资源信息进行管理。

第二级物理安全平台为第二级系统审计保护级提供适当的物理安全保护。在设备物理安全方面,为支持设备的正常运行,本级在第一级物理安全技术要求的基础上,增加了设备对电源适应能力要求,增加了对来自电磁辐射、浪涌(冲击)的电磁干扰具有基本的抗扰能力要求,以及对设备及部件产生的电磁辐射干扰具有基本的限制能力要求。在环境物理安全方面,为保证信息系统支撑环境的正常运行,本级在第一级物理安全技术要求的基础上,增加了机房建设、记录介质、人员要求、机房综合布线、通信线路的适当要求,机房应具备一定的防火、防雷、防水、防盗防毁、防静电、电磁防护、温湿度控制、一定的应急供配电能力。在系统物理安全方面,为保证系统整体的正常运行,本级在第一级物理安全技术要求的基础上,增加了设备备份、网络性能监测、设备运行状态监测、告警监测的要求,系统对易受到损坏的计算机和网络设备应有一定的备份,对网络环境进行监测以具备网络、设备告警的能力。

第三级物理安全平台为第三级安全标记保护级提供较高程度的物理安全保护。在设备物理安全方面,为支持设备的稳定运行,本级在第二级物理安全技术要求的基础上,增加了对来自感应传导、电压变化产生的电磁干扰具有一定的抗扰能力要求,以及对设备及部件产生的电磁传导干扰具有一定的限制能力要求,并增加了设备防过热能力,温湿度、振动、冲击、碰撞适应性能力的要求。在环境物理安全方面,为保证信息系统支撑环境的稳定运行,本级在第二级物理安全技术要求的基础上,增加了出入口电子门禁、机房屏蔽、监控报警的要求,机房应具备较高的防火、防雷、防水、防盗防毁、防静电、电磁防护、温湿度控制、较强的应急供配电能力,提出了对安全防范中心的要求。在系统物理安全方面,为保证系统整体的稳定运行,本级在第二级物理安全技术要求的基础上,对灾难备份与恢复增加了灾难备份中心、网络设备备份的要求,对设备管理增加了网络拓扑、设备部件状态、故障定位、设备监控中心的要求,并对设备物理访问、网络边界保护、设备保护、资源利用提出了基本要求。

第四级物理安全平台为第四级结构化保护级提供更高程度的物理安全保护。在设备物理安全方面,为支持设备的可靠运行,本级在第三级物理安全技术要求的基础上,增加了对来自工频磁场、脉冲磁场的电磁干扰具有一定的抗扰能力要求,并要求应对各种电磁干扰具有较强的抗扰能力,增加了设备对防爆裂的能力要求。在环境物理安全方面,为保证信息系统支撑环境的可靠运行,本级在第三级物理安全技术要求的基础上,要求机房应具备更高的防火、防雷、防水、防盗防毁、防静电、电磁防护能力,温湿度控制能力,更强的应急供配电能力,并建立完善的安全防范管理系统。在系统物理安全方面,为保证系统整体的可靠运行,本级在第三级物理安全技术要求的基础上,对灾难备份与恢复增加了异地灾难备份中心、网络路径备份的要求,对设备管理增加了性能分析、故障自动恢复以及建立多层次分级设备监控中心的要求,并对设备物理访问、网络边界保护、设备保护、资源利用提出了较高要求。

第五级物理安全平台为第五级访问验证保护级提供最高程度的物理安全保护。但标准GB/T 21052-2007没有对该级信息系统物理安全技术进行描述。

2.国际上信息系统物理安全技术标准

1999年10月,美、英、德、法、荷、加等六国联合起草了国际标准ISO/IEC 15408,其中涉及物理安全技术的标准至少有两个:一是TSF(TOE Security Functions)保护类中的TSF物理保护(FPT_PHP);二是资源利用类(FRU)。FPT_PHP安全功能是指限制未授权的 TSF 物理访问,阻止并抵抗未授权的 TSF 物理修改或替换,包括物理攻击被动检测、物理攻击报告以及物理攻击抵抗等内容。FRU 包括故障容错(FRU_FLT)、服务优先级(FRU_PRS)、资源分配(FRU_RSA)等安全功能。

美国国家标准及技术协会(NIST)发布的 SP 800-53"联邦信息系统推荐安全控制"中,关于物理和环境保护的标准包括:PE-1 物理和环境保护策略和程序,PE-2 授权物理访问,PE-3 物理访问的控制,PE-4 传输介质访问控制,PE-5 显示设备访问控制,PE-6 物理访问监视,PE-7 访客控制,PE-8 访问日志,PE-9 电力设施和电缆,PE-10 应急开关,PE-11 应急电源,PE-12 应急照明,PE-13 防火,PE-14 温度湿度控制,PE-15 防水,PE-16 设备递送和移交,PE-17 更替工作场所等 17 个安全控制项;介质保护包括:MP-1 介质保护策略和程序,MP-2 介质访问,MP-3 介质标记,MP-4 介质存储,MP-5 介质传送,MP-6 介质清洗,MP-7 介质销毁及处理等 7 个安全控制项。

美国国防部于 2003 年发布的信息保障实施指导书(8500.2)中,为保证系统可用性、完整性,系统的物理和环境域安全内容包括:PEEL-2 应急照明,PEFD-2 火灾探测,PEFI-1 火灾检查,PEFS-2 灭火系统,PEHC-2 湿度控制,PEMS-1 主电源切换,PESL-1 屏幕保护,PETC-2T 温度控制,PETN-1 环境控制训练,PEVR-1 电压调整等。为保证系统机密性,系统的物理和环境域安全内容包括:PECF-2 计算设备访问,PECS-2 清洗及清除,PEDD-1 销毁,PEDI-1 敏感数据拦截,PEPF-2 设施物理保护,PEPS-1 物理安全测试,PESP-1 工作场所安全程序,PESS-1 储存,PEVC-1 计算设施访客控制等。

英国标准协会发布的 BS 7799 系列标准中,针对物理和环境部分的内容包括:安全区域(物理安全周边、物理实体控制措施、安全办公室房间和设施、在安全区域中工作、隔离的传递和装载区域),设备安全(设备安装安置和保护、电源供应、电缆安全、设备维护、离开建筑物的设备的安全、安全丢弃或重用设备),一般控制措施(桌面清理和屏幕清理策略、财产的移动)。

3.6 本章小结

本章从物理安全的定义出发,分别阐述了信息系统设备可能面临的安全威胁,以及对应的保护方法;依据《174 规范》,说明了电子信息系统所在环境的区域保护和灾难保护方法和预防措施。本章还阐述了 TEMPEST 技术相关标准的发展历程,以及其主要的研究内容;最后阐述了信息系统物理安全等级保护标准的国内外发展现状,特别是我国 GB/T 21052-2007 标准中,对电子信息系统的物理安全要求。

如今,物理安全的范畴已经从早期的设备安全、环境安全、介质安全发展到系统整体的物理安全。从 9·11 事件和 2006 年 12 月中国台湾地震海底光缆事件中,我们再次看到信息系统对物理安全的依赖性。随着信息技术的飞速发展,生物特征识别技术、无线移动技术、可信芯片技术、大数据技术和人工智能技术必将对信息系统的物理安全提出全新的要求。

习题

1.物理安全的定义？

2.物理安全涉及哪些方面的内容？简单阐述。

3.设备的安全威胁包含哪些方面？如何保护？

4.电子信息设备所在机房的安全等级如何划分？

5.机房位置和设备部署的具体要求是什么？

6.TEMPEST技术的发展历史？阐述美国和中国的TEMPEST技术的发展现状。

7.TEMPEST技术的主要研究内容有哪些？

8.信息系统物理安全如何划分等级？每个等级的相关内容有哪些？

第4章

身份认证技术

身份认证是信息系统的第一道安全防线,它是用户向系统出示身份证明以验证其身份合法性的过程,具有唯一性。身份认证不同于消息认证,身份认证是认证参与通信的实体身份是否合法,是否与所声称的身份相符,实体身份必须是唯一的。而消息认证是认证消息来源是否是其声称的来源,以及验证消息内容的完整性,至于是由谁发送的消息,作为接收者是不关心的。例如:某省教育厅发布高等教育改革的文件,那么作为高校,它只需要确定这个文件是由该省教育厅签发的就可以了,而不需要知道这个文件是由教育厅的张三还是李四发布的。

唯一标识用户身份的方法和技术很多,4.1节主要阐述了身份认证所涉及的技术种类。4.2节讨论利用密码技术实现身份认证的方法。4.3节讨论利用人体唯一拥有的生理特征作为识别身份的技术。4.4节讨论利用个人特定的行为特征,如笔迹或步态,识别用户的身份。

4.1 身份认证技术概述

真实世界中的身份认证主要有三种方法,即:①根据你所知道的信息来证明你的身份,即你知道什么;②根据你所拥有的东西来证明你的身份,即你有什么;③根据你独一无二的生物特征来证明你的身份,如指纹、虹膜等,即你是谁。但在网络世界中,任何数据都可以伪造,包括人的身份信息,此时待验证方将代表用户身份的特定抽象对象(标识)提交给验证者,而验证者需要验证该抽象对象(标识)是否正确,是否与用户身份唯一绑定,这个过程就是身份认证过程。在这个过程中,需要完成三件事情,即:一是如何将用户的身份抽象成标识? 二是如何将用户的身份与这个特定的标识唯一绑定在一起? 三是接收方如何验证标识的真伪以及标识与用户之间的关系?

身份认证的方法有很多种,最常见的是基于口令的认证方法,每个用户事先在服务器上建立自己的用户账号,包括用户标识符和口令,这些信息只有自己和服务器知道,登录服务器依靠用户名和口令辨别身份。这种方法简单,易于实现,但安全强度很低,容易被攻击。本书中不对该种认证方法进行讨论。

基于密码技术的身份认证的基础是密码算法,用于认证的算法有两种:对称加密算法和公钥密码算法。对称加密算法是通信双方所持有,接收方通过验证发送方是否持有该密钥来验证发送方的身份,一旦出现纠纷,无法进行裁决,这是因为对称密钥无法唯一标识用户的身份。而公钥密码算法不同,私钥只由用户自己保存,在不泄密的情况下,它可以唯一标识用户的身份。因此,无论是在传输过程中验证用户的身份,还是在后续的仲裁,它都可以作为验证用户身份的依据。因此本书主要讨论基于公钥密码算法的身份认证技术。

基于生理特征的身份认证技术是基于人体固有的生理特征进行身份认证,需要利用传感器采集生理特征信息,并利用计算机进行处理,因此,用于鉴别身份的生理特征必须具有以下特性:普遍性,即每个人都必须具有的特征;唯一性,即不同的人,其特征必定不同;可测量性,即这个特征是可以采集、计算机可处理的;稳定性,即特征不会随时间改变而改变;安全性,即不容易被伪造或模仿。人脸识别、指纹识别、虹膜识别、DNA识别、声纹识别、手形识别、掌纹识别和人耳识别等都属于这种技术。

基于行为特征的身份认证技术是利用个人行为特征鉴别用户身份,用户的行为特征是后天养成的,用户的习惯使然。由于个人的身体条件、身体状况、生活和工作环境、生活和工作习惯、文化程度等不同,其行为特征会存在差异,如果能够准确提取这些差异,就能够唯一辨识用户的身份。

下面将逐一讨论上述三种身份认证技术。

4.2 基于公钥密码技术的身份认证

公钥密码技术是为了解决传统密码技术(即对称密码技术)中最困难的两个问题而提出的,即:①在网络环境中,利用传统密码技术无法实现密钥的分配;②利用传统密码技术无法数字签名。

我们知道,利用对称密码技术实现密钥分配有两种方案:①通信双方事先已经共享了一个密钥,利用这个共享密钥实现密钥的分配;②利用可信第三方实现密钥的分配,参与通信的各方与可信第三方均有秘密通道传送涉密信息,待分配的密钥通过可信第三方分配给通信各方。但这两种方案都存在问题,方案一:尽管可以利用事先共享的密钥实现密钥分配,但一个无法回避的问题是共享的密钥是如何分配的呢? 方案二:利用可信第三方完成密钥分配后,该密钥除了通信双方持有外,可信第三方也将拥有该密钥。从理论上而言,这必然导致一个问题是密钥的机密性被破坏,即并不参与通信的第三方也拥有了密钥。因此,理论上,利用对称密钥是无法完成密钥分配的。

在网络世界中,电子信息和电子文件也是需要签名的,但对称密钥是通信双方共同持有的共享密钥,无法与某个特定的用户身份捆绑在一起,因此,利用对称密钥加密的信息不具有签名的特性。

公钥密码算法自1976年诞生之后,陆续出现了不同用途的公钥密码技术,如:Diffie-Hellman算法,主要用于密钥交换,不能用于信息加/解密和数字签名;RSA算法和ECC算法,可以用于密钥交换、加/解密和数字签名;DSA算法只能用于数字签名,不能用于密钥交换和信息加/解密。为了更好地理解公钥密码技术,下面我们首先要讨论关于公钥密码技术常见的几个误区。

误区一:公钥密码技术采用两个不同的密钥分别进行加密和解密,因此,从密码分析的角度而言,公钥密码比对称密码更安全。事实上,任何密码算法的安全性都是依赖于密钥的长度和破解密文所需要的计算量。因此,从密码分析角度,既不能说公钥密码算法比对称密码算法安全,也不能说对称密码算法比公钥密码算法安全。

误区二:如RSA算法和ECC算法,公钥密码是一种通用的方法,既可以完成对称密码的加/解密功能,也能够实现对称密码无法完成的功能,因此,公钥密码完全可以替代对称密码。但这是不可能的,因为现有的公钥密码算法所需要的计算量远大于对称密码算法,如果将公钥技术直接用于消息的机密性保护,则系统原有的性能会显著下降。因此,公钥密码技术一般用于加密少量的信息,如:密钥交换和数字签名等一类应用。

误区三:与对称密码相比,公钥密码实现密钥分配更加容易。这个观点是错误的。从表面上看,通信双方分别持有自己的公、私钥,同时也可获得对方的公钥,那么,只需要公私钥配合使用,就能轻松地完成共享密钥的交换。事实并非如此,尽管利用对方的公钥加密共享密钥能够保证密钥交换过程中的机密性,但我们忽略了一个问题:你怎么知道这个公钥就是对方的,而不是假冒的呢?为此,需要借助某种形式的协议,有时甚至需要一个可信第三方的参与,通过公证的形式将公钥和用户的身份进行捆绑,而这个过程一点也不比对称密码技术中的密钥分配方法简单。

4.2.1 公钥密码技术的基本原理

1.公钥密码技术的基本组成

与对称密码技术不同,公钥密码技术中的密钥是成对出现的,一个是私钥,一个是公钥。私钥由用户持有,对其他任何人都是保密的;公钥可以对外公开,任何人都可以通过公开的渠道获取特定用户的公钥。仅依据密码算法和公钥推导出私钥是不可能的。两个密钥中,任何一个密钥都可以用来加密,另一个用来解密。

公钥密码技术由六个部分组成:明文(用M表示);密文(用C表示);私钥(用PR表示);公钥(用PU表示);加密算法(用E表示);解密算法(用D表示)。如图4.1所示,图4.1(a)是利用公钥密码实现认证的过程,图4.1(b)是利用公钥密码技术实现机密性的过程。

以图4.1(a)为例,利用公钥密码技术完成消息的认证过程,其主要步骤如下:

(1)用户Alice和Bob分别产生一对密钥(PU_A, PR_A)和(PU_B, PR_B),用来加密和解密消息。

(2)用户Alice和Bob分别将自己的公钥存于公开的寄存器或其他可访问的文件中,私钥由自己保存,不对外公开,也不能被其他用户以任何形式访问。

(3)用户Alice将待发送的消息利用自己的私钥加密后发送给Bob。

(4)用户Bob接收到消息后,用Alice的公钥解密消息。只有Alice的公钥能够正确解密出消息,还原明文,因此可以证明消息是Alice发出的。

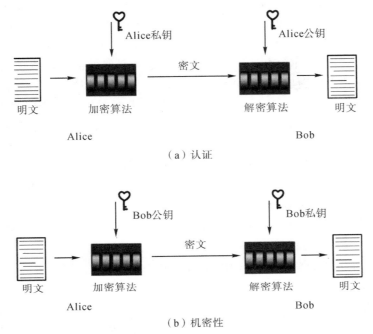

图4.1 公钥密码技术的基本原理

在图4.1中,假设攻击者只能通过监听通信链路获得传输的消息,即攻击者可以观察到密文(C),并且可以访问公钥(PU),但是他不能直接访问明文(M)或私钥(PR),因此,攻击者必须想方设法恢复出M或PR。在公钥密码技术中,加密算法(E)和解密算法(D)是公开的,如果攻击者只关心某一条明文消息M_1,那么他只需要集中精力产生明文的估计值$\hat{M}_1$就可以了,但是通常攻击者也希望获得其他的消息,因此,他会通过产生私钥的估计值$\widehat{PR}$来恢复PR。在公钥密码技术中,私钥PR的机密性保护至关重要。

尽管图4.1(a)可以验证发送方的身份和消息的来源,图4.1(b)可以保证消息的机密性,但存在两个问题:

问题1:采用上述方法,接收方只能验证一次接收到的消息。接收方验证收到的消息时,必须解密。一旦解密,消息无法进行第二次认证,除非将收到的消息完整地保存,但这势必需要大量的存储空间,即:在实际应用中,每个接收到的加密文件既需要以明文的形式保存,又需要以密文的形式保存,以便通信双方在发生纠纷时可以验证消息的来源及其消息的内容。

问题2:采用公钥密码技术加密大数据时,其计算的时延较长。一般地,对称密码算法的计算速度比公钥密码算法的计算速度快100~1000倍,因此,直接用公、私钥加密大数据对系统原有的性能影响较大。

针对上述问题,解决的办法是:公、私钥只对小数据块加密,即在认证过程中,需要用一个称为认证符的小数据块替代待加密的文件。明文和认证符之间必须具有:一一对应关系;明文的任何一点变化都会引起认证符的变换;明文可以计算出认证符,但认证符无法计算出明文。散列值具有这些特性。此时,利用发送方的私钥加密该认证符既可以达到签名的目的,又可以利用很小的存储空间保存加密结果,留待多次认证;在保密过程中,需要产生会话的对称密钥,利用该密钥加密待传输的明文,而接收方的公钥只负责加密会话密钥即可。此时,不仅提高了明文加密的效率,而且对传输开销影响不大。

2.公钥密码技术应满足的要求

1976年,Diffie 和 Hellman 在创建公钥密码体制时,给出了公钥密码算法必须满足的条件。目前这些要求仍在沿用,它是评判一种公钥密码技术是否有效的依据。

公钥密码技术应满足的要求:

(1)用户产生一对密钥(公钥 PU 和私钥 PR)在计算上是容易的。

(2)已知接收方 B 的公钥和待加密的消息 M,发送方 A 产生相应的密文 C,即 $C=E(PU_B,M)$ 在计算上是容易的。

(3)接收方 B 使用其私钥解密接收到的密文 C,即 $M=D(PR_B,C)$ 在计算上是容易的。

(4)已知公钥 PU,攻击者解出私钥 PR 在计算上不可行。

(5)已知公钥 PU 和密文 C,攻击者恢复出密文 M 在计算上不可行。

(6)加密和解密顺序可以互换,即:$D(PR_B,E(PU_B,M))=E(PU_B,D(PR_B,M))$。

对于上述条件(1)~(3)是公钥密码算法的工程实用要求。因为只有算法高效,该算法才有实用价值,否则只可能停留在理论上。条件(4)和(5)是公钥密码算法的安全性要求,也是公钥密码算法的安全基础,但满足这个条件是很难的,到目前为止,只有两个算法(RSA算法和ECC算法)为人们普遍接受。

事实上,满足条件(6)的算法是很多的,但要满足条件(1)~(5)则需要找到一个单向陷门函数,即:

$$Y=f_k(X)$$
$$X=f_k^{-1}(Y)$$

在这里,已知 X 和单向陷门函数 f,计算函数值 Y 容易;已知函数值 Y 和单向陷门函数 f,计算它的逆 X 是不可行的,但是如果知道附加信息 k,那么就可以在多项式时间内计算出函数的逆。因此,寻找合适的陷门函数是公钥密码算法的关键。

这里的"容易"和"不可行"是相对的,"容易"是指一个问题能够在多项式时间内得到解决;"不可行"的定义比较模糊,一般而言,若解决一个问题所需要的时间比多项式时间增长更快,则称该问题是不可行的。

3.公钥密码的分析

评价密码算法抗密码分析能力的核心问题是攻击该密码算法需要多少时间,但是我们不能肯定该攻击方法是最有效的,而只能认为针对某个特定的算法,攻击所需要的代价具有多大的规模。然后,再将该规模与当前的处理器能力进行比较,来确定算法的安全程度。

公钥密码算法的一种攻击方式是穷举攻击法,而应对穷举攻击的方法是密钥必须足够长,但为了便于实现加密和解密,密钥又必须足够短。算法的安全性取决于密钥长度,因此,一旦算法确定后,在选择密钥时,必须在安全性和效率之间进行平衡,在满足安全性要求的前提下,效率最高。

公钥密码算法的另一种攻击方法是从已知的公钥中计算出私钥的方法。以 RSA 和 ECC 算法为例,需要因式分解两个大素数的乘积或求离散对数等 NP 问题。到目前为止,在数学上还没有找到破解这些 NP 问题的方法,但同时也没有证明从公钥中计算私钥是不可行的。

但是,我们知道,在实际应用中,公、私钥不会直接用于加密大数据,以公钥算法保证数据传输机密性为例,接收方的公钥往往用于加密通信双方共享的对称密钥,而对称密钥用于加密待传输的数据,因此,破解公、私钥的方法完全可以转换为破解对称密钥的方法,一旦对称密钥被破解了,攻击者同样可以获得传输消息的明文。抵抗这种攻击最有效的方法是在加密的信息后附加一个随机数。

4.2.2 数字签名

1.数字签名的要求

如图 4.2 所示,采用对称加密技术加密待传输的消息可以保护消息的机密性,防止攻击者窃取消息;如图 4.3 所示,采用消息认证技术,消息接收方可以验证消息的来源,以及消息在传输过程中是否被篡改,从而保护通信双方的数据交换不被第三方攻击。但是这两种方法都无法保证通信双方的相互攻击,其根本原因就是采用对称加密技术,如:发送方 A 否认曾经发送过的消息,而接收方 B 无法证明消息确实来源于发送方 A。同时,接收方 B 也可以伪造发送方 A 发送的消息,而发送方 A 无法证明该消息不是自己发出的。因此,在网络环境中阻止通信双方相互攻击,无论是加密方法还是消息认证方法都是不够的,但数字签名可以很好地解决这个问题。

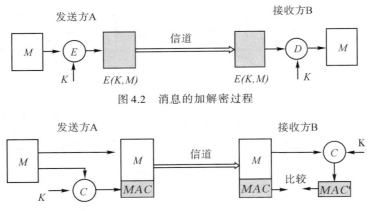

图注:K:对称密钥;MAC:消息认证码

图4.3 消息认证过程

数字签名的概念借鉴了传统手写签名的概念。在传统手写签名中,其基本特点如下:

(1)必须能够验证签名者和签名的时间。

(2)必须能够认证被签名的消息内容。

(3)签名能够由第三方仲裁,以解决纠纷。

从上述特点我们可以看到:手写签名不仅有签名者的姓名,而且还要签署上时间,签名不可被伪造,一旦伪造,可以被鉴别;签名者必须针对具体的内容签名,不应该在空白页上签名;具体的内容清晰、明确,便于第三方仲裁。

不同于对称加密算法,公钥密码算法可以实现数字签名的功能。数字签名要满足上述手写签名的特点,它必须满足以下的条件:

(1)依赖性:数字签名的内容必须是与消息相关的二进制位串。

(2)唯一性:数字签名必须使用发送方某些特有的信息,以防伪造和否认。

(3)易用性:产生数字签名比较容易。

(4)易验证:识别和验证签名比较容易。

(5)抗伪造:伪造数字签名在计算上不可行,既不能从给定的数字签名中伪造消息,也不能从给定的消息中伪造数字签名。

(6)可保存:保存数字签名的拷贝是可信的。

满足上述条件的签名,除了利用发送方的私钥直接加密待发送消息外,还可以用发送方的私钥加密待发送消息的散列值,在实际应用中,我们一般采用后者。

数字签名的方法有多种,但一般分为两类:直接数字签名和仲裁数字签名。

2.直接数字签名

直接数字签名只与通信双方有关,与任何第三方无关。发送方可以使用自己的私钥对整个消息[见图4.4(a)]或消息的散列值[见图4.4(b)]加密产生数字签名,接收方则通过获得的发送方公钥解密,从而验证签名的有效性。

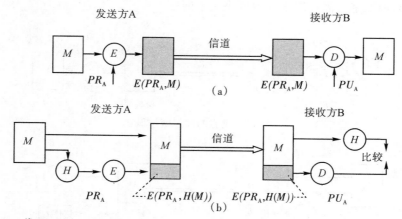

图注:H:hash运算;E:加密;D:钥密

图4.4 消息的数字签名

针对图4.4的签名过程我们可以发现,无论是哪种签名方式都无法保证消息的机密性。对于图4.4(a),尽管我们对消息加密了,但由于加密的密钥是私钥,任何拥有公钥的接收方都可以查看明文,因此,整个签名过程不能保证消息的机密性。而图4.4(b)中,消息是以明文的形式在信道中传输的,因此消息无机密性可言。如果既要实现数字签名,又要保证消息的机密性,则有两种方法,即:①利用对称密钥(或接收方的公钥)加密整个消息和签名结果,如图4.5(a)所示;②首先对消息进行加密,然后再对加密的消息签名,如图4.5(b)所示。

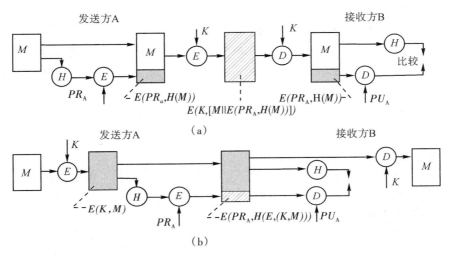

图4.5 消息的数字签名和机密性

对于图4.5(a),待发送的消息是先签名,然后利用通信双方共享的密钥加密,接收方收到消息后,首先需要解密,在这个过程中保证了数据传输的机密性,同时,可以将消息的签名保存起来,一旦出现纠纷,第三方仲裁机构只需掌握消息的明文、签名和发送方的公钥,就可以多次验证签名结果。而对于图4.5(b),存在两个问题:①签名的是密文,那么一旦出现纠纷,作为第三方仲裁机构,它必须要掌握消息的明文、消息的密文、签名、发送方的公钥和当时的对称加密密钥,显然这是不合理的;②该方案有违签名的常识,即在传统签名中,一定是对明文签名,绝对不会对密文或空白文签名。因此,在实际应用中,一般采用图4.5(a)的方案,但在某些特殊情况下,我们也会采用图4.5(b)的方案。

上述的直接数字签名也会存在一定的安全隐患,即:这种签名的有效性依赖于发送方私钥的安全性。如果出现纠纷时,发送方想否认曾发送过该消息,那么,他可以声称其私钥已经丢失或被盗,是接收方伪造了他的签名。为此,需要有保护用户私钥的机制,以及在签名时增加时间戳的方式防止该安全隐患出现,例如:仲裁签名和PKI/CA系统。

3.仲裁数字签名

与直接数字签名不同,仲裁数字签名需要第三方的介入。其工作原理是:发送方X将每条发送给接收方Y的消息首先发送给仲裁者A,A对消息及其签名进行检查,从而验证消息的来源和消息的内容是否被篡改,然后将该消息加上时间戳后发送给接收方Y,同时告诉Y,该消息已通过仲裁者检验。在这个过程中,仲裁者是关键,它必须是可信第三方,如:可信系统。其实现步骤如下:

(1)X→A:$ID_X\|M\|E(PR_X, ID_X\|H(M))$

(2)A→Y:$M\|E(PR_A, ID_X\|H(M)\|T)$

其中,ID_X表示发送方X的标识符,T表示时间戳。

但是这种方法中,仲裁者A能够读取X发送给Y的消息,实际上,任何第三方都能够读取这个消息。如果我们希望A在提供仲裁签名的同时,无法读取该消息,即保证消息的机密性,那么就需要采用如下方法:

(1)X→A:$ID_X\|E(PU_Y, M)\|E(PR_X, ID_X\|H(E(PU_Y, M)))$

(2)A→Y:$E(PU_Y, M)\|E(PR_A, ID_X\|H(E(PU_Y, M))\|T)$

此时,仲裁者A无法读取X发送给Y的消息,保证了消息的机密性,但由于采用接收方的公钥PU_Y加密待发送的消息,该方法的效率不高,对系统性能影响较大。为此,可以采用如下方式:

(1)X→A:$ID_X\|E(K, M)\|E(PR_X, ID_X\|H(E(K, M)))\|E(PU_Y, K)$

(2)A→Y:$E(K, M)\|E(PR_A, ID_X\|H(E(K, M))\|T)\|E(PU_Y, K)$

其中,K表示发送方X和接收方Y之间共享的对称密钥。

此时,仲裁者A既完成了对X发送给Y的消息签名,也保证了消息的机密性,同时兼顾了系统的性能。只要PR_A不泄漏,时间戳不正确的消息是不能够被发送的。

4.数字签名标准

在数字签名方法中,有一种特殊的数字签名方法,即数字签名标准(DSS),它是美国国家标准及技术协会(NIST)发布的联邦信息处理标准FIPS 186。DSS的思想最初提出是在1991年,主要是应对RSA算法和椭圆曲线密码(ECC)算法的专利保护。在2000年发布的该标准扩充版中,增加了RSA算法和ECC算法,此时RSA的专利也已经到期。

在DSS标准中采用的数字签名算法为DSA,与RSA算法类似,DSA也是公钥密码算法,但与RSA不同的是DSA只能用于签名。下面我们来比较一下RSA算法和DSA算法之间的差异。图4.4(b)可以看成是RSA算法的签名和验证过程,而DSA算法的签名和验证过程如图4.6所示。

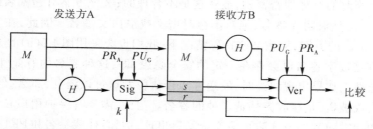

图注:sig:签名;Ver:验证签名

图4.6　DSA方法

与DSA签名算法不同,在RSA算法中,签名的内容是消息的定长散列值,签名是利用发送方的私钥加密散列值形成签名,然后将消息和签名一起发送给接收方。接收方收到后,首先计算消息的散列值,然后利用发送方的公钥解密签名,如果解密的结果与计算出的散列值相同,则签名有效。

　　DSA算法在对消息签名时,消息的散列值和为此次签名产生的随机数k作为签名函数的输入,在发送方私钥(PR_A)和一组参数共同作用下,产生签名结果s和r,其中的这组参数是通信双方所共有的,因此,可以称为全局公钥(PU_G)。然后将消息和签名一起发送给接收方。接收方收到后,首先计算消息的散列值,然后将散列值和签名一起作为验证函数的输入,在发送方私钥PU_A和全局公钥PU_G的共同作用下,计算验证函数的值,如果该值与签名中的r值相等,则签名有效。

　　下面我们将详细介绍DSA算法。

　　在介绍DSA算法之前,我们首先要知道它的一些参数是如何选择或计算的。

　　全局公钥PU_G:它包括一组参数(q,p,g)。其中q是160位的素数;p是素数,且满足q能整除($p-1$),长度在512位到1024位之间;$g=h^{(p-1)/q} \bmod p$,h为整数,且$1<h<(p-1)$,g是大于1的整数。

　　用户的私钥:x,同时随机或伪随机整数,且$0<x<q$。

　　用户的公钥:$y=g^x \bmod p$。根据离散对数的困难问题,已知y来计算x是不可行的。

　　随机秘密值:k,每次签名时都必须随机产生该整数值,且$0<k<q$。

　　利用DSA算法进行签名,需要计算两个函数值r和s,它们是全局公钥PU_G,发送方私钥x,消息散列值$H(M)$和随机数或伪随机数k的函数值。消息M的签名如下:

$$r=f_2(k,p,q,g)=(g^k \bmod p) \bmod q$$

$$s=f_1(H(M),k,x,r,q)=\left[k^{-1}(H(M)+xr) \right] \bmod q$$

签名$=(r,s)$

　　接收方收到消息的明文(M')和签名(r',s')后,计算v值,它是消息的散列值$H(M')$、全局公钥PU_G、发送方公钥y和签名的函数值。然后比较v和r'是否相同,如果相同,则签名有效。其签名验证步骤如下:

$$w=f_3(s',q)=(s')^{-1} \bmod q$$

$$v=f_4\left(y,p,q,g,H(M'),w,r'\right)=\left[(g^{u_1}y^{u_2}) \bmod p \right] \bmod q$$

其中,

$$u_1=[H(M')w] \bmod q$$

$$u_2=(r')w \bmod q$$

验证:$v=r'$

　　图4.7描述了DSA的签名和验证函数。

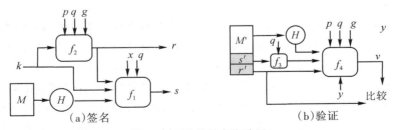

(a)签名　　　　　　　　　　(b)验证

图4.7　DSA的签名和验证

DSA算法的安全性依赖于离散对数的困难问题,攻击者希望从r中恢复出k,或从s中恢复出x都是不可行的。但需要注意的是,k在每次签名时都不一样,无论是对不同的明文签名还是对同一明文多次签名,k值都不能相同。其原因如下:

证明:如果存在两个不同的明文M_1和M_2,签名时采用的随机数均相同,为k。则

$$s_1 = \left[k^{-1} \left(H(M_1) + xr \right) \right] \bmod q \tag{4.1}$$

$$s_2 = \left[k^{-1} \left(H(M_2) + xr \right) \right] \bmod q \tag{4.2}$$

$\because$全局公钥(q, p, g)、发送方私钥x和随机数k相同,

$\therefore$公式(4.1)和公式(4.2)中的r值相同。

$$\therefore s_1 - s_2 = \left[k^{-1} \left(H(M_1) + xr \right) \right] \bmod q - \left[k^{-1} \left(H(M_2) + xr \right) \right] \bmod q$$
$$= \left[k^{-1} \left(H(M_1) - H(M_2) \right) \right] \bmod q$$

假设,攻击者可以拦截通信双方传输的消息,因此,r、s_1、s_2、M_1和M_2对于攻击者而言就是已知的,而且q是全局公钥的一部分,因此也是已知的。

所以,攻击者很容易就可计算出随机数k。一旦攻击者得到了k值,根据公式(4.1)就可以计算出私钥x。

4.2.3 认证协议

身份认证分为单向认证和双向认证,如果通信过程中只需要一方验证另一方的身份,则这样的认证过程为单向认证,如电子邮件系统;如果通信过程中需要相互认证通信参与方的身份,则这样的认证过程为双向认证,如登录电子银行处理相关业务。

1.双向认证协议

双向认证协议又称为相互认证协议,可以使通信双方在确认对方身份的基础上交换会话密钥。在这个过程中,保密性和及时性是身份认证中的两个重要问题。为了防止用户的身份被假冒,代表用户身份的特定抽象对象必须以密文的形式传送,这时需要验证密文是否为重放消息,在最坏的情况下,攻击者可以成功地假冒通信一方参与整个通信过程。

从用户的角度而言,重放攻击包括以下类型:

(1)简单重放:攻击者只是简单地复制消息并在以后重放这条消息。

(2)可检测的重放:攻击者在有效的时限内重放有时间戳的消息。

(3)不可检测的重放:由于原始消息可能被拦截而无法到达接收方,只有重放的消息到达了接收方,此时就会产生该种攻击。

(4)不可修改的逆向重放:这是针对消息发送方的重放。如果使用对称密码,而且发送方无法根据内容区分出是发送的消息还是接收的消息,则会产生该种攻击。

对付重放攻击的方法主要有以下几种:

(1)序列号:在每个用于认证的消息后附加一个序列号,只有序列号正确的消息才能被接收。但是这种方法存在一个问题,即它要求参与通信的每一方都必须记住其他通信各方最后附加的序列号。如果身份认证是一个不确定的过程,则通信一方要记住所有可

能通信参与方的最后序列号,这是不可行的,特别是对于资源受限的实体更是如此,因此在身份认证过程中,一般不使用序列号。

(2)时间戳:在每个用于认证的消息后附加一个时间戳,接收方在看到这个时间戳后,与其所认为的当前时间进行比对,当两个时间足够接近时,接收方才认为收到的消息是新消息,否则丢弃。但这种方法要求通信各方的时钟保持同步,一旦通信一方的时钟机制出错而使同步失效,则攻击成功的可能性将会增大;同时,在有些环境中实现时钟是很困难的,如:网络延时不可预知的网络环境。

(3)挑战/应答:若A要接收B发来的消息,则A首先要给B发送一个临时交互号(挑战码),并要求B发来的消息(应答)中包含该临时交互号。但这种方法不适合面向无连接的应用,如:邮件系统。因为它要求在任何无连接传输之前必须先握手,这与无连接信息交互的特征相违背。

利用公钥密码算法实现密钥分配的过程如下:

(1)A→B:$E(PU_B, ID_A \| N_1)$

(2)B→A:$E(PU_A, N_1 \| N_2)$

(3)A→B:$E(PU_B, N_2)$

(4)A→B:$E(PU_B, E(PR_A, K_s))$

在这个过程中,虽然是为了分配会话密钥K_s,但是为了保证其机密性和可靠性,发送方首先利用接收方的公钥PU_B加密随机数N_1和身份信息ID_A,接收方收到加密消息后,解密出N_1和ID_A,以判断与之通信的对象。然后,产生随机数N_2,并利用发送方公钥PU_A加密N_1和N_2,发送给发送方。发送方收到该消息后,如果能够正确解密出N_1,则验证了与之通信的接收方身份。同理,第(3)步,当接收方正确解密出N_2,则验证了发送方的身份,此时接收方才会解密消息(4),获得会话密钥K_s,否则丢弃消息(4)。

在上述密钥分配过程中,看似通信双方的身份得到了验证,但它是基于已知公钥及其公钥身份的假设。如果没有第三方参与,这种假设是不成立的。为此,上述协议需要做如下修改:

(1)A→CA:$ID_A \| ID_B$

(2)CA→A:$E(PR_{CA}, ID_A \| PU_A \| T) \| E(PR_{CA}, ID_B \| PU_B \| T)$

(3)A→B:$E(PR_{CA}, ID_A \| PU_A \| T) \| E(PR_{CA}, ID_B \| PU_B \| T) \| E(PU_B, E(PR_A, K_s \| T))$

在上述协议中,CA并不负责密钥分配,而是提供公钥的数字证书,时间戳T可以防止私钥泄漏后的重放攻击,同时,由于会话密钥K_s是由A直接加密传输给B的,即使是CA也不知道K_s的信息,因此保证了K_s的机密性。这个协议还带来一个间接的好处,即:如果下次通信在时间戳T的有效范围内,那么,通信双方无须再次申请证书,但参与各方需要时钟同步。

上述协议看似没有问题,但可能会遭到来自内部的攻击。B可伪装成A与第三方V进行通信,其过程如下:

(1)B→CA:$ID_A \| ID_V$

(2)CA→B:$E(PR_{CA}, ID_B \| PU_B \| T) \| E(PR_{CA}, ID_V \| PU_V \| T)$

(3)B→V: $E(PR_{CA}, ID_A\|PU_A\|T)\|E(PR_{CA}, ID_V\|PU_V\|T)\|E(PU_V, E(PR_A, K_s\|T))$

在上述过程中，B 从 CA 处获取了 V 的证书，结合之前 A 发给 B 的信息 $E(PR_A, K_s\|T))$ 伪造了消息 $E(PU_V, E(PR_A, K_s\|T))$，这时 V 接到消息后，将会误认为与之通信的是 A。因此需要对协议的第三步进行修改：

(3)A→B: $E(PR_{CA}, ID_A\|PU_A\|T)\|E(PR_{CA}, ID_B\|PU_B\|T)\|E(PU_B, E(PR_A, ID_A$
　　　　　$\|ID_B\|K_s\|T))$

这样就可以清楚地表明是 A 和 B 在通信，此时 B 就不可能伪装成 A 与 V 进行通信。

为了防止攻击者的重放攻击，协议还可以采用序列号，如 Woo-Lam 公钥认证协议：

(1)A→AS: $ID_A\|ID_B$

(2)AS→A: $E(PR_{AS}, ID_B\|PU_B)$

(3)A→B: $E(PU_B, ID_A\|N_1)$

(4)B→AS: $ID_B\|ID_A$

(5)AS→B: $E(PR_{AS}, ID_A\|PU_A)$

(6)B→A: $E(PU_A, N_1\|N_2)$

(7)A→B: $E(PU_B, N_2)$

在上述协议中，第三方 AS 不是提供数字证书，而是为本次通信提供证明，即证明 A 和 B 的身份及其公钥之间的关系，因此，每次通信时，收发双方都必须与 AS 进行通信，以获取对方的公钥及其身份的绑定证明。但这个协议可能会遭到来自内部的攻击，例如：如果系统中存在一个合法的用户 V，在 A 和 B 建立连接时，A 和 V 也在建立连接。在第(6)步，我们可以发现，B 发送给 A 的消息是利用 A 的公钥加密的两个序列号，如果 V 拦截了这个消息，并将其作为自己的消息发送给 A，那么，通过第(7)步，A 帮助 V 解密了 N_2，从而造成 V 可以冒充 A 与 B 建立联系。因此，对上述协议的内容修改如下：

(1)A→AS: $ID_A\|ID_B$

(2)AS→A: $E(PR_{AS}, ID_B\|PU_B)$

(3)A→B: $E(PU_B, ID_A\|N_1)$

(4)B→AS: $ID_B\|ID_A$

(5)AS→B: $E(PR_{AS}, ID_A\|PU_A)$

(6)B→A: $E(PU_A, ID_B\|N_1\|N_2)$

(7)A→B: $E(PU_B, N_2)$

在第(6)步，B 发给 A 的消息中，增加 B 的身份标识 ID_B，这样，A 就不会认为这个消息是 V 发给他的，从而误将解密后的 N_2 发给了 V。

2. 单向认证协议

对于上述的直接数字签名和仲裁数字签名过程，可以认为是单向认证协议，即：接收方通过验证发送方或仲裁者的签名结果，来验证发送者的身份。

在这个过程中，有一个关键问题需要解决，即：接收方如何判定其获得的公钥就是发送方的现有公钥呢？数字证书是解决该问题的方法之一，即对图 4.4(b)的认证过程修改如下：

$\quad$ A→B: $M\|E(PR_\mathrm{A}, H(M))\|E(PR_\mathrm{AS}, ID_\mathrm{A}\|T\|PU_\mathrm{A})$

其中, $E(PR_\mathrm{AS}, ID_\mathrm{A}\|T\|PU_\mathrm{A})$ 是数字证书简单表示,包含了数字证书最主要的三个部分,即:用户的身份 ID_A,公钥 PU_A 和时间期限 T。它实现了用户的身份和公钥的捆绑。只要在有效期限内,用户的私钥没有丢失或被窃,那么,它都是有效的,可以多次使用公、私钥对,无须证明其有效性。

$\quad$ 在图 4.5(a) 的单向认证中,为了防止签名的结果被攻击者替换,协议采用对称密钥 K 保证消息的机密性,但在这个过程中存在两个问题:①对称密钥如何分发给接收方。显然采用明文传输的方式是不行的。②如何保证签名消息的新鲜性,而不是攻击者重放的消息。因此,该认证协议可以修改如下:

$\quad$ A→B: $E(K, M\|E(PR_\mathrm{A}, H(M))\|E(PU_\mathrm{B}, K)$

$\quad$ 在上述单向认证协议中,利用接收方 Y 的公钥加密对称密钥 K,保证其机密性,而利用时间戳 T 保证签名的新鲜性。但需要注意的是,如果采用时间戳,则必须保证 A 和 B 的时钟同步。

4.3　基于生理特征的身份认证

$\quad$ 用户的生理特征是与生俱来、独一无二和随身携带的。该认证方法的核心是如何提取这些生理特征,如何将这些生理特征转化为计算机能够处理的信息,如何利用可靠的匹配算法完成个人身份的匹配和识别,因此,基于生理特征的身份认证机制的一般流程如下:

$\quad$ (1) 认证系统首先对用户的生理特征多次采样,然后对这些采样信息进行特征提取,接着对这些特征进行训练,最后将训练结果存储在认证系统的用户数据库中。

$\quad$ (2) 鉴别时,采样用户的生理特征信息,然后对这些采样信息进行特征提取,接着将这些数据通过安全的方式传输给认证系统。

$\quad$ (3) 进行特征匹配。将步骤(1) 和步骤(2) 的特征进行比较,如果特征匹配程度达到规定的要求,则认证通过,否则认证失败。

4.3.1　指纹识别技术

$\quad$ 指纹是指人的手指末端正面皮肤上凸凹不平产生的纹线,而纹线有规律地排列形成不同的纹形。纹线的起点、终点、结合点和分叉点,称为指纹的细节特征点。生理学研究已经表明,人类都拥有自己独特的指纹,即使是孪生子,其指纹纹路图样完全相同的概率不超过 10^{-10},而且人的指纹永远不会改变,即使年龄增长了或身体状况发生变化,指纹也是不会改变的。正是指纹的这些特点,使得它成为识别个人身份的方法之一,其误识率为 0.8%。

指纹识别就是通过比较不同指纹的细节特征点来进行鉴别。指纹识别技术是最早的基于生理特征的身份认证技术。早在我国古代,就利用指纹(手印)画押来识别个人身份,人们通过肉眼进行指纹匹配来识别身份。而在现代,则是通过取像设备读取指纹图像,然后用计算机识别软件分析指纹的特征,从而自动、迅速和准确地鉴别出某个人的身份。指纹识别系统的简图如图4.8所示。

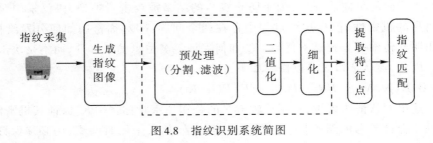

图4.8 指纹识别系统简图

1. 指纹采集

一般利用指纹采集仪采集指纹图像,采集仪的指纹传感器按照采集方式分为两类,即滑擦拭和按压式;按照信号采集原理可以分为光学式、压敏式、电容式、电感式、热敏式和超声波式等。但如果手指表皮受伤、脱皮、过于干燥或潮湿,都会影响指纹获取的质量,最终影响指纹的识别。目前有一种基于生物射频的指纹采集技术,它通过传感器本身发射出微量射频信号,穿透手指的表皮层去探测里层的纹路,来获得最佳的指纹图像。因此这种方法对干手指、汗手指等困难手指准确识别率高达99.5%。指纹敏感器的识别原理只对人的真皮皮肤有反应,可以从根本上杜绝人造指纹的问题,而且可用于特别寒冷或特别酷热的地区。采集到的指纹根据其面积的大小,可以分为滚动捺印指纹和平面捺印指纹。

2. 生成指纹图像

采集仪采集到的指纹是皮肤上凹凸不平的纹线,即脊线和谷线。生成指纹图像时,将三维的指纹变成二维的指纹图像,完成指纹图像的数字化过程。

3. 图像预处理

在指纹图像预处理中,分割和滤波是两个重要的步骤。分割的目的是去除非指纹区域和噪声较多不易区分的指纹区域。而滤波是为了增强纹线的清晰度,增加脊线和谷线的对比度,减少伪信息。

分割是将生成的指纹图像划分为前景区域和背景区域,前景区域是指手指与传感器接触部分所对应的图像,背景区域是指图像边缘处的噪声区域。分割的方法如:图像灰度平均值、方差、标准偏差、灰度对比度、方向一致性、全变差、方向图、熵、梯度熵、频率和有效点聚集度等。但对于一些低对比度和噪声严重的图像分割将会产生较大的错误率,此时可以采用融合分类器,如经验阈值、分层分级分割、自适应增强分类器、推理理论、均值聚类方法和神经网络等,融合的特征越多,复杂度就会越高。

指纹滤波主要是对指纹图像进行结构性增强,其依据是指纹的纹理特征,包括纹线方向性、纹线间距相等性等结构特征。增强指纹图像的方法如:Gabor滤波,小波变换,自适应滤波增强,基于方向场的滤波增强处理,傅里叶变换后的频域滤波增强处理等。这些算法在实际应用中,将采用不同的策略。有的是进行逐点滤波,即对每个像素点使用不同参数的滤波器;有的使用固定参数的不同滤波器对整幅指纹图像进行滤波处理,然后根据像素点的特性选择不同的增强值,最终组合成增强后的整幅图像。

4.二值化

图像二值化是将灰度图像变成0和1取值的二值图像过程。在二值化处理前,需要设定一个阈值,当像素点的灰度值大于阈值时,该点设为1;当像素点的灰度值小于阈值时,该点设为0。这样就将整幅指纹图像转化为了由0和1组成的二值图像。但是,对于一幅图像而言,各部分的明暗程度是不同的,即灰度级数不同,所以整幅图像不能采用一个阈值,为此一般会引入平滑的思想,这会导致边缘模糊化。

5.细化

一般采用形态学的方法对二值化的指纹图像进行细化。细化一幅指纹图像需要满足以下条件:①细化过程中,图像应该有规律地缩小;②细化过程中,图像连通性应保持不变;③细化过程中,图像的结构特性不变;④细化过程中,纹线的细节特征不变。利用迭代函数不断重复细化过程,直至骨架纹线的宽度为1像素,即单像素宽。

6.提取特征点

尽管指纹图像经过了细化处理,但仍然携带了大量的信息,因此需要将指纹的有效特征提取出来,它是最终进行指纹匹配的依据。指纹特征一般包括指纹的总体特征和局部特征。

总体特征包括指纹纹形、核心点(中心点)、三角点(Delta点)和纹密度。指纹纹形是指纹整体走向形成的三大类(斗形、拱形、箕形)。能够体现纹形特征的区域称为模式区。核心点是指纹纹形的渐进中心点。三角点是模式区的中心点。纹密度是模式区内指纹纹路的数量。上述核心点和三角点同时被称为奇异点。总体特征包含的信息比较稳定,不会随采集图像的质量变化而发生大的变化。

指纹的局部特征是指单个特征点的特征描述,一般用类型、水平位置(x)、垂直位置(y)、方向、曲率、质量等六个要素来描述。类型是指纹特征点的分类,包括终端点、分叉点、分歧点、孤立点、环点和短纹等。

7.指纹匹配

指纹匹配是利用提取的指纹特征信息,比对两幅指纹图像是否来自同一枚指纹,即是否出自同一个手指。由于两次指纹采集的时间不同,采集的设备不同和采集方式不同,采集的指纹图像可能出现偏差,因此在设计匹配算法时,必须考虑以下情况:

(1)手指可能位于采集仪表面的不同位置和角度,导致输入模板和参数模板间的位置和角度偏差。

(2)手指施加在采集仪表面的垂直压力可能不同,导致输入模板和参考模板的空间尺度偏差。

(3)手指施加在采集仪表面的切向压力可能不同,导致输入模板和参考模板对应的特征点发生切向变换。

(4)输入模板和参考模板中可能存在伪特征点。

(5)输入模板和参考模板可能发生真实特征点遗失。

匹配结果用"匹配度"来表示。当匹配度大于某一阈值时,认为两枚指纹匹配;当匹配度小于该阈值时,认为不匹配。一般认为,如果两枚指纹有13对特征点匹配,即可认为匹配成功,即两枚指纹来自同一个人的同一个手指。

但指纹识别也会存在一些缺陷。随着年龄的增长,皮肤会越来越干燥,特别是对老年女性而言,手指的指纹脊线会因此变浅,而且不断生出的皱纹也会破坏指纹纹理。瓦匠、石匠以及其他体力劳动者可能将指纹"擦掉"。化疗等一些医疗方法有时甚至能让指纹永久消失。

4.3.2　虹膜识别技术

人的眼睛结构由巩膜、虹膜、瞳孔、晶状体、视网膜等部分组成。虹膜是位于黑色瞳孔和白色巩膜之间的圆环状部分,其包含有很多相互交错的斑点、细丝、冠状、条纹、隐窝等的细节特征,结构比指纹复杂千倍。虹膜在胎儿发育阶段形成后,在整个生命过程中保持不变。与指纹不同,一个虹膜约有266个量化特征点,在算法和人类眼部特征允许的情况下,算法可获得173个二进制自由度的独立特征点,因此,虹膜的误识率为1/1500000,精确度仅次于DNA识别。

虹膜识别技术最早使用在1985年,当时巴黎监狱仅利用虹膜的结构和颜色区分监狱中的犯人。1993年,Daugman提出了最初的虹膜理论框架和算法。在此基础上经过改进后,框架主要包括四个部分:采集,预处理,特征提取和匹配。这个框架与指纹识别框架类似,但获取的是虹膜图像,预处理时需要虹膜定位,以确定内圆、外圆和二次曲线在图像中的位置。其中,内圆为虹膜与瞳孔的边界,外圆为虹膜与巩膜的边界,二次曲线为虹膜与上、下眼皮的边界。其次是归一化处理,这是因为不同人的虹膜大小不同;同一虹膜的大小会随着瞳孔大小的改变而改变,随着外界光照的变化,瞳孔会扩张或收缩;采集图像时,眼睛与采集设备间的距离直接影响瞳孔成像的大小。虹膜的这种弹性变化会影响识别的效果,大小不同的虹膜是无法识别的,因此归一化的目的是纠正这些缩放失真。

中科院模式识别国家实验室构建的CASIA虹膜图像数据库已成为国际上最大规模的虹膜共享库。据官方报道,早在2009年9月,已有70个国家和地区的2000多个研究机构申请使用,其中国外单位1700多个。

4.3.3　人脸识别技术

人脸识别技术是根据人的面部特征,如眼睛、鼻子、唇部、下颚的形状和尺寸,以及它们之间的相对位置关系来识别个人身份。人脸识别系统的研究最早可以追溯到20世纪60年代,但由于技术背景的限制,没有什么突破。80年代,随着计算机技术和光学成像技术的发展,人脸识别技术得到了突破,但直到90年代后期,该技术才真正进入初级应用阶段。

与指纹识别技术类似,人脸识别过程分为四个部分:人脸图像的采集,人脸图像的预处理,人脸图像的特征提取,人脸的匹配与识别。

(1)人脸图像的采集。不同的人脸图像都能通过摄像镜头采集下来,比如静态图像、动态图像、不同的位置、不同表情等方面都可以得到很好的采集。当用户在采集设备的拍摄范围内时,采用基于模型的方法或基于运动与模型相结合的方法,或利用肤色模型,采集设备会自动搜索并拍摄用户的人脸图像。捕捉面部图像除了可以采用标准视频外,还可以采用热成像技术。

(2)人脸图像的预处理。人脸图像的预处理是基于人脸检测,即基于图像中准确标定出人脸的位置和大小。人脸图像中包含的模式特征十分丰富,如直方图特征、颜色特征、模板特征、结构特征及哈尔(Haar)特征等。检测方法可以分为:肤色分割法,模板匹配法和Adaboost级联分类器法等。然后进行人脸图像的预处理,其过程主要包括人脸图像的光线补偿、灰度变换、直方图均衡化、归一化、几何校正、滤波以及锐化等。

(3)人脸图像的特征提取。人脸的特征通常分为视觉特征、像素统计特征、人脸图像变换系数特征、人脸图像代数特征等。人脸特征提取就是对人脸进行特征建模的过程,其方法可以归为两大类:基于知识的表征方法和基于代数特征或统计学习的表征方法。算法分为全局特征提取算法和局部特征提取算法。其中,主成分分析法(PCA)和离散余弦变换法(DCT)等属于全局特征提取算法;Gabor小波变换法、局部二值模式法(LBP)和局部方向模式法(LDP)等属于局部特征提取算法。

(4)人脸的匹配与识别。将提取的人脸特征数据与数据库中存储的特征模板进行搜索匹配,通过设定一个阈值,当相似度超过这一阈值,则把匹配得到的结果输出。人脸识别就是将待识别的人脸特征与已得到的人脸特征模板进行比较,根据相似程度对人脸的身份信息进行判断。这一过程又分为两类:一类是确认,是一对一进行图像比较的过程;另一类是辨认,是一对多进行图像匹配对比的过程。常用的识别算法包括:人工神经网络(ANN),隐马尔可夫模型(HMM),支持向量机(SVM)等。

人脸识别技术的特点是直接、方便、友好,易于被人们接受,但缺点是可靠性相对较低,误识率为2%;像貌会随着年龄变化而变化,而且容易被伪造;一旦脸部整容过,就很难识别。另外,在环境光照发生变化时,识别效果会急剧下降,无法满足实际系统的需要。可能的解决方案有三种:三维图像人脸识别,热成像人脸识别和基于主动近红外图像的多光源人脸识别。前两种技术还远不成熟,识别效果不佳。后一种技术能克服光线变化的影响,在精度、稳定性和速度方面的性能超越三维图像人脸识别,并逐渐走向实用化。

4.4　基于行为特征的身份认证

生物的行为特征是后天培养的一种行为习惯,它不同于生理特征的身份识别技术,后者需要在一个相对近距离的范围内才能完成识别过程,而前者具有非接触性、非入侵性和隐蔽性的特点。同时,生物的行为特征具有唯一性、稳定性,且不易伪装的特点,因此,基于行为特征的身份识别方法已成为生物特征识别的重要分支。典型的行为特征包括:步态、笔记和击键等。

4.4.1　步态识别技术

步态识别是利用生物(包括人)行走时的方式来识别个体的身份。研究表明,由于人们的肌肉力量、肌腱和骨骼长度、骨骼密度、视觉的灵敏程度、协调能力、经历、体重、重心、肌肉或骨骼受损的程度、生理条件以及个人走路的"风格"等方面存在细微差异,因此,没有完全相同的步态,而且伪造走路的姿势非常困难,几乎是不可能的。

与人脸识别类似,步态识别分四个步骤:采集步态视频序列,视频序列预处理,步态特征提取,匹配与识别。

(1)采集步态视频序列。与人脸图像采集不同,步态图像是一段人行走时的视频流,它利用监控摄像机的检测与跟踪获得步态的视频序列,其数据量较大,计算的复杂度较高,处理比较困难。

(2)视频序列预处理。视频预处理主要包含运动检测和运动分割。其目的是从视频序列中提取运动目标,即步态轮廓区域,其工作包括背景建模、前景检测和形态学后处理。它是运动目标分类、跟踪、行为分析和理解的基础。在实际应用中,由于光照、影子、背景扰动等因素对分割运动区域会造成一定的影响。常用的方法有:背景估计法,帧间差分法和基于运动场估计(如光流法、块匹配等)。

(3)步态特征提取。步态特征主要分为两大类:人体结构特征和运动行为特征。前者反映了人体的几何特性,如身高和体形;后者主要指行走时的肢体运动参数的变化。步态特征提取的方法主要有基于模型的方法和基于非模型的方法。基于模型的方法是将人体结构或者人体运动用合适的模型表达,利用二维图像序列数据与模型数据进行匹配以获取特征参数。对于人体结构模型,可以通过序列图像的每帧与模型匹配以获取可变形模板的参数(如角度、轨迹信息)。对于人体运动模型,则通过学习个体的运动参数来识别个人。基于模型的方法包括:椭圆模型,钟摆模型和骨架图模型。基于非模型的方法是通过位置、速度、形状和色彩等相关特征的预测或估计来建立相邻帧间的关系。

(4)匹配与识别。采用适当的方法将待识别的步态与步态数据库中的步态样本特征进行匹配,通过一定的判别依据判断它所属的类别。其方法主要有两类:模板匹配法,如动态时间规整法等;统计方法,如隐马尔可夫模型算法等。

尽管步态识别技术是一个非常有前途的身份识别技术,但目前还存在很多的难点,主要表现在行人在行走过程中会受到外在环境和自身因素的影响(如不同行走路面、不同时间、不同视角、不同服饰、不同携带物等因素),导致提取到的步态特征呈现很强的类内变化,其中视角因素是影响识别性能主要的因素之一。当行人行走方向发生变化,或由一个摄像监控区域转入另一个不同位置的摄像监控区域时,都会发生视角变化。

4.4.2　笔迹识别技术

笔迹识别是根据书写者的书写技能和习惯特性,通过笔迹的局部变化识别书写者的身份。笔迹是书写者的生理特征和后天的学习过程的综合体现,不同的书写者,其笔迹的差别是比较大的,因此,笔迹识别也是进行身份认证的重要方法之一。最早的笔迹识别是通过人工完成的,识别过程慢,且不易推广,直到20世纪60年代,苏联的学者开始研究利用计算机辅助识别笔迹,而我国是从20世纪90年代开始相关研究的。

计算机笔迹识别根据获取数据的方式不同,分为联机笔迹识别和脱机笔迹识别。联机笔迹识别通过获取笔迹的动态信息,如书写压力、速度、握笔倾斜度等,预处理后提取动态特征,进行匹配后识别书写者身份,因此联机笔迹识别又称为动态笔迹识别,常用的识别模型有改进的二次判决函数、支持向量机和隐马尔可夫模型等。脱机笔迹识别是将笔迹经过扫描或拍照形成二维数字图像,再从图像中提取静态特征进行匹配,从而识别书写者身份,因此脱机笔迹识别又称为静态笔迹识别,常用的方法有Gabor算法和Gradient算法等。联机笔迹识别的优点是提取的笔迹特征中含有丰富的动态信息,不易模仿和伪造,因此比脱机笔迹识别更准确,但实现起来难度更大。

而计算机笔迹识别根据识别的对象和提取特征的方法不同,分为文本相关的笔迹识别和文本无关的笔迹识别。文本相关的笔迹识别是从检验笔迹和样本笔迹中选择相同的单字进行比较,因此,提取的笔迹特征依赖于字符类型,即依赖于文本的内容。而文本无关的笔迹识别是不依赖于所鉴定的文本内容,从大量字符集中提取独立特征,包括文本布局、排版,字符的大致形态,字符倾斜和笔画方向等特征,它反映了一个人在书写时的布局特征、整篇节奏或大致的形态、方位等。相对于文本无关的笔迹识别,文本相关的笔迹识别可以提取更多的反映书写风格的特征,除了字形、字位和笔画方向外,还有笔画搭配、部首搭配和笔画形态等。

4.5　本章小结

身份认证是保证信息系统不被远程攻击的第一道防线,用户登录信息系统,利用信息系统资源进行数据的读取和写入时,必须验证其身份是否合法。根据不同的应用场景和安全强度的要求,本章介绍了基于公钥密码技术的身份认证,基于生理特征的身份认证和基于行为特征的身份认证,而基于口令的身份认证,其原理比较简单,本章没有累述。

对于基于公钥密码技术的身份认证,本章详细阐述了其基本原理、认证方法和认证协议。基于生理特征的身份认证和基于行为的身份认证可以通称为基于生物特征的身份认证,其认证流程大致相同,即:图像或视频数据采集,图像或视频的预处理,特征提取,匹配和识别。由于分析对象不同,因此它们预处理的方法和识别的方法各有差异。

习题

1.抵抗重放攻击的方法有哪些？分别应用于哪些场景？各有什么优、缺点？

2.网上银行可以采用哪些身份认证方法？为什么？分析说明。

3.什么是单向认证协议？什么是双向认证协议？

4.对称加密算法能否作为身份认证的依据或方法？为什么？如果希望将对称加密算法应用于身份认证,该怎么做？这样做有什么缺陷？

5.DSS 对每个签名都会有一个不同的 K,所以即使对同一个消息签名,其签名结果也会不同。这样做有什么意义？分析说明。

6.设计一种基于公钥密钥体制实现双向认证的协议。

7.简述指纹识别、虹膜识别和人脸识别等基于生理特征的身份认证技术,分析它们的优、缺点。

8.简述步态识别和笔迹识别等基于行为特征的身份识别技术,分析它们的优、缺点。

9.PKI/CA 在身份认证中的作用是什么？分析其工作原理。

10.查阅资料,简述 Kerberos 身份认证的认证过程(图示说明)。

第5章

访问控制技术

只有通过身份认证的用户才能访问信息系统,它表示系统已经验证了用户身份的合法性,但系统的资源种类非常多,即使同类资源,其安全级别也可能不一样,因此通过了身份验证的用户也不一定能够访问信息系统中的所有资源。根据用户的权限不同,用户被授予了不同资源的访问能力,而未授权的用户无权访问该资源,这是由信息系统的访问控制技术来保证的。访问控制技术是系统保密性、完整性、可用性和合法使用性的重要基础,是网络安全防范和资源保护的关键策略之一,也是保证用户依据某些控制策略或权限对信息系统及其资源进行不同授权的访问。

本章主要讨论不同类型的访问控制技术。5.1节主要讨论访问控制的基本概念、分类和模型。5.2节主要讨论两类基于所有权的访问控制技术:自主访问控制技术和强制访问控制技术,阐述了它们的原理、特点和模型。5.3节讨论基于角色的访问控制技术,阐述了它的原理、特点、典型模型及其变种。5.4节主要讨论基于任务的访问控制技术,阐述了它的原理、特点及其典型的模型。5.5节讨论基于属性的访问控制技术。

5.1 访问控制技术概述

5.1.1 访问控制的概念

访问控制(Access Control)技术起源于20世纪70年代,由于当时信息系统是多用户共享主机系统,不同用户的数据都保存在一个存储空间中,因此,必须保证用户不能访问到其他用户的数据。随着计算机技术和网络技术的发展,该项技术在信息系统的各个层面得到了广泛应用,已经成为信息系统的重要安全措施之一。20世纪80年代,美国国防部颁布的技术及系统安全标准(俗称"橘皮书")中,就对不同安全级别的计算机系统提出了访问控制的要求,C级安全强度的计算机系统至少具有自主性的访问控制手段,而B级以上必须具有强制性的访问控制手段。

访问控制的目的是限制用户访问信息系统的能力,是在保障授权用户获取所需资源的同时,阻止未授权用户的安全机制,同时保证敏感信息不被交叉感染。它保障了系统资源在合法范围内得以受控使用和管理。信息系统的访问控制技术是通过对访问的申请、批准和撤销的全过程进行有效的控制,从而确保只有合法用户的合法访问才能给予批准,而且相应的访问只能执行被授权的操作。访问控制是对主体访问客体的能力或权力的限制,它包括四个要素:主体、客体、引用监控器和访问控制策略。它们之间的关系如图5.1所示。

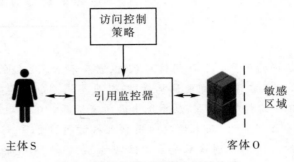

图5.1　访问控制四要素之间的关系

　　(1)主体S(Subject):是指提出访问资源具体请求,或是某一操作动作的主动发起者,但不一定是动作的执行者,可能是某一用户,也可以是用户启动的进程、服务和设备等,它产生信息的流动和系统状态的改变。

　　(2)客体O(Object):是指被访问资源的对象,处于主体作用之下,在信息流中的地位是被动的。所有可以被操作的信息、资源都可以是客体。客体可以是信息、文件、记录等集合体,也可以是网络上硬件设施、无线通信中的终端,甚至可以包含另外一个客体。

　　(3)引用监控器(Reference Monitor):它是监督主体和客体之间授权访问关系的部件,是一个抽象的概念,其具体实现称为引用验证机制。引用监控器的关键需求是控制从主体到客体的每一次访问,并将重要的安全事件存入审计文件中。引用验证机制必须同时满足以下三个原则:

　　①必须具有自我保护能力,即使受到攻击,也能保持自身的完整性;

　　②必须总是处于活跃状态,从而保证程序对资源的所有引用都得到了引用验证机制的仲裁;

　　③必须设计得足够小,以利于分析和测试,从而能够证明它的实现是正确的和符合要求的。

　　(4)访问控制策略(Access Control Policy):是主体对客体的相关访问规则集合,即属性集合。访问策略体现了一种授权行为,也是客体对主体某些操作行为的默认。它既定义了主体对客体的动作或行为,也给出了客体对主体的条件约束。

　　访问控制策略的制定必须体现主体、客体和访问规则集等三者之间的关系,遵循的原则如下:

　　①最小特权原则。在主体执行操作时,按照主体所需权力的最小化原则分配给主体权

力。其优点是最大限度地限制了主体行为,可避免来自突发事件、操作错误和未授权主体等意外情况的危险,即为了达到一定目的,主体必须执行一定操作,但只能做被允许的操作。

②最小泄漏原则。主体执行任务时,按其所需知道的最小信息分配主体权限,防止信息泄密。

③多级安全原则。根据主体和客体之间流动的数据安全级别,将主、客体划分成5个安全等级:绝密(TS),秘密(S),机密(C),限制(RS)和无级别(U)。信息不允许从高安全级别向低安全级别流动,具有安全级别的信息资源,只有高于安全级别的主体才可访问,这样可以避免敏感信息扩散。

5.1.2　访问控制描述方法

访问控制可以用一个二元组(控制对象,访问类型)来描述,其中控制对象是指信息系统中一切需要进行访问控制的资源,访问类型是指对于相应的受控资源的访问操作,如读、写、创建、修改和删除等。访问控制的二元组描述方法通常包含以下几种形式。

1.访问控制矩阵

访问控制矩阵又称为访问许可矩阵,它是用矩阵的形式描述系统的访问控制的模型,它用二维矩阵描述了任意主体和任意客体的访问权限。如表5.1所示,其中Own表示所在行的主体对所在列的客体拥有管理权限,即属主,能够授予或撤销其他用户对该客体的访问权限;R表示读操作;W表示写操作;E表示删除操作。矩阵中的行代表主体对不同客体的访问权限属性,矩阵中的列代表客体针对不同主体的访问权限属性。例如,对于文件File1,N1拥有Own权限,它对文件能够执行读(R)、写(W),甚至删除(E)操作,同时N1授予N2仅有读(R)权限,而授予N3读(R)和写(W)权限,但都没有给它们删除(E)文件的权限。

表5.1　访问控制矩阵示例

主体	客体			
	File1	File2	File3	File4
N1	Own,R,W,E		Own,R,W,E	
N2	R	Own,R,W,E	W	R
N3	R,W	R		Own,R,W,E

访问控制矩阵的实现易于理解,清楚描述了主体对客体的访问权限,但是查找和实现起来有一定的难度,而且,如果信息系统比较庞大,用户和文件系统要管理的文件很多,那么控制矩阵将会成几何级数增长,这样对于增长的矩阵而言,会有大量的剩余空间,造成很大的存储空间的浪费。

2.访问控制列表

访问控制列表(Access Control List,ACL)是从客体(列)出发,表达访问控制矩阵某一列的信息,用来对某一特定资源指定任意一个用户的访问权限。它是将访问控制矩阵按列存储,每个客体均有一个主体明细表,表示对该客体具有访问权限的主体及其相应的访问模式。如图5.2所示,每个ACL由一个ACL头和零个或多个ACE(访问控制项)组成。通过查找某个特定的文件,就能方便地确定对该文件具有访问权限的所有主体,将某个主体的ACE置空即可撤销对该文件的所有访问权限。

使用ACL进行访问权限管理时,不仅可以依靠单个用户进行权限管理,而且可以将用户按组进行组织,用户可以从用户组取得访问权限。如:UNIX中,附在文件上的简单ACL允许对用户、组和其他等三类主体规定基本访问模式。

尽管ACL表述直观,易于理解,比较容易查出对某一特定资源拥有访问权限的所有用户,有效地实施授权管理。但对于较大规模的信息系统而言,系统资源很多,ACL需要设定大量的表项,而且修改起来比较困难,实现整个组织范围内一致的控制政策也比较困难。而且单纯使用ACL,不易实现最小权限原则及复杂的安全政策。

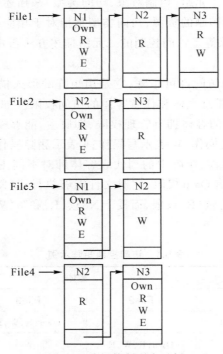

图5.2   访问控制列表示例

3.访问能力表

访问能力表也称为访问权能表,它与访问控制列表正好相反,是从主体(行)出发,表示某一主体对不同客体的访问权限,它决定了主体是否能够访问客体,以及用什么方式访问客体,如图5.3所示。访问能力表是将访问控制矩阵进行行存储,每个主体附加一个该主体可以访问的客体明细表。主体可以将能力转移给为自己工作的进程,而且在进程运行期间,主体可以动态地下发、回收、添加或删除某种能力。这种能力的转移不受任何策略的限制,这种方式给用户带来灵活性的同时,也带来了安全隐患。如果接受能力转移的进程已经被感染或是恶意程序,那么,客体的信息就会泄漏。如果客体是信息系统的关键资源,则必然会给信息系统带来灾难性的后果,因此,利用访问能力表实现的访问控制系统并不多。

通过查询访问能力表,很容易获得一个主体授权访问的所有客体及其权限,但从客体出发获得哪些主体可以访问它就比较困难。

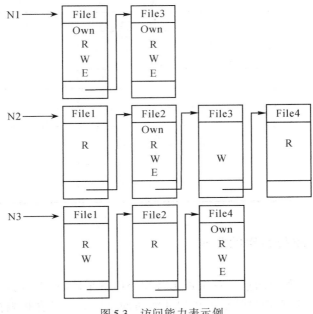

图5.3 访问能力表示例

4.授权关系表

授权关系表(Authorization Relations)描述了主体和客体之间各种授权关系的组合。如表5.2所示,它是表5.1的授权关系表。这种方式适合关系数据库进行存储,每一行表示一个主体和一个客体之间的权限关系。如果这张表按客体进行排序,授权关系表将得到与访问控制表相当的二维表;如果这张表按主体进行排序,授权关系表将得到与访问能力表相当的二维表。

表5.2 授权关系表示例

主体	访问权限	客体
N1	Own	File1
N1	R	File1
N1	W	File1
N1	E	File1
N1	Own	File3
N1	R	File3
N1	W	File3
N1	E	File3
N2	R	File1

续表

主体	访问权限	客体
N2	Own	File2
N2	R	File2
N2	W	File2
N2	E	File2
N2	W	File3
N2	R	File4
N3	R	File1
N3	W	File1
N3	R	File2
N3	Own	FIle4
N3	R	FIle4
N3	W	FIle4
N3	E	FIle4

5.1.3 访问控制实现的类别

用户通过网络远程访问信息系统资源必须经历三个阶段,即:用户首先需要与信息系统进行远程连接,只有通过认证的用户才能访问系统。然后在权限控制下,访问其对应的资源。最后,获取的资源需要通过网络中的不同节点和端口才能返回用户,这时需要防止被篡改或监听。因此,其对应的访问控制实现类别分为:

1.接入访问控制

接入访问控制为网络访问提供了第一层访问控制,是网络访问的第一道屏障,它控制哪些用户能够登录到信息系统并获取网络资源,控制用户入网的时间和他们在哪台工作站入网。例如,ISP服务商实现的就是接入服务。用户的接入访问控制是对合法用户的验证,通常使用用户名和口令的认证方式。一般可分为三个步骤:用户名的识别与验证,用户口令的识别与验证,用户账号的缺省限制检查。

2.资源访问控制

资源访问控制是对客体整体资源信息的访问控制管理。其中包括:文件系统的访问控制(文件目录访问控制和系统访问控制),文件属性访问控制,信息内容访问控制。

文件目录访问控制是指用户和用户组被赋予一定的权限,在权限规则的控制许可下,哪些用户和用户组可以访问哪些目录、子目录、文件和其他资源,哪些用户可以对其中的哪些文件、目录、子目录、设备等能够执行何种操作。在网络和操作系统中,常见的目录和文件访问权限有:系统管理员权限(Supervisor),读权限(Read),写权限(Write),创建权限(Create),删除权限(Erase),修改权限(Modify),文件查找权限(File Scan),控制权限(Access Control)等。

系统访问控制是指一个网络系统管理员应当为用户指定适当的访问权限,这些访问权限控制着用户对服务器的访问。应设置口令锁定服务器控制台,以防止非法用户修改、删除重要信息或破坏数据。应设定服务器登录时间限制、非法访问者检测和关闭的时间间隔。应对网络实施监控,记录用户对网络资源的访问,对非法的网络访问能够用图形、文字或声音等形式报警等。

文件属性访问控制是指使用文件、目录和网络设备时,应给文件、目录等指定访问属性。属性安全控制可以将给定的属性与要访问的文件、目录和网络设备联系起来。在权限安全的基础上,对属性安全提供更进一步的安全控制。网络上的资源都应先标示其安全属性,将用户对应网络资源的访问权限存入访问控制列表中,记录用户对网络资源的访问能力,以便进行访问控制。属性配置的权限包括:向某个文件写数据,复制一个文件,删除目录或文件,查看目录和文件,执行文件,隐藏文件,共享,系统属性等。安全属性可以保护重要的目录和文件,防止用户越权对目录和文件进行查看、删除和修改等。

3.网络端口和节点的访问控制

网络中的节点和端口往往加密传输数据,这些重要位置的管理必须阻止黑客发动的攻击。对于管理和修改数据,应该要求访问者提供足以证明身份的标识(如智能卡)。

网络中服务器的端口常用自动回复器、静默调制解调器等安全设施进行保护,并以加密的形式来识别节点的身份。自动回复器主要用于防范假冒合法用户,静默调制解调器用于防范黑客利用自动拨号程序进行网络攻击。还应经常对服务器端和用户端进行安全检查,如通过标识检测用户真实身份,然后,用户端和服务器再进行相互验证。

5.2 基于所有权的访问控制

在信息系统中,尽管资源的创建者(主体)往往是资源的所有者(主体),但也不一定有权对该资源的权限进行分配,甚至访问该资源。根据创建资源的主体对其访问权限的管理,将基于所有权的访问控制分为:自主访问控制(DAC)和强制访问控制(MAC)。自主访问控制是指资源的所有者不仅拥有该资源的全部访问权限,而且能够自主地将访问权限授予其他的主体,或从授予权限的主体收回其访问权限。强制访问控制与自主访问控制不同,它不再让普通用户管理资源的授权,即使是资源的创建者也不行,而将资源的授权权限全部收归系统,由系统对所有资源进行统一的强制性控制,按照事先制定的规则决定主体对资源的访问权限,即使是创建者用户,在创建一个资源后,也可能无权访问该资源。

5.2.1 自主访问控制

自主访问控制技术是一种接入控制服务,常用操作系统(如:Windows 和 UNIX)和数据库管理系统(如:Oracle 和 SQL Server)中,都采用了自主访问控制机制。资源(客体)的所有者(主体)即为该客体的属主,每个客体有且仅有一个属主。属主能够根据自己的意愿将该资源的访问权限子集直接或间接地分发给其他主体,或从其他主体收回,不受任何安全策略的限制,即在自主访问控制之下。一个主体的访问权限具有传递性,同时,资源的拥有者能够自由选择与其共享资源的主体。自主访问控制的实现机制包括:访问控制矩阵,访问控制列表,访问能力表和权限关系表。

根据属主管理客体权限的程度,自主访问控制策略可以分为三类:第一类是严格的自主访问控制策略,客体属主不能让其他用户代理客体的权限管理,任何用户对资源的访问操作必须得到属主合法授权,否则,不能对资源进行相应的访问操作。第二类是自由的自主访问控制策略,客体属主能够让其他用户代理客体的权限管理,也可以进行多次客体管理权限的转交。具有该客体权限管理的任何用户均可对其他用户授予该客体的访问权限。第三类是属主权可以转让的自由访问控制策略,客体属主能够将其作为属主的权力转交给其他用户。

自主访问控制的粒度是单个用户,只有授权用户具有访问客体的权限,阻止未授权用户访问敏感信息。自主访问控制有两个重要标准:

(1)文件和数据等资源的所有权。信息系统中的每个资源都有所有者(属主)。资源的所有者是产生这个资源的用户(或进程),因此,资源的自主访问控制权限由它的属主决定。

(2)访问权限及批准。资源的属主拥有访问权限,并且可以批准他人试图访问的请求。

尽管自主访问控制技术的实现具有灵活性、易用性和可扩展性,但属主能够自行决定将资源访问权直接或间接转交给其他主体,从而造成权限的转移,给信息系统带来了潜在的安全隐患。如:属主A可以将其对资源O的访问权限传递给用户B,使得不具有对资源O访问权限的用户B也可以访问资源O。因此,自主访问控制技术的安全级别很低。

5.2.2　强制访问控制

强制访问控制与自主访问控制相比,具有更为严格的访问控制策略,普通用户不再具有资源的管理权限。系统(如系统管理员)为每个主体(或进程、用户)和客体(资源)赋予一定的安全属性,任何主体不能改变自身、任何主体或任何客体的安全属性,即只有系统管理员才能确定用户或用户组的访问权限。当一个主体访问一个客体(如资源)时,强制访问控制机制首先比较主体的安全属性和客体的安全属性,如果系统判定该主体没有权限访问这个客体,那么即使是该客体的属主,也无权访问该客体。同时,系统管理员修改、授予、删除主体对客体的访问权限时,也要受到系统严格的审计和监控。

强制访问控制主要用于多层次安全级别的系统,保护敏感的数据(如涉密数据)。系统首先将主体和客体划分不同的安全级别,然后用对应的安全标签进行标识:对于主体称为许可级别和许可标签,对于客体称为安全级别和敏感性标签。这种安全标签是限制和附属在主体和客体上的一组安全属性信息。

主体能否对客体执行特定的操作,取决于主体被分配的许可级别和客体被分配的安全级别。主体对客体的访问,需要遵循保密性规则或完整性规则。

(1)保密性规则:

①仅当主体的密级高于或者等于客体的密级时,该主体才能读取相应的客体(下读)。

②仅当主体的密级低于或者等于客体密级时,该主体才能写相应的客体(上写)。

(2)完整性规则:

①仅当主体的完整性级别低于或者等于客体的完整性级别时,该主体才能读取相应的客体(上读)。

②仅当主体的完整性级别高于或者等于客体的完整性级别时,该主体才能写入相应的客体(下写)。

例如,在一个组织中,"不上读,不下写"意味着为了保证信息的机密性,不允许低密级的用户读取高密级的信息,不允许高敏感度的信息写入低敏感度的区域,禁止信息从高安全级别向低安全级别流动。强制访问控制通过这种梯度的安全标签实现信息的单向流动,如果主体既能读客体,又能写客体,则两者的安全级别必须相等。

1.BLP模型

BLP模型是1973年David Bell和Leonard Lapadula提出的第一个信息系统多级安全模型,也是安全策略形式化的第一个数学模型,它反映了多级安全策略的安全特性和状态转换规则。BLP模型的目的是保护数据的机密性,它将客体的安全级别分为绝密、机密、秘密和公开等四类。该模型详细说明计算机系统的多级操作规则,对应军事类型的安全级别分类,其基本安全策略是"下读上写",即主体对客体向下读、向上写,保证敏感信息不泄漏。

(1)安全访问规则。BLP模型的安全访问规则包括两类:强制安全访问规则和自主安全访问规则。强制安全访问规则包括简单安全规则和*策略,系统对所有的主体和客体都分配一个访问类属性,它包括主体和客体的密级和范围,系统通过比较主体与客体访问类属性来控制主体对客体的访问。自主安全访问规则使用一个访问矩阵来表示,主体只能按照矩阵中授予的访问权限对客体进行相应的访问。

安全访问规则可以用三元组(s,o,m)表示主体s能够以权限m访问客体o;$m=M(s,o)$表示主体s能够以权限m访问客体o,其中M为访问矩阵;f是主体或客体的安全级别函数,其定义为$f:s \cup o \rightarrow L$,其中L为安全级别的集合。

规则1:简单安全规则(Simple Security Property)

如果主体s对客体o有读(Read)权限,则前者的安全级别不低于后者的安全识别。这一规则的形式化表示为

$$\text{Read} \in M(s,o) \Rightarrow f(s) \geqslant f(o)$$

这被称为"下读"原则。

规则2:*策略(Star Property)

如果一个主体s对客体o有追加记录(Append)权限,则后者的安全级别一定不低于前者;如果主体s对客体o有读写(Read-Write)权限,则它们的安全级别一定相等;如果主体s对客体o有读(Read)权限,则后者的安全级别一定不高于前者。这一规则的形式化表示为

$$\text{Append} \in M(s,o) \Rightarrow f(s) \leqslant f(o)$$
$$\text{Read and Write} \in M(s,o) \Rightarrow f(s) = f(o)$$
$$\text{Read} \in M(s,o) \Rightarrow f(s) \geqslant f(o)$$

这被称为"上写"原则。

规则3:自主安全访问规则

当前正在执行的访问权限必须存在于访问矩阵 M 中。这个规则保证主体 s 对客体 o 的权限是通过自主授权来进行的。这一规则的形式化表示为

$$(s,o,m) \in b \Rightarrow m \in M(s,o)$$

其中,b 表示在某个特定状态下,哪些主体以何种访问属性访问哪些客体的一个集合。

上述规则保证了客体的高度机密性,保证了系统中信息的流向是单向不可逆的,即信息总是从低密级的主体向高密级的主体流动,避免敏感信息的泄露。同时,利用 BLP 模型可以分析同一台计算机上并行运行不同密级的数据处理程序的安全性问题,可以检验高密级处理程序是否把敏感数据泄漏给了低密级处理程序,或低密级处理程序是否访问了高密级数据。

(2)BLP 模型的隐蔽通道问题。隐蔽通道是指不在安全策略控制范围内的通信通道。由于 BLP 模型允许低密级的主体向高密级的客体写入,即"上写",这将带来潜在的隐藏通道问题。

例如,在一个信息系统中,进程 B 的许可级别低于文件 data 的安全级别,即进程 B 可以向文件 data 中写入,但不能读取文件 data。根据 BLP 模型,进程 B 可以写打开或关闭文件 data。当进程 B 为写而成功打开文件 data 时,将返回一个文件已打开的标志信息,但这个标志信息可以成为一个隐蔽通道,将高安全级别的信息传送到低安全级别的区域。

根据 BLP 模型的上述三个规则,在遵守前两条规则的情况下,主体能够改变其创建客体的权限,借此将敏感信息传递出去。如图5.4所示,其过程如下:

①进程 A 创建秘密信息文件 data。

②进程 B 打开秘密文件 middle,并写入一个字符,内容为"0"或"1"。进程 A 一直监控文件 middle,当它发现进程 B 写入文件时,说明进程 B 已经做好接收秘密信息的准备,此时开始利用隐蔽通道产送秘密信息。

③进程 A 可以改变文件 data 的 DAC 访问模式。A 和 B 约定,若允许 B 读文件 data,则表示进程 A 发送一个二进制比特"1";否则,表示进程 A 发送比特"0"。

④进程 B 通过"写"方式打开文件 data,如果返回成功打开的标识,则表示收到了一个比特"1",否则为"0"。

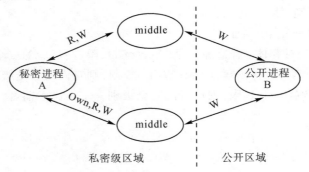

图5.4 BLP 模型中隐蔽通道问题

⑤进程B每收到一个比特的信息,就将其写入文件middle。进程A可以通过检查文件middle的内容,确定信息是否发送正确。

⑥反复执行上述的②~⑤过程,直至进程A将所有秘密信息传送给进程B。

2.Biba模型

BLP模型能够防止未授权的主体对客体信息的读取,保证信息的机密性,但无法阻止未授权主体修改客体信息,而Biba模型可以保护信息的完整性。类似于BLP模型,每个主体和客体都被分配一个完整性属性,它包括一个完整性级别和范围。Biba模型规定,信息只能从高完整性等级向低完整性等级流动,为此,它将完整性等级从高到低分为三级:关键级(Critical,C),非常重要(Very Important,VI)和重要(Important,I),它们的关系为C>VI>I。

(1)安全访问规则。在Biba模型中,主要访问方式有四种:修改(modify),调用(invoke),观察(observe)和执行(execute)。其含义如下:

①modify:向客体中写信息。类似BLP模型中的"写"。

②invoke:该操作仅能用于主体,若两个主体间有invoke权限,则允许它们之间相互通信。

③observe:从客体中读信息。类似BLP模型中的"读"。

④execute:执行一个客体(程序)。

与BLP类似,Biba模型的访问规则也分为两类:非自主安全访问规则和自主安全访问规则。

①非自主安全访问规则。非自主安全访问规则是基于主体和客体各自的完整性级别,确定主体对客体的访问方式。Biba模型中有五种非自主安全访问规则:

1)严格完整性规则(Strict Integrity Policy)

此规则基于以下要求:

•简单完整性条件(Simple Integrity Condition):当且仅当主体的完整性级别不高于客体的完整性级别时,主体能够对客体进行observe访问。

•完整性*条件(Integrity *-Property):当且仅当主体的完整性级别高于或等于客体的完整性级别时,主体能够对客体进行modify访问。

•调用条件(Invocation Property):当且仅当一个主体的完整性级别高于另一个主体的完整性级别时,第一个主体能够对第二个主体进行invoke访问。

严格完整性规则的基本安全策略为"上读下写",防止信息从低完整性级别客体流向高完整性级别或不可比完整性级别的客体。

2)针对主体的下限标记规则(Low-Watermark Policy for Subject)

此规则基于以下要求:

•当且仅当主体的完整性级别高于或等于客体的完整性级别时,主体能够对客体进行modify访问。

•当且仅当一个主体的完整性级别高于或等于另一个主体的完整性级别时,第一个主体能够对第二个主体进行invoke访问。

•主体能够对任何客体进行observe访问。但是,一旦主体对客体执行了observe访问,那么主体的完整性级别将被置为访问前主体和客体的完整性级别中的较小者。

这种规则的主要缺点是:对系统的"读写"访问可能依赖于提出"读写"要求的顺序。因为主体的完整性级别是动态的,当主体 observe 访问具有较低或不可比完整性级别的客体时,其完整性级别会降低,从而减少此主体可访问的客体集,使得该主体在 observe 操作后原本能够执行的 modify 或 invoke 操作,由于其完整性级别的降低而无法执行。

3)针对客体的下限标记规则(Low-Watermark Policy for Object)

此规则基于以下要求:

•当且仅当客体的完整性级别高于或等于主体的完整性级别时,主体能够对客体进行 observe 访问。

•当且仅当一个主体的完整性级别高于或等于另一个主体的完整性级别时,第一个主体能够对第二个主体进行 invoke 访问。

•主体能够对任何客体进行 modify 访问。但是,一旦主体对客体执行了 modify 访问,那么客体的完整性级别将被置为访问前主体和客体的完整性级别中的较小者。

这种规则的主要缺点是:允许不恰当的 modify 访问降低客体的完整性级别,而且一旦信息由高完整性级别变为低完整性级别后不可逆。

4)下限标记完整性审计规则(Low-Watermark Integrity Audit Policy)

此规则基于以下要求:

•当且仅当客体的完整性级别高于或等于主体的完整性级别时,主体能够对客体进行 observe 访问。

•当且仅当一个主体的完整性级别高于或等于另一个主体的完整性级别时,第一个主体能够对第二个主体进行 invoke 访问。

•主体能够对任何客体进行 modify 访问。但是,当主体对一个更高或不可比完整性级别的客体进行 modify 操作时,该操作将被审计。

在这个规则中,并没有阻止主体对客体的不恰当 modify 访问,只是将这类访问进行了审计,一旦需要可以检查审计追踪记录。

5)环规则(Ring Policy)

此规则基于以下要求:

•主体对具有任何完整性级别的客体均能进行 observe 访问。

•当且仅当一个主体的完整性级别高于或等于另一个主体的完整性级别时,第一个主体能够对第二个主体进行 invoke 访问。

•当且仅当主体的完整性级别高于或等于客体的完整性级别时,主体能够对客体进行 modify 访问。

这个规则是阻止主体对具有更高或不可比完整性级别的客体进行 modify 访问。但是,由于 observe 访问不受限制,因此,仍然可以进行不恰当的 modify 访问。例如:一个具有高完整性级别的主体 observe 一个具有较低完整性级别的客体,然后,该主体 modify 具有与自己完整性级别相同或更高的客体,这样信息就有可能从低完整性级别流向高完整性级别。为此,主体在使用来自低完整性级别客体的数据时要十分小心。

②自主安全访问规则。Biba 模型中的自主安全访问规则用到了如下访问策略:

1)访问控制列表(Access Control List)

对每个客体分配一个访问控制列表,指明能够访问该客体的主体,以及主体访问该客体的方式。但客体的访问控制列表可以被对该客体拥有 modify 访问权限的主体修改。

2)客体层次结构(Object Hierarchy)

模型将客体组织成树状结构,一个客体的中间节点是从此客体节点到根的路径上的所有节点。如果一个主体要访问一个客体,则必须对此客体的所有中间节点拥有 observe 权限。

3)环(Ring)

对每个主体分配一个权限属性,称为"环"。环用数字表示,数字越低,权限越高。

自主安全访问规则基于以下要求:

• 一个主体仅在环允许的范围内对客体拥有 modify 访问方式。

• 一个主体仅在环允许的范围内拥有对另一个具有更高权限的主体的 invoke 访问方式。

• 一个主体仅在环允许的范围内对客体拥有 observe 访问方式。

(2)Biba 模型的缺陷。Biba 模型是一个完整性模型,但却是一个与 BLP 模型完全相反的模型,一旦将保密性和完整性同时考虑时,必须注意不要混淆保密性访问和完整性访问,它们两个是相互独立的,之间没有任何关系。Biba 模型的优势在于其简单性以及与 BLP 模型相结合的可能性,但也存在以下方面的缺陷:

①完整性级别的标签确定困难。由于 Biba 模型的机密性策略与政府分级机制完美结合,所以很容易确定机密性标签的分级和范围,但对于完整性的分级和分类一直没有相应的标准支持。

②Biba 模型的目的性不明确。Biba 模型保护数据免受非授权用户的恶意修改,同时认为内部完整性威胁应该通过程序验证来解决,但在该模型中没有包含这个要求,因此,Biba 模型在保护数据一致性方面不充分。

③Biba 模型与 BLP 模型结合困难。虽然这种实现机密性和完整性的方法在原理上是简单的,但是由于许多应用内在的复杂性,使得人们不得不通过设置更多的范围来满足这些复杂应用在机密性和完整性方面的要求,这些不同性质的范围在同时满足机密性和完整性目标方面是很难配合使用的,很容易出现进程不能访问任何数据的局面。同时,Fred Cohen 已经证明即使使用了 BLP 模型和 Biba 模型,也无法抵御病毒的攻击。

5.3 基于角色的访问控制

对系统操作的各种权限不是直接授予具体的用户,而是在用户集合与权限集合之间建立一个角色集合。每一种角色对应一组相应的权限。一旦用户被分配了适当的角色后,该用户就拥有此角色的所有操作权限,但用户不直接与权限关联,如图5.5所示。这样做的好处是:不必在每次创建用户时都进行分配权限的操作,只要分配用户相应的角色即可,而且角色的权限变更比用户的权限变更要少得多,这样将简化用户的权限管理,减少系统的开销。

图 5.5   用户、角色和权限的关系

一个用户可以经过指派拥有多个角色,一个角色可由多个用户构成;每个角色可拥有多个权限,每个权限也可分配给多个不同角色;每个操作可以执行多个客体(受控对象),每个客体也可接受多个操作。

1.基本概念

(1)角色(Role)。在基于角色的访问控制(RBAC)中,角色是指一个可以完成一定事务的命名组,它代表了一种权利、资格和责任,不同的角色通过不同的事务来执行各自的功能。系统中的主体担任角色,完成角色规定的责任,具有角色拥有的权利。例如:学校的财务处有出纳、会计、审计、管理者和顾客5种角色,每一种角色都有相应的权利和责任。张三是会计,李四是出纳,则张三被赋予了会计的角色,而李四被赋予了出纳的角色;与此同时,张三还是财务处处长,那么,他同时还被赋予了管理者的角色。考虑到责任分离的原则,对于一些权利集中的角色组合需要进行限制。

(2)事务(Transaction)。事务是指一个完成一定功能的过程,可以是一个程序或程序的一部分。

(3)角色继承。在RBAC中,定义了这样一些角色,它们有自己的属性,但可能还继承了其他角色的权限。角色继承是将角色组织起来,自然反映系统内部角色之间的权利、责任关系。角色继承可以用"父子"关系来表示,如图5.6所示。角色2是角色1的"父亲",它包含角色1的权限,处于最左侧的角色拥有最大的访问权限,越靠右侧的角色拥有的权限越小。

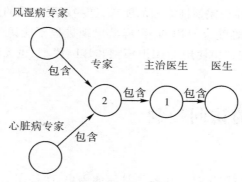

图 5.6   角色继承的实例

(4)角色的分配与授权。在RBAC中,一个角色授权给一个用户是指该角色分配给这个用户,或这个角色通过一个分配给该用户的角色继承而来。

(5)角色限制。角色限制包括角色互斥和角色基数限制,而角色互斥分为静态互斥和动态互斥两种方式。

　静态角色互斥:只有当一个角色与用户所属的其他角色彼此不冲突时,这个角色才能授权给该用户。它发生在角色分配阶段。

　动态角色互斥:只有当一个角色与一个主体的任何一个当前活跃角色都不互斥时,这个角色才能成为该主体的另一个活跃角色。它发生在会话选择阶段。

　角色基数限制:在创建角色时,要指定角色的基数。在一个特定的时间段内,有一些角色只能由一定数量的用户占用。

(6)会话。用户是一个静态的概念,会话是一个动态的概念,用户建立会话从而对资源进行访问。一次会话是用户的一个活跃进程,它代表用户与系统交互的过程。用户与会话是一对多的关系,一个用户可以打开多个会话。一个会话构成一个用户到多个角色的映射,即会话激活了用户授权角色集的某个子集,即活跃角色集。

2.RBAC 模型

RBAC模型是在1996年首次提出的,它是一个从简单到复杂的模型族,在模型中除了用户、角色和权限外,还增加了会话、角色的层次关系和约束条件等内容,如图5.7所示。

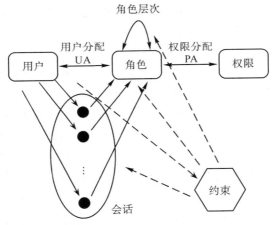

图注:"→"表示用户建立会话,并用会话激活角色;"↔"表示用户、角色和权限三者之间的关系;"-->"表示对用户、角色和会话的约束条件

图5.7　RBAC模型族

在这个模型族中,从简单到复杂一共有四个模型:RBAC0、RBAC1、RBAC2和RBAC3。RBAC0模型是基本模型,它包含了支持RBAC的最低要求。RBAC1增加了角色层次的概念,又称为角色分级模型;RBAC2增加了约束,又称为限制模型;而RBAC3把RBAC1和RBAC2组合在一起,提供角色分级和继承的能力,又称为统一模型。

(1)RBAC0模型。RBAC0模型包含三个实体集:用户集(Users),角色集(Roles),权限集(Permissions)和会话(Sessions)。该模型的形式化描述如下:

①$PA \subseteq$ Permissions $\times$ Roles，表示向角色赋予权限，是一个从权限集到角色集的多对多的映射。

assigned_permissions:(r:Roles) $\rightarrow 2^{\text{permissions}}$ 返回给包含指定角色所在的用户集合，即：assigned_users:(r)$=\{ p \in$ permissions$|(p, r) \in PA \}$。

②$UA \subseteq$ Users $\times$ Roles，表示赋予用户角色，是一个从用户集到角色集的多对多的映射。

assigned_roles:(u:Users) $\rightarrow 2^{\text{Roles}}$ 返回指定给用户的角色集合，即：assigned_users:(r)$=\{r \in$ Roles$|(u, r) \in UA \}$。

assigned_users:(r:Roles) $\rightarrow 2^{\text{Users}}$ 返回指定给角色的用户集合，即：assigned_users:(r)$=\{ u \in$ Users$|(u, r) \in UA \}$。

③user:Sessions $\rightarrow$ Users，将每个会话 S_i 映射到一个用户 user(s_i)，并且在此会话生命期内不变。

④role:Sessions $\rightarrow 2^{\text{Roles}}$，roles($s_i$)$\subseteq \{ r|($user($s_i$), $r) \in UA \}$ 表示将每一个会话 s_i 映射到一个角色集合，并且这个会话中 s_i 所拥有的权限集表示为 $\bigcup_{r \in role(s_i)} \{ p|(p, r) \in PA \}$。

（2）RBAC1模型。RBAC1模型是在RBAC0模型基础上增加了角色等级，其目的是权衡角色之间的层次关系。该模型的形式化描述如下：

①$RH \subseteq$ Roles $\times$ Roles，表示角色等级或角色的支配关系，也可用 $\geqslant$ 表示，例如 $r_1 \geqslant r_2$，表示 r_1 的角色等级比 r_2 的角色等级高。

②role:Sessions $\rightarrow 2^{\text{Roles}}$，roles($s_i$)$\subseteq \{ r|(\exists r' \geqslant r)[($user($s_i$), $r') \in UA] \}$，同时，会话 s_i 具有权限 $\bigcup_{r \in role(s_i)} \{ p|(\exists r' \geqslant r)[(p, r') \in PA] \}$。其中，角色 r' 是被继承者，r 是继承者。

一个用户可以用任何角色的组合建立会话，但这个角色组合等级低于用户所属角色的任何组合。会话中的权限是直接分配给会话角色的权限，或分配给低于这些角色的权限。

（3）RBAC2模型。RBAC2模型是在RBAC0模型的基础上增加了约束的概念，对用户角色和角色权限的分配进行限制。RBAC2模型中的约束规则主要包括以下几点：

①角色限制原则：用户所拥有的权限不得高于他在执行指定操作时所需要的权限。

②职责分离：对于一个敏感任务，可以分配两个职责上互相约束的角色来实现。职责分离使得角色权限更加清晰，并且对于消除欺骗行为是非常有效的。

③互斥角色：是指同一个用户只能分配一个互斥角色集合中至多一个角色，或者某一个用户即使分配了一个互斥集合中两个或两个以上的角色，但在应用中只能使用其中一个。

④角色容量：在特定的时间段，某些角色不能被分配给超过固定数量的用户。在创建新的角色时需要指定角色的容量。

⑤先决条件角色。有些角色，在获得权限之前必须具有一定的条件。如：希望拥有表的修改权限，那么申请此权限的前提是要在数据库系统中获得此表的访问资格。

⑥时间频度限制：规定了角色允许使用的时间和特定角色允许使用的频度。

（4）RBAC3模型。RBAC3模型不仅集合了RBAC1模型中有关角色等级的概念，而且包含了RBAC2模型中的约束规则。

5.4 基于任务的访问控制

基于任务的访问控制(TBAC)采用"面向任务"的观点,从任务(活动)的角度建立安全模型和实现安全机制,在任务处理的过程中提供动态实时的安全管理。在TBAC中,对象的访问权限控制不是静止不变的,而是随着执行任务的上下文环境发生变化,因此,它是一种主动访问控制模型。TBAC包含以下三层含义:

(1)TBAC是在工作流的环境中考虑对信息的保护问题。在工作流环境中,每一步对数据的处理都与以前的处理相关,相应的访问控制也是这样,因而TBAC是一种上下文相关的访问控制模型。

(2)TBAC不仅能对不同工作流实行不同的访问控制策略,而且还能对同一工作流的不同任务实例实行不同的访问控制策略。

(3)任务都有时效性,所以在TBAC中,用户对于授予他的权限的使用也是有时效性的。

1.TBAC的基本概念

工作流是完成某一目标而由多个相关的任务构成的业务流程。当数据在工作流中流动时,执行操作的用户在改变,用户的权限也在改变,这与数据处理的上下文环境有关。TBAC的基本概念包括:

(1)授权步(Authorization Step):表示一个原始授权处理步,是指在一个工作流中对处理对象(如办公流程中的原文档)的一次处理过程。它是访问控制所能控制的最小单元。授权步由受托人集(Trustee-set)和多个许可集(Permissions Set)组成,如图5.8所示。其中,受托人集是可被授予执行授权步的用户集合,许可集则是受托集的成员被授予授权步时拥有的访问许可。当授权步初始化以后,一个来自受托人集中的成员将被授予授权步,我们称这个受托人为授权步的执行委托者,该受托人执行授权步过程中所需许可的集合称为执行者许可集(Executor Permissions)。在TBAC中,一个授权步的处理可以决定后续授权步对处理对象的操作许可,我们将这些许可称为激活许可集(Enabled Permissions)。执行者许可集和激活许可集并称为授权步的保护态(Protection State)。

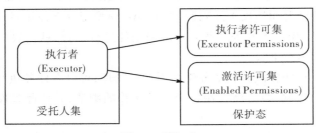

图5.8 授权步

（2）授权单元（Authorization Unit）。授权单元是由一个或多个授权步组成的结构体，它们在逻辑上是联系在一起的。授权单元分为一般授权单元和复合授权单元。一般授权单元内的授权步按顺序依次执行；复合授权单元内部的每个授权紧密联系，其中任何一个授权步失败都会导致整个单元的失败。

（3）任务（Task）。任务是工作流中的一个逻辑单元，完成某种特定的功能。它是一个可区分的动作，可以与多个用户相关，也可以包含几个子任务。它包含的信息：开始和结束条件，参与的用户，所需的应用程序和数据，限制条件（如时间上的限制等）。任务可以由人来执行，也可以由工作流管理系统自动激活。

（4）依赖（Dependency）。依赖是授权步之间或授权单元之间的相互关系，包括顺序依赖、失败依赖、分权依赖和代理依赖。依赖反映了基于任务的访问控制的原则。

2.TBAC模型

在工作流环境中，对数据的处理与上一次的处理结果相关联，相应的访问控制也是如此。TBAC模型如图5.9所示。当工作流中的某个任务A1被激活（Invoke）后，按照授权步依次执行，此时进入保护态。当任务A1完成或失效时，用户的相关授权被撤销（Revoke）。

在TBAC中，某个任务是否有权执行，要看此任务与其他相关任务之间维持着怎样的关系。任务之间的关系包括：

（1）任务顺序限制。在企业内部的任务，有些可以被并行处理，有些任务必须依次执行。

（2）任务的依赖限制。两个任务可能具有执行的相关性，如一个任务只有在另一个任务执行完，获得某种结果后，才能执行。

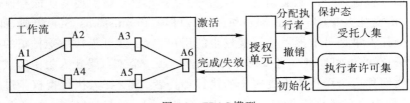

图5.9　TBAC模型

TBAC的特点是在任务执行时，依据任务之间的相互关系来决定使用者拥有的权限。当任务可能违反任务之间的约束时，通过隶属于这个任务的授权步，逐步检查授权限制与其他相关任务的关系，来决定该任务是否可以继续执行。例如：任务A1和A2可能因为任务流程的结合而违反上述限制时，TBAC模型记录下使用者、任务和权限，然后对两个任务的角色、操作方式等一些既定限制条件进行检查，从而决定哪一个任务可以（或两者同时）继续运行下去。

TBAC着重于对任务流程和任务生命周期的管理，可以在任务执行时使其动态地得到每个任务运行的情况，以方便控制每个任务流程的细节，并依此管理该任务与其他任务的相互关系。

TBAC模型一般用五元组（S，O，P，L，AS）来表示，其中S表示主体，O表示客体，P

表示许可,L表示生命周期(Iifecycle),AS表示授权步。由于任务都是有时效性的,所以在TBAC中,用户对于授予他的权限的使用也是有时效性的。在授权步AS被激活前,它的保护态是无效的,其中包含的权限不可用。当授权步AS被激活后,它所拥有的许可集中的权限被激活,同时它的生命期开始倒计时,在此期间,五元组有效。一旦生命期终止时,五元组(S,O,P,L,AS)无效,委托执行者所拥有的权限被回收。

TBAC中,访问控制策略包含在AS-AS,AS-U,AS-P的关系中。授权步之间的关系(AS-AS)决定了一个工作流的执行过程,授权步与用户之间的联系(AS-U)以及授权步与权限之间的联系(AS-P)的组合决定了授权步的运行。它们之间的关系由系统管理员根据具体业务流程和系统访问控制策略进行直接管理。

TBAC从工作流中的任务角度建模,可以依据任务和任务状态的不同,对权限进行动态管理。因此,TBAC非常适合分布式计算和多点访问控制的信息处理控制,以及在工作流、分布式处理和事务管理系统中的决策制定。但是,以任务为核心的工作流模型不适合大型企业的应用,这是因为大型企业中涉及大量的任务和用户权限分配问题,从而造成配置非常烦琐。

5.5　基于属性的访问控制

1.基于属性访问控制的框架

基于属性的访问控制(ABAC)是通过对实体属性添加约束策略的方式实现主、客体之间的授权访问。ABAC模型以属性为最小的授权单位,替代基于角色的访问控制模型中以身份标识为依据的授权方式,以满足开放网络环境下资源访问控制的要求。其基本的授权思想如图5.10所示,根据信息系统预先定义的安全策略,对提出访问请求的主体,依据其拥有的属性特征集、客体特征属性集和相应的环境属性特征集进行授权决策。在基本的ABAC模型中主要涉及三类实体属性:主体属性、客体属性、环境属性和权限属性。

(1)主体属性。主体属性通常与其身份和特征密切相关,常见的主体属性有身份、职业、年龄、地理位置、网络IP地址等。

(2)客体属性。客体的属性通常有客体属主、客体类型、客体容量和客体安全级别等。

(3)环境属性。环境属性是指访问操作进行前或者访问操作进行时的一些环境信息,它独立于访问主体和被访问资源,一般包括:信息系统的日期、时间、历史信息和当前网络的安全级别等。

(4)权限属性。操作的权限是对文件、文档、图像、视频等资源的打开、读、写、修改和删除等一系列操作。

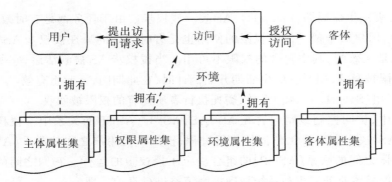

图 5.10   ABAC模型的授权思想

ABAC模型的框架如图 5.11所示。策略执行点(PEP)接收原始访问请求(NAR),然后根据 NAR,利用不同的属性权威(AA)中存储的信息构建一个基于属性的访问请求(AAR);AAR描述了请求者、资源、方法和环境属性;PEP将 AAR传递给策略判定点(PDP);PDP根据从策略管理点(PAP)处获取的策略对 AAR进行判定,并将判定结果传给 PEP;PEP执行此访问判定结果。

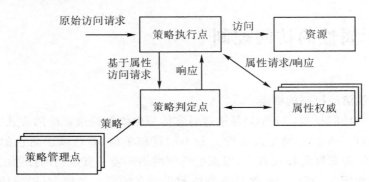

图 5.11   ABAC模型的框架

2.基于属性访问控制模型的形式化描述

在 ABAC模型中,并不关心访问者是谁,而只需知道访问者具有哪些属性,这就使得一个访问控制系统中的两个不同实体,在另一个访问控制系统中可能映射为具有相同属性的两个主体,即在另一个访问控制系统中,它们成为同一个主体,从而打破了基于身份的访问控制限制。例如:高校规定"教师就能够登录到教师管理系统",在 ABAC中,只要请求者的属性值是"教师",那么他就能够登录教师管理系统,ABAC并不关心请求者是谁,只要请求者满足这个限制,访问就被允许。在 ABAC中,PDP判定依据的条件有 AAR、访问策略和 AA。

在 ABAC中,AAR是对请求者、被请求资源、被请求行为和当前环境属性的描述,AAR中的属性赋值来源于 AA,PEP构造 AAR过程可以看成一个映射 AAR:NAR,AAs→AAR。属性是用属性名唯一标识,每个属性都有确定的类型表示属性的定义域,用关系 Dom(att)表示属性 att的类型。ABAC模型的形式化定义如下:

定义 1: S表示主体、O表示客体、E表示环境、P表示权限;$SA_k(k \in [1, K])$,

$OA_m(m \in [1,M]), EA_n(n \in [1,N]), PA_l(l \in [1,L])$ 分表代表主体 S,客体 O,环境 E,权限 P 的预定义属性;$SA_k - \mathrm{Dom}, OA_m - \mathrm{Dom}, EA_n - \mathrm{Dom}, PA_l - \mathrm{Dom}$ 分别表示主体属性、客体属性、环境属性和权限属性的值域。

定义 2: 定义 ATT(s),ATT(o),ATT(e),ATT(p)分别表示主体 S,客体 O,环境 E 和权限 P 四种属性的赋值关系,表达式如下:

$$\mathrm{ATT}(s) \subseteq SA_1 \times SA_2 \times \cdots \times SA_K$$
$$\mathrm{ATT}(o) \subseteq OA_1 \times OA_2 \times \cdots \times OA_M$$
$$\mathrm{ATT}(e) \subseteq EA_1 \times EA_2 \times \cdots \times EA_N$$
$$\mathrm{ATT}(p) \subseteq PA_1 \times PA_2 \times \cdots \times PA_L$$

定义 3: 在 ABAC 模型中,授权规则采用一个主体属性值、客体属性值、环境属性值和权限属性值为参数的布尔函数来判断一个主体 S 能否在环境 E 下对客体实施访问控制操作 P,具体形式化定义如下:

$$\mathrm{Rule}: \mathrm{can\_asscess}(s,r,e,p) \leftarrow f_{\mathrm{decide}}(\mathrm{ATT}(s), \mathrm{ATT}(o), \mathrm{ATT}(e), \mathrm{ATT}(p))$$

其中,f_{decide} 函数的功能是根据应用系统定义的访问控制规则对具体的主体属性值、客体属性值、环境属性值和权限属性值进行判定。若返回结果为真则允许主体对相关客体实施访问操作,结果为假则拒绝主体的访问请求。can_asscess 函数针对 f_{decide} 函数的判定结果控制主体 S 对客体实施相应的访问操作。

定义 4: ABAC 模型中的授权策略通常由多条规则按照一定的组合算法合并而成,每条规则包含主体、客体和环境等实体的属性约束条件。

5.6　本章小结

　　信息系统的资源种类繁多,不是任何用户(主体)都能访问系统的所有资源(客体)。根据不同的安全级别和权限,利用访问控制技术,授予不同用户具有不同的访问能力。本章是在阐述访问控制的基本概念基础上,从不同的角度分别讨论了基于所有权的访问控制,基于角色的访问控制,基于任务的访问控制和基于属性的访问控制等四类访问控制技术,讨论了它们的基本概念、工作原理和适用范围。

习题

　　1.名词解释:访问控制,自主访问控制,强制访问控制,基于角色的访问控制,基于任务的访问控制和基于属性的访问控制。

　　2.访问控制遵循的基本原则是什么? 举例说明。

3.访问控制的描述方法有哪些？它们之间有什么关系？

4.访问控制实现的类别有哪些？如何应用，举例说明。

5.BLP模型和Biba模型的安全策略和安全访问规则？分析它们的适用范围和可能存在的问题。

6.如何理解"角色互斥"和"角色继承"？

7.RBAC0,RBAC1,RBAC2和RBAC3之间的关系？

8.如何理解强制访问控制中的保密性规则和完整性规则？

第6章

操作系统安全

信息系统主要由计算机硬件、软件、固件、网络和人员构成,而操作系统是应用软件的基础,它负责管理计算机软、硬件资源,控制程序运行,实现人机交互,提供各种服务和组织计算机工作流程,直接与计算机硬件交互,并为应用软件和用户提供接口。所有应用软件都建立在操作系统之上,因此,没有操作系统安全机制的支持,是不可能有信息系统安全的。操作系统安全的主要目标是:对系统中的用户进行身份认证,依据系统安全策略对用户的操作进行访问控制,防止用户对计算机资源的非法访问,监督系统运行的安全,保证系统自身的安全性和完整性。实现操作系统安全目标需要建立相应的安全机制,包括:存储保护,用户标识与认证,访问控制,最小权限管理,可信路径和安全审计等。这些内容应针对不同的操作系统分别进行介绍。

本章首先讨论操作系统安全的基本概念、安全技术和安全策略,并在此基础上,分别讨论典型操作系统——Windows操作系统、Linux操作系统和Android操作系统的安全框架、安全模型和基本安全机制。

6.1 操作系统安全概述

6.1.1 操作系统面临的安全威胁

操作系统是一种系统软件,不可避免地存在缺陷或漏洞,因此容易遭到各种入侵攻击的威胁。威胁操作系统安全的因素很多,主要包括以下几个方面:

1.病毒、蠕虫和木马

病毒是一种能够自我复制的计算机程序,通过修改其他程序将自身或其演化体插入其中,从而感染它们。病毒可以破坏计算机功能,损毁计算机上保存的数据和文件,从而达到攻击计算机的目的。其主要特点是:

(1)隐蔽性。计算机病毒具有很强的隐蔽性,有的可以通过病毒软件检查出来,但有的根本就查不出来,而有的时隐时现、变化无常。后两类病毒处理起来通常很困难。

（2）传染性。计算机病毒不但本身具有破坏性，更严重的是具有传染性。一旦病毒被复制或产生变种，其传播速度之快令人难以预防。

（3）潜伏性。有些病毒像定时炸弹一样，什么时间或什么条件下爆发是预先设计好的。比如黑色星期五病毒，不到预定时间觉察不出来，等到条件具备一下子就爆炸开来，对系统进行破坏。

（4）破坏性。计算机中病毒后，可能会导致正常的程序无法运行，把计算机内的文件删除或不同程度的损坏，甚至破坏固件。

（5）寄生性。计算机病毒寄生在其他程序之中，当执行这个程序时，病毒就起破坏作用，而在未启动这个程序之前，它是不易被人发觉的。

蠕虫类似于病毒，都具有传染性和复制功能，因此，其带来的破坏与病毒一样严重。但与病毒不同，蠕虫是一个单独的程序，可以独立存在，无须寄生在某个程序之中，其复制时是自身的完整拷贝。同时，不同于病毒通过被感染文件运行来感染目标文件，蠕虫是利用系统自身存在的漏洞来传染。例如：邮件蠕虫主要是利用MIME（多用途互联网邮件扩展）协议的漏洞来感染计算机的。

木马是一段计算机程序，表面上在执行合法的功能，实际上却完成了用户不曾料到的功能，如控制一台计算机。木马程序与一般的病毒不同，它不会自我复制，也不"刻意"地去感染其他文件，它通过伪装自身，吸引用户下载执行，向实施者打开被感染主机的门户，使实施者可以任意毁坏、窃取被感染主机的文件，甚至远程操控被感染主机。由于木马通常继承了用户程序相同的用户ID、访问权、优先权，甚至特权，因此，木马能在不破坏系统的任何安全规则的情况下进行非法活动，这也使得它成为系统最难防御的一种危害。

2. 逻辑炸弹

逻辑炸弹是指在特定逻辑条件满足时，实施破坏的计算机程序。该程序触发后造成计算机数据丢失，更改视频显示，计算机不能从硬盘或者软盘引导，甚至会使整个系统瘫痪，并出现物理损坏的假象。与病毒不同，它不能进行自我复制，不具有传染性，它针对的是特定对象，但破坏力巨大。逻辑炸弹有很多触发方式：计数器触发，时间触发，复制触发（当病毒复制数量达到某个设定值时激活），磁盘空间触发，视频模式触发，BIOS触发，ROM触发，键盘触发和反病毒触发等。

3. 隐蔽通道

隐蔽通道是指系统中不受安全策略控制的、违反安全策略的信息泄露路径。按信息传递的方式区分，隐蔽通道分为隐蔽存储通道和隐蔽定时通道。隐蔽存储通道在系统中通过两个进程利用不受安全策略控制的存储单元传递信息。前一个进程通过改变存储单元的内容发送信息，后一个进程通过观察存储单元的变化来接收信息。隐蔽定时通道在系统中通过两个进程利用一个不受安全策略控制的广义存储单元传递信息。前一个进程通过改变广义存储单元的内容发送信息，后一个进程通过观察广义单元的变化接收信息，并用如时钟这样的坐标进行测量。广义存储单元只能在短时间内保留前一个进程发送的信息，后一个进程必须迅速地接收广义存储单元的信息，否则信息将消失。判别一个隐蔽通道是否是隐蔽定时通道，关键是看它有没有一个实时时钟、间隔定时器或其他计时装置,不需要时钟或定时器的隐蔽通道是隐蔽存储通道。

4.天窗

天窗又称后门,是嵌在操作系统里的一段非法代码,它能绕过系统安全策略控制而获取对程序或系统的访问权,一般很难发现。天窗由专门的命令激活,渗透者利用该代码提供的方法侵入操作系统而不受检查。通常天窗在操作系统内部,而不在应用程序中。天窗只能利用操作系统的缺陷或混入系统开发队伍进行安装。

一个有效、可靠的操作系统不得有天窗,必须提供相应的保护措施,消除或限制病毒、蠕虫、木马、逻辑炸弹和隐蔽通道等对系统构成的安全隐患。

6.1.2　操作系统安全的基本概念

从安全的角度来看,操作系统软件的配置是很困难的,配置时一个微小的错误就可能导致一系列的安全漏洞。例如:当配置文件所有权和访问权限时,由于文件账户所有权不正确或文件访问权限设置不正确而导致潜在漏洞。因此,建立一个安全的信息系统比建立一个正确无误的信息系统要简单得多,但从来没有一个操作系统是完美无缺的,也没有一个厂商能保证自己的操作系统不会出错。在操作系统中的任何一个漏洞都会使整个系统的安全控制策略和机制变得毫无意义,一旦漏洞被攻击者发现,后果不堪设想。

从计算机安全而言,一个操作系统仅仅完成其大部分的设计功能是远远不够的。当我们发现操作系统的某个功能模块上只有一个不太重要的故障时,我们可以忽略它,这对整个操作系统的影响微乎其微。一般而言,只有若干种故障的某种特定组合才可能对操作系统造成致命的影响。但是在安全领域里,情况则不同。在信息系统中,任何一个与安全相关的漏洞都会使整个系统的安全策略和安全机制变得毫无价值,这就好比水桶无论有多高,它盛水的高度取决于其中最低的那块木板。

就计算机信息系统而言,在信息系统安全所涉及的众多内容中,操作系统、网络系统和数据管理系统的安全问题是核心。数据库是建立在操作系统之上的,如果没有操作系统安全机制的支持,就不能保证其存取控制的安全可信。同样,网络的安全可信性依赖于各主机系统的安全可信,如果没有操作系统的安全,就没有主机系统和网络系统的安全。例如:用户加密数据的密钥一般是保存在主机上的,如果操作系统存在漏洞,那么数据接收方怎么可能相信密文的机密性呢? 因此,操作系统的安全是信息系统安全的基石。

一般来说,操作系统安全与安全操作系统的含义不同。操作系统的安全性是必需的,而安全操作系统的安全性则是特色。安全操作系统是针对安全性开发增强的,并且与相应的安全等级对应。例如,根据 TCSEC 标准,通常称 B1 级以上的操作系统为安全操作系统。我们可以分析和评价一个操作系统的安全性,但不能认为它们是安全的操作系统。

6.1.3　操作系统的硬件安全机制

优秀的硬件保护性能是高效、可靠的操作系统的基础。计算机系统硬件安全的目标是,保证其自身的可靠性和为操作系统提供基本的安全机制。常用的硬件保护包括:存储保护,运行保护和I/O保护等。

1.存储保护

存储保护是指保护用户在存储器中的数据,它是操作系统安全最基本的要求。存储保护的精度取决于保护单元的大小,保护单元越小,存储保护的精度越高。保护单元可以是字、字块、页面或段,它是存储器中最小的数据存储范围。对于在内存中一次只能运行一个进程的操作系统,存储保护机制应能够防止用户程序对操作系统的影响。而对于在内存中可以一次运行多个进程的多任务操作系统,还需要进一步要求存储保护机制对各进程的存储空间进行隔离。

存储保护与存储管理是密切联系在一起的,存储保护机制保证系统中各进程之间互不干扰,而存储管理则是为了更有效地利用存储空间。

(1)虚地址空间。在多任务操作系统中,每个进程的运行需要一个独立的存储空间,进程的程序和数据都存储在该空间中,这个空间不包括该进程通过I/O指令访问的辅助存储空间(如磁盘、硬盘等),即虚地址空间。虚地址空间由内核空间(Kernel Space)和用户模式空间(User Mode Space)两部分组成,两者是静态隔离的。虚拟地址会通过页表(Page Table)映射到物理内存,页表由操作系统维护并被处理器引用,每个进程都有自己的页表。内核空间是持续存在的,在所有进程中都映射到同样的物理内存,并且在页表中拥有较高特权级给操作系统使用,因此用户态程序试图访问这些页时会导致一个页故障(page fault)。而用户模式空间的映射随进程切换的发生而不断变化。

(2)内存管理。程序在系统模式下运行时,允许对所有的虚地址空间进行读写操作,无论是内核空间还是用户模式空间,而在用户模式下运行时,则禁止非特权进程直接向内核空间进行写操作,但用户代码可以通过调用系统服务来间接地访问内核空间中的数据或间接执行内核空间中的代码。当调用系统服务时,调用线程会从用户模式切换到内核模式,调用结束后再返回用户代码,这就是所谓的模式切换,也被称为上下文切换。

在计算机系统提供透明管理之前,访问判决是基于物理页面的识别。每个物理页面都被一个称为密钥的秘密信息标记,系统只允许拥有该密钥的进程访问该物理页面,同时利用一些访问控制信息指明该页是可读的还是可写的。每个进程均会被分配一个密钥,该密钥由操作系统装入进程的状态字中。每次进程执行访问内存的操作时,由硬件对该密钥进行检验,只有当进程的密钥与内存物理页的密钥相匹配,并且相应的访问控制信息与该物理页的读写模式相匹配时,才允许该进程访问该页内存,否则禁止访问。

这种对物理页附加密钥的方式比较烦琐,因为在一个进程生存周期内,它可能多次受到阻塞而被挂起,当重新启动被挂起的进程时,它占用的全部物理页和挂起前占用的物理页可能不同。每当物理页的所有权改变一次,相应的访问控制信息就得修改一次。而且如果两个进程共享一个物理页,但一个用于读而另一个用于写,那么相应的访问控制信息在进程转换时就必须修改,这样就会增加系统的开销,影响系统的性能。

采用基于描述符的地址解释机制可以避免上述管理上的困难。在这种方式下,每个进程都有一个私有的地址描述符,进程对系统内存某页的访问模式都在该描述符中说明。可以有两类访问模式集,一类用于在用户状态下运行的进程,一类用于在系统模式下运行的进程。由于在地址解析期间,地址描述符同时也被系统调用检验,因此,这种基于描述符的内存访问控制方法,在进程转换、运行模式(内核模式和用户模式)转换以及进程调出/调入内存等过程中,不需要或仅需要很少的额外开销。

2.运行保护

操作系统安全很重要的一点是分层设计,而运行域正是这样一种基于保护环的等级域结构。运行域是进程运行的区域,在最内层具有最小环号的环具有最高特权,而在最外层具有最大环号的环是最低的特权环,一般系统不少于3～4个环。运行保护是隔离操作系统程序与用户程序,保证进程在运行时免受同等级运行域内其他进程的破坏。

如果系统是两环系统,那么它只是为了隔离操作系统程序和用户程序。但对于多环系统,情况复杂得多;它的最内层是操作系统,控制整个计算机系统的运行;靠近操作系统环之外的是受限使用的系统应用环,如数据库管理系统或事务处理系统;最外层是控制各种不同用户的应用环。分层域如图6.1所示。

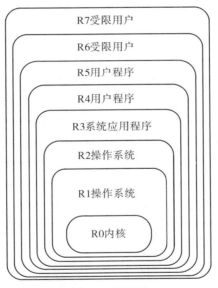

图6.1　分层域

在这里的一个重要安全概念是:等级域机制。该机制是用于保护某一环不被其外层环侵入,并且允许在某一环内的进程能够有效地控制和利用该环以及抵御该环特权的环。进程隔离机制与等级域机制是不同的。给定一个进程,它可以在任意时刻在任何一个环内运行,在运行期间还可以从一个环移动到另一个环。当一个进程在某个环内运行时,进程隔离机制将保护该进程免受在同一环内同时运行的其他进程破坏,即系统将隔离在同一环内同时运行的各个进程。

在一个进程内往往会发生过程调用,通过这些调用,该进程可以在几个环内往复转移。为了安全起见,在发生过程调用时,需要对过程进行检验。

3.I/O 保护

在一个操作系统功能中,I/O 一般被认为是最复杂的,人们往往首先从操作系统的 I/O 部分寻找操作系统安全方面的缺陷。绝大多数情况下,I/O 是仅由操作系统完成的一个特权操作,所有操作系统都对读写文件操作提供一个相应的高层系统调用,在这些过程中,用户不需要控制 I/O 操作的细节。

I/O 介质输出访问控制最简单的方法是将设备看作是一个客体,仿佛它们都处于安全边界外。由于所有 I/O 不是向设备写数据,就是从设备读取数据,所以一个进行 I/O 操作的进程必须受到对设备读、写两种访问控制。这就意味着设备到 I/O 介质间的路径可以不受什么约束,而处理器到设备间的路径则需要实施一定的读写访问控制。

但是若对系统中的信息提供足够的保护,防止被未授权用户的滥用或毁坏,只靠硬件是不能提供充分的保护手段的,必须由操作系统的安全机制与适当的硬件相结合才能提供强有力的保护。

6.1.4 最小特权管理

在操作系统中,为了维护系统正常运行及其安全策略的实施,往往需要为某些特殊用户赋予一定的特权以执行一些受限的操作或进行违反安全控制策略的操作,例如执行软件安装,维护用户账号等。所谓特权是指可违反系统安全策略的一种操作能力,它与访问控制相结合,提供系统的灵活性。在现有的一般多用户操作系统中,都存在一个超级用户,它拥有所有特权,可以执行任意操作,如 Windows 操作系统中的超级用户 Administrator,UNIX 和 Linux 操作系统中的超级用户 ROOT。普通用户不具有任何特权。这种特权管理方式便于系统的维护和配置,却不利于系统的安全性。一旦超级用户的口令丢失或超级用户被冒充,将会对系统造成极大的损失。另外,超级用户的误操作也是系统极大的潜在安全隐患。因此,TCSEC 标准要求 B2 级以上的安全操作系统必须提供最小特权管理机制,以确保系统安全。

最小特权管理的思想是系统不应给用户超过执行任务所需特权以外的特权,或仅给用户赋予必不可少的特权。最小特权原则一方面赋予主体“必不可少”的特权,以保证用户能完成承担的任务或操作;另一方面它仅给用户“必不可少”的特权,从而限制用户所能进行的操作。同时,为了保证系统的安全性,不应对某个用户赋予一个以上的职责,而一般系统中的超级用户通常肩负系统管理、审计等多项职责,因此,应将超级用户的特权划分为一组细粒度的特权,分别授予不同的系统操作员或管理员,使各种系统操作员或管理员只具有完成其任务所需的特权,从而减少由于特权用户口令丢失或错误软件、恶意软件、误操作所引起的损失。

例如:借鉴三权分立的管理模式,将操作系统中的所有权限分解成一组细粒度的特权子集,定义不同的角色,使系统中的任何用户(组)只具有完成其必需功能的“最小特权",任何用户的权限都不足以操纵整个系统且相互制约,这就避免了超级用户的误操作或其身份被假冒而带来的安全隐患。系统安全管理员、审计管理员、系统管理员分别是三个具有特权管理的角色。系统安全管理员拥有安全管理特权集,是整个系统安全策略的制定者,负责对系统中的主体、客体进行统一标记,对主体进行授权,配置一致的安全策略,并确保标记、授权和安全策略的数据完整性。审计管理员拥有审计管理特权集,是系统的监督者,负责系统运行中审计记录的保存和读取。系统管理员拥有系统管理特权集,管理与系统相关的资源,包括:用户身份管理,系统资源配置,系统加载和启动,系统运行的异常处理,支持管理本地和异地灾难备份与恢复等。各管理员只具有完成其任务所需的最小特权,不同管理员之间相互协作,相互制约,任何一个用户都不能获得足够的权力来破坏系统的安全策略。

6.2　Windows操作系统安全

Windows操作系统是目前市场上使用最广泛的计算机系统平台,它的安全性直接关系到信息系统的安全性,只有了解Windows系统的安全机制,制定精细的安全策略,并配合Windows构建一个高安全的信息系统才能成为可能。

6.2.1　Windows的安全体系结构

Windows系统基于经典的引用监控模型(见图5.1)来实现基本的对象安全模型,系统中所有主体对客体的访问都通过引用监控器作为中介。引用监控器根据访问控制规则进行授权访问,并记录所有访问,生成审计日志。Windows的安全子系统主要由Winlogon模块、本地安全授权子系统(LSASS)、安全引用监控器(SRM)、事件记录器(EventLog)等模块组成,其中LSASS子系统包括活动目录(Active Directory)、Netlogon、Kerberos身份验证、Msv1_0身份验证、本地安全认证(LSA)和安全账户管理(SAM)等模块,如图6.2所示。

(1)Winlogon模块:主要负责管理用户登录和注销过程,加载登录界面并监视安全认证的顺序。

(2)活动目录模块:它是一个包含网络资源(如计算机、用户和打印机)数据库的目录服务模块,数据库中的信息通过目录服务提供给用户和程序使用,其主要的安全管理单元是域,域中的所有用户和计算机执行相同的域安全策略。

(3)Netlogon模块:它的主要作用是维护计算机到其所在域内的域控制器的安全信道。

(4)Kerberos身份认证模块:Kerberos是Windows的域身份验证协议,用于使用

Windows操作系统的计算机之间以及支持Kerberos身份验证的客户之间的身份验证。

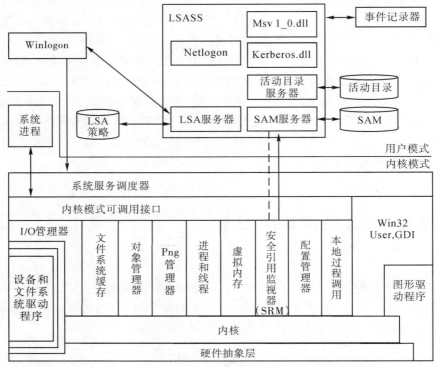

图6.2　Windows安全子系统

（5）Msv 1_0身份验证模块：主要为不支持Kerberos的Windows客户提供基于NTLM的身份验证。

（6）本地安全认证（LSA）模块：LSA是Windows安全子系统的核心部件，通过确认SAM中的数据，控制各种类型的用户进行本地和远程登录，并提供用户访问许可确认，产生访问令牌。同时，LSA管理本地的安全策略，控制审计方案，并将SRM产生的审计信息保存在日志文件中。

（7）安全账户管理（SAM）模块：它是一个保存本地账号信息的模块，负责在用户登录认证时，将用户输入的信息与SAM数据库（包含所有组和用户信息，由SAM管理和维护）中的信息进行比对。

（8）安全引用监控器（SRM）模块：SRM以内核模式运行，负责检查对象访问合法性，为用户账号提供访问权限。用户在要求访问对象时，不能直接访问对象，而必须通过SRM的有效验证。SRM还负责审核生成策略，在验证对象的访问和检查用户账号权限时生成必要的审核信息。

（9）事件记录器（EventLog）模块：它是有关系统、安全和应用程序的记录，是以特定的数据结构存储的文件。每个记录事件的数据结构中包含了9个元素（可以理解成数据库中的字段）：日期/时间、事件类型、用户、计算机、事件ID、来源、类别、描述、数据。

6.2.2　Windows 的安全机制

1. 用户账号管理机制

Windows 操作系统的安全性很大程度上取决于对每个用户设置的权限,如果权限设置不当,可能造成灾难性的后果。用户账号管理机制是建立安全的 Windows 环境的重要内容。

在 Windows 操作系统中,一般有两种类型的账号:系统管理员账号(Administrator Account)和普通用户账号(User Account)。在安装 Windows 操作系统时,会自动分配一个系统管理员账号,默认是 Administrator。系统管理员账号可以被更名,但不能被删除,它能够在系统中进行任何操作,对系统的安全性影响非常大,因此系统管理员账号的分配和使用应格外小心,避免误用或盗用。保护系统管理员账号的方法是更改默认的管理员账号名,或新建一个拥有系统管理员权限的账号,再将 Administrator 的权限设置为最低,减少管理员账号被盗用后的损失。

Windows 操作系统中,只有系统管理员才能创建其他用户账号(包括系统管理员账号),并通过用户的配置文件存储每个账号的唯一安全标识 SID(Security Identifier)和其相应的权限,用以保证用户可以使用本地和网络资源。SID 是系统自动生成的,既可以查看也可以更换。对于 Windows 7 的操作系统,在命令行状态下,输入指令"whoami/user"或"wmic useraccount get name,sid",均能获得用户的 SID。如果希望更换 SID,则运行 system32\sysprep 目录下的 sysprep.exe 文件。SID 是非常重要的,例如:在企业内部,系统一般是通过 GHOST 批量安装的,从而导致所有系统上的 SID 是相同的,这样会导致系统无法加入域,或域策略无法应用等情况。

为了减轻系统管理员在控制资源访问和用户权限上的负担,通常采用"用户组"的机制提供一种管理多个用户的手段。用户组实质上是指具有相同权限的用户集合,Windows 操作系统中预置了一些涵盖各种功能的组,其中最重要的组就是系统管理员组 Administrators,该组中的用户可以完全管理计算机及其整个域,从而控制域的安全特性设置。系统管理员也可以通过不同的需求设置各种类型的用户组,通过设置用户组的权限,对组中的用户实施统一的访问控制。在 Windows 7 的操作系统中,组的添加、设置和应用是通过"计算机管理"来完成的,如图 6.3 所示。在进行用户组管理时,需要注意以下几点:

(1)不要将本地普通用户组(Users)或管理员用户组加入到域控制器的复制组(Replicator)中,这是因为复制组所复制的是系统安全性数据库。

(2)本地普通用户可以产生它们自己的用户组(Users),但不能扩大其访问权限,其成员不能从组中获得超过其任务要求的额外权限。

(3)可以用组将具有相同安全策略的用户组织在一起,使它们在登录时间、权限和密码等方面保持一致。

图 6.3　Windows 系统中的用户组管理

　　由于系统登录的账号密码通常会成为攻击者的攻击目标,因此系统管理员应该为各账号制定严格的密码安全策略。在 Windows 7 等系统中,账号的安全规则设置通过"安全设置"中的"账号策略"选项进行设置,如图 6.4 所示。例如:为了提高密码的安全性,可以设置密码必须具有一定的长度要求,密码使用期限,账号锁定时间和锁定阈值等。

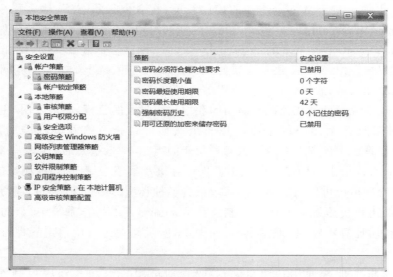

图 6.4　Windows 系统的账号安全策略设置

2.身份认证机制

　　Windows 系统中,身份认证除了用户登录操作系统验证身份外,还需要验证对象和服务的身份。当你对某个对象进行身份验证时,是在验证该对象是否为正版。当你对某个服务或用户进行身份验证时,在于验证出示的凭据是否可信。按照登录的方式不同,Windows 操作系统提供了两种基本的身份认证类型,即本地认证和网络认证。其中,本地认证是根据用户的本地计算机账户确认用户的身份,而网络登录是根据用户试图访问的网络服务确认用户的身份。

在Window 7及以上的版本中,采用凭据提供(Credential Provider)登录模块取代传统的GINA(Graphical Identification and Authentication)登录模块,其登录验证如图6.5所示。在登录验证中,涉及Winlogon模块、LogonUI模块、CredentialUI模块、LSA模块、SAM模块和第三方开发的凭据提供程序。本地用户登录的身份认证过程如下:

(1)用户首先按下Ctrl+Alt+Delete组合键。

(2)Winlogon模块(Winlogon.exe和Secure32.dll)检测到用户按下SAS(Secure Attention Sequence)热键,就调用CredentialUI模块(CredUI.dll),并向其发送凭据请求。

(3)CredentialUI模块收到凭据请求后,通过凭据程序提供接口向凭据提供程序发送凭据请求,并从凭据提供程序获得凭据信息。

(4)CredentialUI模块收到凭据信息后,显示登录UI界面(LogonUI模块)。

(5)用户选择类型并输入自己掌握的凭据(用户名和口令)到登录界面。

(6)logonUI模块收到用户输入的凭据后,将其发送给CredentialUI模块。

(7)CredentialUI模块通过凭据程序提供接口将处理后的用户输入请求发送给凭据提供程序。然后凭据提供程序将凭据通过凭据程序提供接口返回给CredentialUI模块。

(8)CredentialUI模块将凭据发送给Winlogon模块。

(9)Winlogon模块将收到的凭据发送给LSA模块进行验证。

(10)LSA模块收到用户登录的凭据后,将调用Msc1_0模块(Msc1_0.dll是验证程序包),将用户凭据生成Hash值,发送给SAM模块。

(11)SAM模块将收到的Hash值与存储的HSAH值进行比对。如果比对后,发现用户身份合法,SAM将用户安全标识SID、用户所属用户组的SID和其他一些相关信息发送给LSA模块。

(12)LSA将收到的SID信息创建安全访问令牌,然后将安全访问令牌和登录信息发送给Winlogon模块。Winlogon模块对用户登录稍作处理后,完成整个本地身份认证过程。

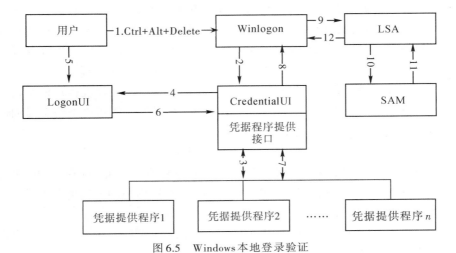

图6.5　Windows本地登录验证

所有用户登录的凭据信息都保存在 SAM 数据库中,而 SAM 数据库一般保存在"C:\Windows\system32\config"文件夹下的 SAM 文件中,该文件不能删除,如果删除将直接导致系统无法登录。SAM 文件记录的数据包括:所有组和账户的信息,口令 HASH,账户的 SID 等。该文件受到操作系统保护,不能被直接打开。

3. 访问控制机制

Windows 7 操作系统的安全性达到了 TCSEC(橘皮书)标准的 C2 级,实现了较完善的自主访问控制(DAC)和审计,通过对用户授权来决定用户可以访问哪些资源,以及对这些资源的访问能力。其访问策略包括:自主访问控制,强制访问控制和基于角色的访问控制。

用户成功登录到操作系统后,将收到安全访问令牌,此后,用户每新建一个进程,都将复制该安全访问令牌作为该进程的访问令牌。当用户或进程需要访问某个对象时,SRM 将用户或进程中的 SID 与对象安全描述符中的访问控制列表进行比较,从而决定用户是否有权访问该对象。而且进程在访问某个对象时,并不直接访问该对象,而是需要通过系统用户模式中的 Win32 模块访问对象。这样不仅可以使进程无须知道直接控制每类对象的具体方式,避免了程序的复杂性,而且由操作系统统一完成对象的访问控制,也使得对象更加安全。

在 Windows 7 中,当用户希望共享某个自己创建的对象时,它不能为其他用户和组分配权限,权限的分配必须通过系统管理员来完成。Windows 7 的访问控制机制除了访问控制列表外,还包括以下安全实体:

(1)安全访问令牌。安全访问令牌是 LSA 模块收到登录用户的 SID 信息后创建的,它相当于用户访问系统资源的票据。令牌有两类:主令牌和模拟令牌。主令牌是由 Windows 内核创建并分配给进程的默认访问令牌,每一个进程有一个主令牌,它描述了与当前进程相关的用户账户的安全上下文。同时,一个线程可以模拟一个客户端账户,允许此线程与安全对象交互时用客户端的安全上下文,即模拟令牌。

模拟令牌产生的原因是根据客户的标识执行访问检查的需要。使用客户标识进行访问检查时,可以根据该客户拥有的许可权来限制或扩展访问。例如,假设一个文件服务器上有包含秘密信息的文件,这些文件都由一个 DACL 保护。为了防止客户未经授权就可访问这些文件中的信息,服务可以在访问文件之前模拟客户。当服务模拟客户时,它创建一个线程来完成这项工作并将客户的访问令牌与工作线程相关联。客户的访问令牌是一个模拟令牌,它标识客户、客户的组和特权。当线程代表客户请求访问资源时,在访问检查过程中使用该信息。在模拟结束后,线程重新使用主令牌并返回服务自己的安全上下文里操作,而不是客户的上下文。

访问令牌包含进程或线程的安全上下文的完整描述,其内容如下:

①用户账号的 SID:若用户利用一个账号登录到本地计算机,则他的 SID 来自于本地 SAM 维护的账号数据库;若用户利用一个域账号登录,则他的 SID 来自于活动目录里用户对象的 Object-SID 属性。

②用户所在组的 SID 列表:一个用户可能是多个组的成员,同时,表中也包含活动目录里用户账号下用户对象的 SID-History 属性里的 SID。

③用户和组在本地计算机上拥有的特权列表。

④所有者的SID：这些用户或安全组默认成为用户所创建或拥有的任何对象的所有者。

⑤用户的主安全组的SID：这个信息只由POSIX子系统使用。

⑥默认自主访问控制表（DACL）：一组内置许可权。在没有其他访问控制信息存在时，操作系统将其作用于用户所创建的对象。默认DACL向创建所有者和系统赋予完全控制权限。

⑦访问令牌的源：导致访问令牌被创建的进程，例如会话管理器、LAN管理器或远程过程调用（RPC）服务器。

⑧令牌类型：访问令牌是主令牌或模拟令牌。主令牌代表一个进程的安全上下文，而模拟令牌是服务进程里的一个线程，用来临时接受一个不同的安全上下文（如服务的一个客户的安全上下文）的令牌。

⑨模拟令牌的级别：是指服务对该访问令牌所代表的客户的安全上下文的接受程度。

⑩访问令牌自身的统计信息：操作系统在内部使用这个信息。

⑪限制SID列表：由一个被授权创建受限令牌的进程添加到访问令牌里的可选的SID列表。限制SID列表可以将线程访问限制到低于用户被允许的级别。

⑫会话ID：指访问令牌是否与终端服务的客户会话相关。

（2）安全描述符。安全描述符是与每个被访问对象相关联，描述一个被访问对象的安全信息，其主要组件是访问控制列表，它为访问对象确定了各用户和组的访问权限。一个安全描述符的主要内容如下：

①标记：一个控制位集合，说明安全描述符的含义或它的每个成员。

②用户SID：与安全描述符关联的安全对象的所有者SID。

③组SID：与用户SID对应的所有者所在组的SID。

④自主访问控制列表（DACL）：确定哪些用户和组的哪些操作对该对象的访问权限。

⑤系统访问控制列表（SACL）：确定该对象上的哪些操作可以产生审计信息。

在Windows系统中，访问控制列表可以分为自主访问控制列表和系统访问控制列表两类。

（1）DACL。DACL由对象的所有者控制，每个表由表头和零个或多个ACE组成，ACE决定了用户或组执行该对象的类型。当一个进程试图访问某个对象时，引用监控器从访问令牌中读取SID和组SID，然后扫描该对象的DACL。如果找到了一个ACE，其SID与访问令牌中的SID匹配，则该进程就具有该ACE所确定的访问权限。

（2）SACL。SACL实际上是一个审计中心，该列表描述了该对象上的哪些类型的访问请求需要被系统记录。一旦用户访问该对象，其请求的访问权限和SACL中的一个ACE符合，那么，系统就会记录该用户的请求结果。

4.安全审核机制

为了跟踪用户的各项操作，系统需要对安全事件进行审核，并将相关内容写入安全日志中。在Windows 7中，审核策略配置分为基本审核策略的配置和高级审核策略配置,如图6.6所示。在基本审核策略配置中,除登录事件外,Windows系统中所有的审核内容默认都是关闭的,必须通过手动的方式打开审核进程来审核目标对象,并指定审核失败还是成功的事件,或两者都审核。而高级审核策略配置可以允许管理员选择仅想要监视的行为,也可以排除审核结果以供选择,如:很少或根本不关注的那些行为或创建过多的日志条目的行为。此外,通过使用域组策略对象,应用安全审核策略和审核策略设置可以修改、测试或部署到所选的用户和组。而对于对象访问事件类型的审核,管理员可以利用资源管理器,直接指定文件或文件夹的审核内容。

图6.6　Windows安全审核策略设置

在Windows操作系统中,事件的审核类型可以分为两类:成功事件和失败事件。它们对于系统被攻击的追踪非常有用,即使是成功的审核事件,它也只是表明操作活动是正常的,但通过非法手段获得系统访问权限的攻击者也会生成一个成功事件。Windows操作系统提供的安全审核事件包括:策略更改,登录事件,对象访问,进程跟踪,目录服务访问,特权使用,系统事件,账户登录和账户管理。

(1)策略更改。该审核策略是用于审核用户权限分配策略、审核策略或信任策略更改的每个事件,有助于确定用户的行为是否有攻击系统的企图。策略更改事件的ID及其含义如表6.1所示。

表6.1　策略更改事件ID及其描述

事件ID	描述	事件ID	描述
608	用户权限已分配	620	与其他域的信任关系已修改
609	用户权限已删除	621	已向账户授予系统访问权限
610	与其他域的信任关系已创建	622	系统访问权限已从账户中删除
611	与其他域的信任关系已删除	623	已为用户设置每个用户的审核策略
612	审核策略已更改	625	每个用户的审核策略已刷新

续表

事件ID	描述	事件ID	描述
613	Internet协议安全(IPsec)策略代理已启动	768	已在一个树的命名空间元素和另一个树的命名空间元素之间检测到冲突
614	IPsec策略代理已禁用		
615	IPsec策略代理已更改	769	受信任的树信息已添加
616	IPsec策略代理遇到了潜在的严重故障	770	受信任的树信息已删除
617	Kerberos策略已更改	771	受信任的树信息已修改
618	加密数据恢复策略已更改	805	事件日志服务已读取会话的安全日志配置

当一个树的命名空间元素和另一个树的命名空间元素之间检测到冲突,即为两个命名空间元素重叠,在解析属于这些命名空间元素之一的名称时可能会导致歧义。而且并非所有参数对于每种条目类型都有效。例如,DNS名称、NetBIOS名称和SID等字段对于"TopLevelName"类型的条目无效。

在树信任信息已更新且添加一个或多个条目时,会生成此事件消息。每个已添加、删除或修改的条目都会生成一个事件消息。如果在单次更新树信任信息时添加、删除或修改了多个项,则为生成的所有事件消息指派一个唯一标识符,称为操作ID。该标识符可以用来确定生成的多个事件消息是一个操作的结果。

(2)登录事件。如果启动了登录事件审核,对于域账户活动的域控制器上和在本地账户活动的本地设备上生成账户登录事件。每次用户在计算机上登录和注销时,都会在安全日志中生成一个事件记录,或域账户登录或注销工作站或服务器时,生成的域控制器上的账户登录事件。在创建或销毁登录会话和令牌时,也会分别创建登录事件。

登录事件包括本地账户登录和域账户登录,一旦有人试图在基于Windows的计算机上建立网络连接,就会看到针对域账户和本地账户的两种不同的安全事件日志项。登录事件审核对于跟踪交互式登录服务器的尝试或对于调查从特定计算机发起的攻击十分有用。表6.2列出了登录事件ID及其含义。

表6.2 登录事件ID及其描述

事件ID	描述	事件ID	描述
528	成功登录到计算机的用户	542	数据频道已终止
529	尝试登录未知的用户名或密码不正确的已知用户名	543	主模式已终止
530	尝试在不允许的时间内登录的用户账户	544	主模式身份验证失败,因为对等方未提供有效证书,或未验证签名
531	尝试使用已禁用的账户登录	545	主模式身份验证失败,因为Kerberos故障或不是有效的密码
532	尝试使用过期的账户登录	546	建立IKE安全关联失败,因为接收的数据包包含无效的数据

续表

事件 ID	描述	事件 ID	描述
533	不允许在此计算机上登录的用户进行登录尝试	547	IKE 握手过程中发生故障
534	尝试用不允许使用的登录类型登录	548	来自信任域的 SID 与客户端的账号域 SID 不匹配
535	指定账户的密码已过期	549	在跨域身份验证过程中,所有与非信任命名空间相对应的 SID 均已被过滤
536	网络登录服务处于非活动状态	550	表示可能的拒绝服务攻击的通知消息
537	登录尝试失败的其他原因	551	用户已启动注销过程
538	一个用户被注销	552	用户在已经通过其他身份登录的情况下,使用明确凭据成功登录到计算机上
539	在有人进行登录尝试时,账号被锁定	682	用户已重新连接到一个断开连接的终端服务器会话
540	用户成功登录到网络	683	用户在未注销的情况下,断开与终端服务器会话连接
541	主模式 Internet 密钥交换(IKE))身份验证已完成,或者快速模式已建立数据信道		

　　(3)对象访问。审核的用户访问对象包括:文件、文件夹、注册表项、打印机等(已自行指定了系统访问控制列表)。当用户成功访问已指定合适 SACL 的对象时,审核成功;当用户未成功访问已指定合适 SACL 对象时,审核失败。管理员可以直接在被访问对象的属性对话框中的安全选项卡上设置 SACL。表 6.3 列出了对象访问的事件 ID 及其含义。

表 6.3　对象访问的事件 ID 及其含义

事件 ID	描述	事件 ID	描述
560	向现有对象授予访问权限	782	证书服务还原已启动
562	已关闭对象访问句柄	783	证书服务还原已完成
563	尝试打开并删除某个对象	784	证书服务启动
564	受保护的对象已被删除	785	证书服务已停止
565	现有对象类型已授予访问权限	786	证书服务的安全权限更改
567	已使用与句柄关联的权限	787	证书服务检索了存档的密钥
568	尝试创建与正在审核的文件的硬链接	788	证书服务将证书导入其数据库
569	身份验证管理器中的资源管理器尝试创建客户端上下文	789	证书服务审核筛选已更改
570	客户端尝试访问的对象	790	证书服务收到证书请求

续表

事件 ID	描述	事件 ID	描述
571	授权管理器应用程序已删除的客户端上下文	791	证书服务批准了证书请求并颁发了证书
572	管理员管理器初始化应用程序	792	证书服务拒绝了证书请求
772	证书管理器拒绝挂起的证书请求	793	证书服务设置证书请求状态为挂起
773	证书服务收到重新提交的证书请求	794	更改证书服务的证书管理器设置
774	证书服务吊销的证书	795	更改证书服务中的配置项
775	证书服务收到发布 CRL 的请求	796	证书服务的属性更改
776	证书服务发布 CRL	797	证书服务存档了密钥
777	更改了证书请求扩展	798	证书服务导入和存档密钥
778	更改了一个或多个证书请求属性	799	证书服务发布到 Active Directory 的 CA 证书
779	证书服务收到一个关闭请求	800	已从证书数据库删除一个或多个行
780	启动证书服务备份	801	已启用的角色分离
781	完成的证书服务备份		

（4）进程跟踪。该项配置确定是否审核详细的进程跟踪事件，例如：程序激活、进程退出、句柄复制和间接对象访问等信息。如果跟踪成功，即生成成功审核记录，否则生成失败审核记录。表 6.4 列出了进程跟踪事件 ID 及其含义。

表 6.4　进程跟踪事件 ID 及其描述

事件 ID	描述	事件 ID	描述
592	新进程已创建	598	审核的数据已受到保护
593	进程已退出	599	审核的数据未受到保护
594	对象的句柄已复制	600	分配给进程一个主令牌
595	已取得对象的间接访问权	601	用户已尝试安装服务
596	数据保护的主密钥已备份	602	一个计划作业已创建
597	数据保护主密钥已从恢复服务器中恢复		

（5）目录服务访问。该项配置确定是否审核用户访问由其自己的 SACL 指定 Active Directory 对象的事件。管理员可以使用该对象的属性对话框中的安全选项卡，在 Active Directory 对象上设置 SACL。这与审核对象访问相同，不同之处在于它仅用于 Active Directory 对象而不是文件系统和注册表对象。表 6.5 列出了目录服务访问事件 ID 及其含义。

表 6.5　目录服务访问事件 ID 及其描述

事件 ID	描述
566	发生了一般对象操作

(6)特权使用。该项配置一旦启用,就会审核用户实施用户权限的每个实例,但不包括如下内容:绕过遍历检测,调试程序,创建令牌对象,替换进程级令牌,生成安全审核,备份文件和目录,还原文件和目录。如果需要审核这些内容,启用"FullPrivilegeAuditing"注册表项。表6.6列出了特权使用事件ID及其含义。

表6.6　特权使用ID及其描述

事件ID	描述
576	指定的特权已添加到用户的访问令牌。用户登录时生成此事件
577	用户试图执行需要特权的系统服务操作
578	特权用于已经打开的受保护对象的句柄

(7)系统事件。系统事件是审核用户重启或关闭计算机时影响系统安全的事件。表6.7列出了系统事件ID及其含义。

6.7　系统事件ID及其描述

事件ID	描述	事件ID	描述
512	Windows正在启动	517	已清除审核日志
513	Windows已中断	518	通过安全账户管理器已加载通知数据包
514	本地安全机构已加载验证包	519	进程正在使用无效的本地过程调用(LPC)端口尝试模拟客户端,回复或读取或写入到客户端地址空间
515	受信任的登录过程已经在本地安全机构注册	520	已更改系统时间
516	已用尽分配的安全事件消息队列的内部资源,从而会导致某些安全事件消息丢失		

(8)账户登录。账户登录是审核用户从其他设备登录或注销的每个实例。在域控制器上对域用户账户进行身份验证时,会生成账户登录事件,该事件会记录在域控制器的安全日志中。在本地计算机上对本地用户进行身份验证时,会生成登录事件,该事件会记录在本地安全日志中,但不会生成账户注销事件。表6.8列出了账户登录事件ID及其含义。

表6.8　账户登录事件ID及其描述

事件ID	描述	事件ID	描述
672	身份验证服务(AS))票证成功发出并验证	677	未被授予TGS票证
673	已授予票证授予服务(TGS))票证	678	账户已成功映射到域账户
674	安全主体续订AS票证或TGS票证	681	登录失败
675	预身份验证失败。用户键入错误密码时,密钥发行中心(KDC)生成此事件	682	用户已重新连接到断开连接的终端服务器会话
676	身份验证票证请求失败	683	用户未注销断开终端服务器的会话

(9)账户管理。账户管理是审核设备上账户管理的每个事件。账户管理事件的实例包括:创建、更改或删除用户账户或组;重命名、禁用或启用用户账户;设置或更改密码。表6.9列出了账户管理事件ID及其含义。

表6.9　账户管理事件ID及其描述

事件ID	描述	事件ID	描述
624	用户账户已创建	649	禁用了安全性的本地安全组已更改
627	用户密码已更改	650	成员已添加到禁用了安全性的本地安全组
628	用户密码已设置	651	成员已从禁用了安全性的本地安全组中删除
630	用户账户已删除	652	禁用了安全性的本地组已删除
631	全局组已创建	653	禁用了安全性的全局组已创建
632	成员已添加到全局组	645	禁用了安全性的全局组已更改
633	成员已从全局组中删除	655	成员已添加到禁用了安全性的全局组
634	全局组已删除	656	成员已从禁用了安全性的全局组中删除
635	新的本地组已创建	657	禁用了安全性的全局组已删除
636	成员已添加到本地组	658	启用了安全性的通用组已创建
637	成员已从本地组中删除	659	启用了安全性的通用组已更改
638	本地组已删除	660	成员已添加到启用了安全性的通用组
639	本地组账户已更改	661	成员已从启用了安全性的通用组中删除
641	全局组账户已更改	662	启用了安全性的通用组已删除
642	用户账户已更改	663	禁用了安全性的通用组已创建
643	域策略已修改	664	禁用了安全性的通用组已更改
644	用户账户已自动锁定	665	成员已添加到禁用了安全性的通用组
645	计算机账户已创建	666	成员已从禁用了安全性的通用组中删除
646	计算机账户已更改	667	禁用了安全性的通用组已删除
647	计算机账户已删除	668	组类型已更改
648	禁用了安全性的本地安全组已创建	684	设置管理组成员的安全描述符

在表6.9中,禁用了安全性的组不能授予访问权限检查的权限。而在域控制器上,每隔60分钟就会有一个后台线程搜索管理组的所有成员,并对这些成员使用固定的安全描述符,并记录此事件。

5.文件加密机制

Windows文件加密机制是操作系统安全体系的重要基础和组成部分。CPU的运行模式分为内核模式和用户模式,Windows操作系统自身的关键系统代码运行在处理器高特权级的内核模式,各种应用程序则运行在处理器低特权级的用户态,从而保证了系统层面的基本安全控制逻辑(如内存、文件等系统资源的访问控制机制等)的有效性。加密技术与系统安全控制逻辑的结合,使得存储和传输环境在一定程度上不可靠时,如计算机失窃,存在网络嗅探的情形下,用户信息仍能保持其私密性、不可篡改的完整性等安全属性。

Windows加密机制分为两个部分:第一部分是基本的加密算法服务,这是基本的层面,在这个层面上,摘要、对称加密和非对称加密等基本的加密算法可以通过下一代CryptoAPI(CNG)的操作系统API接口,为应用程序所用。CNG结构如图6.7所示。第二部分是Windows系统加密功能,这个层面的内容包括加密文件系统(EFS)、用户信息保护和SSL等网络加密协议等。Windows在其基本加密算法服务的基础上,建立一个较为完善的加密系统。这个加密系统一方面保护Windows系统(单机和域)的安全,另一方面也提供了可供应用程序直接使用的系统级加密保护服务。

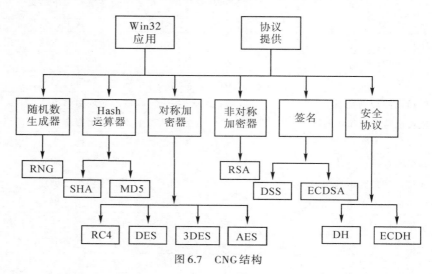

图6.7　CNG结构

　　Windows加密算法以服务提供软件包(CSP)机制组织管理。通过CNG的API函数,应用程序可以枚举系统中存在的CSP,选择符合自己需要的CSP,使用CSP所实现的算法进行加密操作。每个CSP包含来自某个厂商实现的一组加密算法和密钥保护机制,不同的CSP可以含有相同算法的不同实现。有的CSP是与硬件结合的,算法逻辑和密钥保护实现在独立的硬件上,这种CSP起着接口适配作用,使得应用软件与这些加密硬件隔离开来。微软在Windows中预置了几个CSP,这些CSP所包含的加密算法在所有的Windows计算机上都是立即可用的。通过CSP框架,应用软件可以使用Windows定义的统一API,实施加密操作。这样,应用很容易适应不同的加密算法实现方式。CSP的选用很容易做成可以配置的选项,由应用系统集中管控或者由终端用户自行选择。

　　Windows的EFS对用户数据提供保护。加密文件系统使用混合加密体制保护文件内容,每个EFS加密的文件都使用随机生成的不同对称密钥(FEK)保护。FEK被用户数字证书公钥加密保护,还原FEK需要能够访问用户文件的加密证书私钥。这一私钥又得到用户主密钥的保护,用户主密钥又在用户口令的保护之下。由于重置用户密码会失去原先的主密钥,从而失去EFS的访问能力,所以会导致不再能够打开原先使用EFS加密的文件。这种情况下,唯一的途径是在第一次加密文件时,备份EFS文件加密证书私钥。EFS加密与不加密的区别在于,对于不加密的文件,具有管理员权限的账户,不登录用户账户也能打开这些文件。设备或者硬盘失窃时,信息窃贼是很容易得到这样一个权限的,如把硬盘挂在自己的计算机上就可以了。EFS以强加密阻止这一情况的发生。

采用EFS加密文件和文件夹时,以下几点事项需要注意:

(1)只有NTFS文件系统上的文件和文件夹才能被加密。

(2)如果被加密的文件被复制或转移到非NTFS的文件系统上,该文件将被解密。

(3)将非加密文件移到加密文件夹下,则该文件在新文件夹中自动加密。但反向操作不可行,即文件必须明确解密。

(4)加密文件或文件夹,不能阻止删除或列出文件或目录,因此,必须结合NTFS权限来使用EFS。

(5)在允许远程加密的计算机上,远程可以加密或解密文件和文件夹,但是如果通过网络打开已加密的文件,那么此过程中网络上传输的数据是未加密的。此时,需要通过其他协议,如SSL、TSL或IPSec等协议,实现在线加密数据传输。

6.3 Linux操作系统安全

Linux是一种开源操作系统,已被广泛使用。该操作系统具有支持多用户、多进程和多线程功能,其实时性好,且功能强大。尽管Linux有不同的版本和类型,但它们在技术原理和系统结构上是类似的,如图6.8所示。

Linux内核是Linux操作系统的核心,它负责管理系统的进程、内存、设备驱动程序、文件和网络系统,决定着系统的性能和稳定性。其组成为:内存管理,进程管理,设备驱动程序,文件系统和网络管理等。目前Linux的安全级已经达到TCSEC评估标准的C2级。

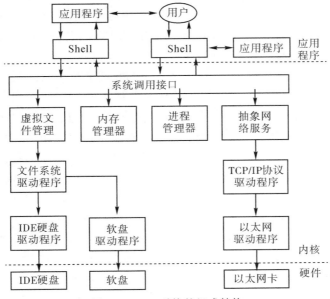

图6.8 Linux系统的组成结构

6.3.1 用户和组安全

与 Windows 系统类似,用户和组是 Linux 操作系统中进行操作、文件管理和资源使用的主体,它们在操作系统中以不同的角色存在。在通常的安全威胁中,攻击者经常通过创建一些非法用户并获取非法权限的方式,对系统资源和数据进行滥用和破坏。因此,保护用户和组安全是 Linux 安全非常重要的一个环节。

1.安全使用用户和组文件

Linux 操作系统的全部用户信息都保存为普通的文本文件,管理员可以通过修改这些文件来管理用户和组。

(1)用户账号文件——passwd。/etc/passwd 文件是用户管理文件中的关键文件之一,该文件用于用户登录时校验用户的登录名、加密的口令数据项、用户 ID、默认的用户分组 ID、用户信息、用户登录子目录以及登录后使用的 Shell,可以通过 cat 命令查看该文件(#cat /etc/passwd)。这个文件的每一行记录一个用户的信息,而每个用户信息的每一个数据项采用“:”分割,格式如下:

LOGNAME:PASSWORD:UID:GID:USERINFO:HOME:SHELL

即登录名:口令:用户识别号:组识别号:用户的任何信息:用户登录子目录:用户登录后执行的 Shell(若为空则默认为/bin/sh)。

登录名是用户登录时的账户字符串,由用户自行选定。所有用户的口令都是加密存放的,当用户在登录提示符处输入他们的口令时,输入的口令将由系统进行加密,然后再将加密后的数据与系统中用户的口令数据项进行比较。如果这两个加密数据匹配,就可以允许用户进入系统。

在/etc/passwd 文件中,UID 信息很重要。系统使用 UID 而不是登录名区分用户,不同用户的 UID 应该不同,如果在/etc/passwd 文件中有两个不同的入口项有相同的 UID,则这两个用户对文件具有相同的访问权限。UID 的取值范围是 0~65535,其中 0 是超级用户的 UID,具有根用户(系统管理员)的访问权限。在 Linux 系统中,UID 为 0 的用户登录名为“root”。1~99 的 UID 由系统保留,作为系统的管理账号;而普通用户的 UID 一般从 100 开始,但在 Linux 系统中,普通用户的 UID 默认从 500 开始。

每一个用户都需要一个用户登录子目录保存专属于自己的配置文件,以定制自己的操作环境,避免改变其他用户定制的操作环境。在这个子目录中,用户不仅可以保存自己的配置文件,还可以保存自己日常工作用到的各种文件。出于一致性的考虑,大多数站点都从/home 开始安排用户登录子目录,并将每个用户的子目录名改为其使用的登录名。当然,用户登录子目录放在什么位置,系统是不关心的,用户可以自己调整,这是因为在/etc/passwd 文件中每个用户子目录的位置已经有清楚的说明。

在 Linux 系统中,/etc/shells 文件中有好几种 Shell 供用户选用,大多数 Shell 都是基于文本的。按照最严格的定义,在/etc/passwd 文件中,每个用户并没有定义需要运行某个特定的 Shell,其中列出的是这个用户上机后第一个运行的程序。

(2)用户影子文件——shadow。Linux 操作系统通常使用 DES 算法加密口令,由于加密算法是公开的,且系统上的所有用户都可以读取/etc/passwd文件,一旦恶意用户取得了/etc/passwd文件,极有可能破解口令。而且在计算机技术日益发展的今天,对账号文件进行字典攻击的成功概率和速度是非常高的。为此,Linux采用"shadow文件"机制,将加密口令转移到/etc/shadow文件中,只有root超级用户可读。而在/etc/passwd文件中,口令字段处只存放一个"x"或"*",从而最大限度地减少了密文被泄露的机会。

/etc/shadow文件每行是8个冒号隔开的9个字段,格式如下:

username:passwd:lastchg:min:max:warn:inactive:expire:flag

其中,每个字段的含义如表6.10所示。

表6.10　/etc/shadow文件字段的含义

字段名	描述
username	用户登录名
passwd	加密的用户口令
lastchg	上次修改口令经过的天数
min	两次修改口令之间至少经过的天数
max	口令还会有有效的最大天数,如果是99999则表示永不过期
warn	距口令失效期的多少天内系统发出警告
inactive	禁止登录前用户名还有效的天数
expire	用户被禁止登录的时间
flag	保留字段,暂不使用

(3)组账号文件——group。/etc/passwd文件中包含每个用户默认的分组ID(GID),这个GID在/etc/group文件中被映射到该用户分组的名称以及同一分组的其他成员中。

/etc/group文件包含关于小组的信息,每个GID在文件中都应有相应的入口项,入口项中列出了小组名和小组中的用户,这样可以方便地了解每个小组的成员,避免了根据GID在/etc/passwd文件中从头至尾地寻找同组的用户。/etc/group文件对小组的许可权控制不是必需的,这是因为即使没有/etc/group文件,根据/etc/passwd文件的UID、GID来决定文件访问权限,具有相同GID用户也可以以小组的访问许可权共享文件。/etc/group文件中每一行用":"分隔的内容依次为:用户分组名,加密过的用户分组口令,用户分组ID(GID),以逗号分隔的成员用户清单。

与用户账号文件类似,组账号文件为了加强组口令的安全性,采用了一种组口令与组其他信息相分离的安全机制。组口令存储在/etc/gshadow文件中,每一行用":"分隔的内容依次为:用户组名,加密的组口令,组成员列表。

(4)/etc/skel启动文件的目录。/etc/skel目录中一般存放的是用户启动文件的目录,该目录由超级用户root控制。当添加用户时,这个目录中的文件自动复制并添加到新用户的登录子目录下。/etc/skel目录中的文件都是隐藏文件,即类似.file格式的文件。用户可以通过修改、添加、删除/etc/skel目录中的文件,来为用户提供一个统一、标准的用户环境。

　　/etc/skel目录中的文件是用户使用useradd和adduser命令添加用户时,系统自动复制到新用户的登录子目录中的。如果用户通过修改/etc/passwd来添加用户,可以自己创建用户的登录子目录,然后把/etc/skel目录中的文件复制到新添加用户的登录子目录下,并采用chown命令来改变新用户登录子目录的属主。

　　(5)/etc/login.defs配置文件。/etc/login.defs文件是创建用户时的一些规则,如:是否需要登录子目录,UID和GID的范围,用户的期限等。该文件只能通过超级用户root来定义。

　　(6)/etc/default/useradd文件。该文件主要是规定用户登录子目录存放的位置,环境配置文件目录存放的位置以及登录执行的首个Shell等。/etc/default/useradd文件主要包括如下信息:用户组ID(GROUP),用户登录子目录存储位置(HOME),是否启用账号过期停权标志(−1表示不启用),账号终止日期(不设置表示不启用),所有Shell类型所在目录(SHELL),默认添加用户时需要复制的启动文件位置(SKEL),为用户建立的邮箱(CREAT_MAIL_SPOOL)等。

2.验证用户和组文件

　　Linux操作系统提供了pwck和grpck两个命令分别验证用户和组文件,以保证两个文件的一致性和正确性。

　　pwck用来验证用户账号文件(/etc/passwd)和影子文件(/etc/shadow)的一致性,验证文件的每一个数据项中每个字段的格式及其数据的正确性。如果发现致命错误,该命令将会提示用户删除出现错误的数据项。该命令主要验证每个数据项是否具有以下属性:

　　(1)正确的域数目;

　　(2)唯一的用户名;

　　(3)合法的用户和组标识;

　　(4)合法的主要组群;

　　(5)合法的用户登录子目录;

　　(6)合法的登录Shell。

　　如果检查发现域数目与用户名错误,则该错误是致命的,需要用户删除整个数据项。其他的错误都是非致命的,需要用户进行修改,而不一定删除整个数据项。

　　与pwck命令类似,grpck命令是用来验证组账号文件(/ect/group)和影子文件(/etc/gshadow)的一致性和正确性的,验证文件的每一个数据项中每个字段的格式及其数据的正确性。如果发现致命错误,该命令将提示用户删除出现错误的数据项。该命令主要验证的内容包括:

　　(1)正确的域数目;

　　(2)唯一的组群标识;

　　(3)合法的成员和管理员列表。

　　如果检查发现域数目与组名错误,则该错误是致命的,用户需要删除整个数据项。其他错误均为非致命的,需要进行修改,而不一定要删除整个数据项。

3.用户密码的设定方法

　　对于操作系统而言,设置用户登录密码是一项非常重要的安全措施,如果密码设置不恰当,就容易被攻击者破解,从而给系统造成巨大的安全隐患。目前密码破解程序大多采用字典攻击和暴力破解的手段,如果用户采用自己的英文名、生日或账户等信息来设定密码,攻击者很容易采用字典攻击或社会工程的手段来破解密码。为增加密码破解的难度,以下几条原则可以参考:

(1)口令长度至少为8个字符。口令越长越好。若使用MD5口令,它应该至少有15个字符;若使用DES口令,使用最长长度(8个字符)。

(2)混合大小写字母。Linux区分大小写,因此混合大小写将增加口令的强度。

(3)混合字符和数字。在口令中添加数字,特别是在中间添加(不只在开头和结尾处)能增强口令的健壮性。

(4)包含字母和数字之外的字符。&、$和>等特殊字符可以极大地增强口令的健壮性。但使用DES口令则不能使用此类字符。

(5)挑选一个可以记住的口令。建议使用简写或其他记忆方法帮助记忆口令。记不住的口令没有任何意义。

(6)不要只使用单词或数字。决不能在口令中只使用单词或数字。

(7)不要使用现成词汇。即使在两端使用了数字,中间也不能使用字典中的词汇,甚至电视剧或小说中的用语。

(8)不要使用外语中的词汇。口令破译程序经常使用多种语言的词典来检查其词汇列表。

(9)不要使用黑客术语。

(10)不要使用个人信息。千万不要使用个人信息,如果攻击者知道用户的身份,很容易猜出其登录口令。

(11)不要反转现成词汇。

(12)不要笔录口令。决不能将口令写在纸上,只有牢记在心里才是最安全的。

6.3.2　文件系统安全

随着Linux的不断发展,其所能支持的文件系统也在迅速扩充。Linux2.4内核推出后,Linux系统内核可以支持10多种文件系统类型:JFS、ReiserFS、Ext、Ext2、Ext3、ISO9660、XFS、Minx、MSDOS、UMSDOS、VFAT、NTFS、HPFS、NFS、SMB、SysV、PROC等。

从自动修复损害的文件系统来看,Ext2和Ext3都能在开机时自动修复损害的文件系统。它们在默认的情况下,每间隔21次挂载文件系统或每180天,就要自动检测一次。但从时间来看,Ext2和Ext3在自动检测上是存在风险的,有时文件系统开机后就进入单用户模式,并且把整个系统"扔"进lost+found目录,如果要恢复系统,就得用fsck来修复,当然,fsck同样存在风险。另外,一旦系统意外关机或断电,都可能导致Ext2和Ext3文件系统损坏,所以在使用的过程中,必须是正常关机。

Ext2文件系统支持反删除功能,删除的文件还可以恢复。这个功能对于一般用户而言没有什么问题,但对于涉密文件而言就不安全了。因此,最好使用Ext3文件系统,一旦删除文件是不可恢复的。

1.文件/目录访问权限管理

Linux系统能够支持5种基本的文件:普通文件,目录文件,设备文件,链接文件和管道文件。

(1)普通文件。它是用户经常使用的文件,分为文本文件和二进制文件。文本文件以文本的ASCII码形式存储在计算机中,是以"行"为基本结构的一种信息组织和存储方式;二进制文件以文本的二进制形式存储在计算机中。二进制文件一般是可执行文件、图形、图像和声音等。

(2)目录文件。它主要用于管理和组织系统中的大量文件,其存储的是相关文件的位置、大小等与文件有关的信息。

(3)设备文件。Linux系统把每个I/O设备都看成一个文件,处理方式与普通文件相同,这样就可以使文件和设备的操作尽可能统一。设备文件可以细分为块设备文件和字符设备文件。前者以字符块为单位进行存取,后者以单个字符为单位进行存取。

(4)链接文件。链接文件是一种特殊的文件,它是一个真实存在的文件链接,类似Windows下的快捷方式。根据链接文件不同,分为:硬链接文件和符号链接文件。

(5)管道文件。它是一种特殊的文件,主要用于不同进程间的消息传递。

文件或目录的访问权限分为只读、只写和可执行3种。有3种不同类型的用户可对文件或目录进行访问:文件所有者,同组用户,其他用户。所有者一般是文件的创建者,它可以允许同组用户有权访问该文件,还可以将文件的访问权限赋予系统的其他用户。在这种情况下,系统中的每一位用户都有可能访问该用户拥有的文件或目录。

每一个文件或目录的访问权限都有3组,每组用3位表示,分别为:文件属主的读、写和执行权限;与属主同组的用户的读、写和执行权限;系统中其他用户的读、写和执行权限。当用ls -l命令显示文件或目录的详细信息时,最左边一列是文件的访问权限,如:—rw—r——r——。

横线表示空许可,r表示只读,w表示只写,x表示可执行。这里共有10个位置,第一个字符指定了文件的类型(目录也是一个文件),如果该字符是横线,则表示是一个非目录的文件;如果是d,表示是一个目录。后面的9个字符,每3个一组,依次表示文件属主、主用户、其他用户分别对该文件的访问权限。

确定文件的访问权限后,用户就可以利用Linux系统中提供的chmod命令重新设置该文件的不同访问权限,也可以利用chown命令更改某个文件或目录的所有权。如果是一个执行文件,那么文件在执行时,一般该文件只拥有调用该文件的用户具有的权限,但利用setuid/setgid/sticky标志可以改变这种设置。如:

- •#chmod u+s filename　　　为文件filename加上setuid标志。
- •#chmod g+s dirname　　　为目录dirname加上setgid标志。
- •#chmod o+t filename　　　为文件filename加上sticky标志。

其中,setuid标志表示设置使文件在执行阶段具有文件所有者的权限;setgid标志表示任何用户在此目录下创建的文件都具有和该目录所属组相同的组权限,只对目录有效;sticky标志表示一个文件是否可以被某个用户删除,主要取决于该文件所属组的用户是否对该文件具有写权限。如果没有写权限,则这个目录下的所有文件都不能被删除,也不能添加新的文件。如果希望用户能够添加文件但不能删除文件,则可以对文件使用sticky标志,设置该位后,即便用户对目录具有写权限,也不能删除该文件。

2.加密文件系统

与Windows系统的加密文件系统EFS类似,Linux也通过加密文件系统保护用户的数据。Linux系统中可以使用的加密文件系统有:CFS、TCFS、AFS、eCryptFS、ReiserFS等。以eCryptFS加密文件系统为例,介绍Linux加密文件系统的工作原理。

eCryptFS是一种堆栈式文件系统,是利用堆栈的原理开发的一种具有良好可扩展性的文件系统。它根据目标文件系统的特性,在内核中通过把要实现的文件系统功能加载到原有文件系统上实现了"递增"式开发,即在不影响底层具体文件系统功能的同时,将需要实现的新功能交由堆栈式文件系统层来提供,从而有效缩短了系统开发周期。其结构如图6.9所示。

eCryptFS加密文件系统的最底层直接挂接在原有文件系统上,符合POSIX规则的文件系统都可以作为底层文件系统,如EXT2、JFFS2等。而文件的加密/解密操作都是在eCryptFS中完成的,其过程对于用户而言是透明的。

在eCryptFS加密文件系统中,每个文件都有唯一对称加密密钥FEK(File Encryption Key)。该密钥是在文件创建时,利用Linux内核get_random_bytes()函数随机产生的,它的长短取决于加密算法,默认为AES-128。每个用户都有一对公私钥对UEK(User Encryption Key),其中的公钥用来加密FEK,使得FEK以密文的形式保存在Linux内核中,而私钥用来解密已经加密过的FEK。UEK公钥以明文的形式存储在系统中,而私钥则采用TPM或SmartCard保存。

每个用户都有一个特定的认证特征,它是根据用户的UEK产生的,不同用户的认证特征是不同的。同时,用户为每个认证特征生成一个对应的鉴别标识,eCryptFS将认证特征和UEK存入用户空间的密钥链中。eCryptFS加密文件后,FEK密钥将用UEK的私钥加密,加密结果和鉴别标识同时存入加密文件的文件头中。解密时,通过该鉴别标识就能够在密钥链中找到相应的认证特征和UEK。

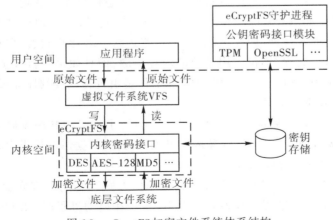

图6.9　eCryptFS加密文件系统体系结构

6.3.3　进程安全

　　Linux 是一个多用户、多任务的操作系统,它对计算机资源(如文件、内存、CPU 等)的分配和管理都是以进程为单位。为了协调多个进程对这些共享资源的访问,Linux 要跟踪所有进程的活动,以及它们对系统资源的使用情况,从而实施对进程和资源的管理。可以说,Linux 的安全与进程是息息相关的。在这里,不能把进程和程序混为一谈,虽然在操作系统中运行的任何程序都可以叫作进程,但程序是静态的,进程是动态的,而且多个进程可以并发地调用一个程序。

　　根据进程的特点和属性,Linux 系统中的进程可以分为 3 类:交互进程,批处理进程和守护进程(即在后台执行的系统服务)。每个进程有 3 种基本状态:运行态(R),就绪态(W)和封锁态(S)(或称挂起态)。3 种基本状态之间的关系如图 6.10 所示。

　　(1)运行态(R)是指当前进程已经分配到 CPU,它的程序正在 CPU 上执行时的状态。处于这个状态的进程数量不能大于 CPU 的数量。

　　(2)就绪态(W)是指进程已经具备运行条件,但因为其他进程正占用 CPU,所以暂时不能运行而等待分配 CPU 的状态。一旦 CPU 分配给它,就可以立即执行。

　　(3)封锁态(S)是指进程因等待某种事件发生而暂时不能运行的状态。在这种状态下,即使 CPU 空闲也无法使用。

图 6.10　进程状态变迁

　　如图 6.10 所示,在一定条件和原因下,进程的状态可以发生变化。一个运行的进程因某种条件未满足而放弃 CPU,进入封锁态;条件得到满足后,即可进入就绪态。在特殊情况下,进程会进入一种“僵死态(Z)”,即进程进入一种死亡状态,但在进程表中仍然保留着。这种“僵尸进程”不仅占用系统的内存资源,而且如果数目太多,将导致系统瘫痪。在 Linux 系统中,挑选进程、分配 CPU 的工作是由进程调度程序完成的。

1.Linux 进程的安全管理

　　(1)手工启动进程。启动一个进程有两种途径:手工启动和调度启动。前者是由用户输入命令,直接启动一个进程;后者是事先进行设置,根据用户要求自动启动。手工启动进程的方式分为:前台启动和后台启动。

　　前台启动进程是手工启动一个进程最常用的方式,如:用户键入命令“ls −l”,此时就已经启动了一个前台进程。在通常情况下,用户在启动进程时,系统中就已经存在了许多运行在后台的、系统启动时就已经自动启动的进程。

　　直接从后台启动的进程比较少,除非是该进程非常耗时,而且用户也不急着要看到处理结果,此时进程就采用后台启动。例如:用户要启动一个需要长时间运行的格式化文本文件的进程,为了不使整个Shell在格式化过程中都处于"瘫痪"状态,即长时间看不到运行结果,从后台启动进程是一种明智的选择。从后台启动进程就是在命令结尾加上一个&号,如:"ls -l &"。

无论新进程是从前台启动还是从后台启动,它们都是由当前Shell进程产生的,即Shell进程创建了新进程,此时我们称Shell是父进程,而新进程为子进程。一个父进程有多个子进程。一般情况下,子进程结束后才能继续父进程。但如果子进程是从后台启动的,不用等待子进程结束就可以继续父进程。

(2)自动执行进程。有时系统需要执行一些比较费时且占用较多资源的维护工作时,总希望这些工作能够在系统比较空闲的时候执行,这时用户就可以事先进行调度安排,指定任务运行的时间或场所,到时候系统会自动完成这些工作。例如:at命令就可以在指定时刻执行指定的命令序列。

(3)资源空闲时执行进程。利用at命令自动执行进程时,需要指定进程的执行时间,但有时这个时间并不是系统空闲的时间,从而导致资源被大量消耗。如果采用batch命令就可以解决这个问题。batch命令是一种低优先级作业运行指令,该命令和at命令的功能几乎相同,唯一的区别在于:at命令是在很精确的时刻执行指定命令;而batch却是在系统负载较低,资源比较空闲的时候执行命令,其决定权在系统,用户干预的权力很小。

(4)周期性执行进程。上述命令都会在某个时刻完成一定的任务,但是它们只能执行一次,一旦任务完成,进程就退出。但在有些情况下,一些进程是需要重复运行的,如:某公司周一自动向员工报告上周公司的活动情况。此时就需要cron命令来完成任务了。

超级用户root可以手工启动cron,而一般用户是没有运行该命令的权限的。cron命令是在系统启动时就由一个Shell脚本自动启动,进入后台。首先cron命令会搜索/var/spool/cron目录,寻找crontab文件。如果找到该文件就将这种文件加载进内存,否则就转入"休眠"状态,释放系统资源。该后台进程占用的资源极少,它每分钟被唤醒一次,查看当前是否有需要运行的命令。命令执行结束后,任何输出都将作为邮件发送给crontab的所有者,或/etc/crontab文件中MAILTO环境变量中指定的用户。需要注意的是crontab文件不可以直接创建或直接修改,需要通过crontab命令安装和删除。

(5)挂起和恢复进程。作业控制允许将进程挂起并可以在需要时恢复进程的运行,被挂起的作业恢复后将从中止处开始继续运行。使用组合键Ctrl+Z即可挂起当前的前台作业。作业挂起后,可以使用jobs命令显示Shell的作业清单,包括具体的作业、作业号以及作业当前所处的状态。

恢复进程执行时有两种选择:用fg命令将挂起的作业放回到前台执行;用bg命令将挂起的作用放到后台运行。在默认的情况下,fg和bg命令对最近挂起的作业进行操作。如果希望恢复前台作业的运行,可以在命令中指定要恢复作业的作业号即可,如:#fg 1。

2.进程资源的安全管理

在Linux系统中,如果某个用户消耗的资源过多,并加上多个用户对系统的使用,极有可能导致整个系统资源耗尽而造成系统崩溃,因此需要阻止用户产生大尺寸的文件,或单个用户调用大量的进程。

为此,Linux系统可以使用ulimit命令限制进程或其子进程创建大型文件,如:ulimit–f后接以千字节为单位指定的最大文件尺寸。尽管ulimit命令能够限制单个文件的大小,但不能限制用户创建多个相同大小的文件,即用户可以同时创建多个最大文件尺寸的文件。在实际使用过程中,用户可以降低自身的限制值,但不能增加限制值。只有root用户才能在/etc/profile文件中增加ulimit选项的设置值。

ulimit命令还可以用来限制单个用户(或父进程)所能调用的最大子进程个数,从而避免某个父进程由于无限制地创建子线程而造成系统崩溃,如:#ulimit–u 4096表示每个父进程可以调用的子进程数量为4096个,默认的情况下是1024个。

除此之外,ulimit命令还能限制数据段的长度,最大内存大小,堆栈大小,CPU时间和虚拟内存大小等。

3.进程文件系统PROC

PROC文件系统是一个虚拟文件系统,通过文件系统的接口实现,用于输出系统的运行状态。它以文件系统的形式,为操作系统和应用程序之间的通信提供一个中介,使应用程序能够安全、方便地获得系统当前运行状态和内核的内部数据信息,并可以修改某些系统的配置信息。同时由于PROC以文件系统的接口实现,因此用户可以像访问普通文件一样对其进行访问。但它只存在于内存之中,并不存在于物理硬盘中,一旦系统重启或电源关闭,该系统中的数据和信息将全部消失。表6.11说明了PROC文件系统中的一些重要文件和目录。

表6.11   PROC文件系统中的一些重要文件和目录

文件或目录	说明
/proc/l	关于进程1的信息目录。每个进程在/proc下有一个名为其进程号的目录
/proc/cpuinfo	处理器信息,如类型、制造商、型号和性能
/proc/devices	内核配置中当前运行的设备驱动列表
/proc/dma	显示当前使用的DMA通道
/proc/filesystems	内核配置的文件系统
/proc/interrupts	显示使用的中断
/proc/ioports	当前使用的I/O端口
/proc/kcore	系统物理内存映射
/proc/kmsg	内核输出的消息,也被送到syslog
/proc/ksyms	内核符号表
/proc/loadavg	系统的平均负载
/proc/meminfo	存储器使用信息,包括物理内存和swap
/proc/modules	当前加载了哪些内核模块
/proc/net	网络协议状态信息
/proc/stat	系统的不同状态
/proc/version	内核版本
/proc/uptime	系统启动的时间长度
/proc/cmdline	命令行参数

6.3.4　日志管理安全

Linux系统的日志子系统记录系统每天发生的各类事情,包括哪些用户曾经或正在使用系统,可以通过日志检查错误发生的原因。一旦系统受到攻击后,日志可以记录攻击者留下的痕迹,通过查看这些痕迹,系统管理员可以发现攻击者攻击的某些手段和特点,为抵御下一次攻击做好准备。

日志的主要功能是审计和监测,存储在/var/log目录中。Linux日志都是以明文的形式存储,既可以搜索和阅读它们,也可以利用脚本扫描这些日志,并基于它们的内容去自动执行某些功能。Linux系统中有4类主要的日志:

(1)连接时间日志:由多个程序执行,把记录写入/var/log/wtmp和/var/log/utmp。Login进程可以更新wtmp和utmp文件,使系统管理员能够跟踪谁在何时登录过系统。

(2)进程统计日志:由系统内核执行,其目的是为系统管理员提供命令使用统计。当一个进程终止时,为该进程在进程统计日志文件pacct或acct中写入一条记录。

(3)错误日志:由syslogd(8)守护进程执行。系统的各种守护进程、用户程序和内核通过syslogd(3)守护程序项文件/var/log/messages报告值得关注的事件。

(4)程序日志:许多程序通过维护日志来反映系统的安全状态。su命令允许用户获得另一个用户的权限,所以它的安全很重要,其日志文件为sulog,同样的还有sudolog文件。

1.基本日志管理机制

wtmp和utmp日志文件是Linux日志子系统的关键,它保存了用户登录进入和退出的记录。前者永久记录了用户登录和退出系统的时间,以及数据交换、关机和重启机器的信息;后者记录了当前登录用户的信息。所有的记录都包含了时间戳,为分析攻击事件提供依据。

(1)who命令。who命令查询utmp文件并报告当前登录的所有用户,它的默认输出包括:用户名,终端类型,登录日期和远程主机。通过该命令,系统管理员可以查看当前系统中存在哪些非法用户,从而进行审计和处理。

如果指明了wtmp文件名,则可以查询所有以前登录的记录,如:who/var/log/wtmp将报告自从wtmp文件创建或删改以来的每次登录。

(2)users命令。users命令用单独一行打印出当前登录的用户,每个显示的用户名对应一个登录会话。如果一个用户有不止一个登录会话,那么它的用户名将显示相同的登录会话数量。

(3)last命令。last命令回溯wtmp文件来显示自从文件第一次创建以来登录过的用户。系统管理员可以周期性地对这些用户的登录情况进行审计和考核,从而发现其中存在的问题,确定非法用户,并进行处理。也可直接指明用户来显示其登录的信息,如:last username来显示username的历史登录信息。

(4)ac命令。ac命令根据当前/var/log/wtmp文件中的登录进入和退出来报告用户连接的时间(单位:小时),如果不使用标志,则报告的是总时长,如:ac(回车)显示total 154,

即连接总时长为154小时。

2.syslog协议

syslog是一种工业标准协议,任何程序都可以通过syslog协议记录事件。syslog可以记录系统事件并写入一个文件或设备中,或给用户发送一个信息;也可以记录本地事件或通过网络记录另一个主机上的时间。

(1)syslog配置文件。通常情况下,syslog信息被写入/var/adm或/var/log目录中的信息文件(messages.*)中。一个典型的syslog记录包括生成记录的进程名称和一个文本信息,还包括一个设备和一个优先级范围。该配置文件指明了syslogd守护进程记录日志的行为,该进程在启动时查询配置文件。

通过使用syslog.conf文件,可以对生成的日志位置及其相关信息进行灵活的配置,满足应用的需要。该文件由不同程序或消息分类的单个条目组成,每个条目占一行,包括选择域和动作域。前者指明消息的类型和优先级,后者指明syslogd守护进程接收到一个与选择标准项匹配的消息时所执行的动作。

syslog.conf行的基本语法为:消息类型.优先级动作域。当指明一个优先级时,syslogd守护进程将记录一个拥有相同或更高优先级的消息。表6.12列出了Linux中的一些主要消息类型,表6.13列出了一些优先级信息。

6.12　syslog消息类型

消息类型	消息来源
kern	内核
user	用户程序
damon	系统守护进程
mail	电子邮件系统
auth	与安全权限有关的命令
lpr	打印机
news	新闻组信息
uucp	uucp程序
cron	记录当前登录的每个用户信息
wtmp	一个用户每次登录进入和退出时间的永久记录
authpriv	授权消息

6.13　syslog常用优先级

优先级	描述
emerg	最高的紧急状态
alert	紧急状态
crit	重要信息
err	临界状态

优先级	描述
warning	警告
notice	出现不寻常的事情
info	一般性消息
debug	调试级消息
none	不记录任何日志消息

不同服务类型有不同的优先级,数值较大的优先级涵盖数值较小的优先级。如果某个选择条件只给出了一个优先级而没有使用任何优先级限定符,对应于这个优先级的消息以及所有更紧急的消息类型都将被包括在内,如:某个选择条件中的优先级是"warning",它实际上包括"warning""err""cirt""alert"和"emerg"。syslog允许用户使用3种限定符修饰优先级:星号(*)、等号(=)和感叹号(!)。

①星号(*)表示把本项服务生成的所有日志消息都发送到操作指定的地点。如:mail.*表示把所有优先级的消息都发送到操作指定的/ver/log/mail文件中。

②等号(=)表示只把本项服务生成的本优先级的日志信息发送到操作指定的地点。如:*.=debug表示只发送调试消息而不发送其他更紧急的消息。

③感叹号(!)表示除本优先级的消息外,把本项服务生成的所有日志消息都发送到操作指定的地点。

(2)syslog的进程。syslogd守护进程是由/etc/rc.d/init.d/syslog脚本在运行级2(即多用户状态。注:Linux系统有7个运行级别)下被调用的,默认情况下不适用任何选项。但有两个选项−r和−h非常有用。

①如果要使用一个日志服务器,必须调用syslogd −r。默认情况下,syslogd不接收来自远程系统的信息。当指定−r选项后,syslogd将会监听从514端口收到的UDP包。

②如果希望日志服务器能够传送日志信息,可以使用−h标志。默认情况下,syslogd将忽略使其从一个远程系统传送日志消息到另一个系统的syslogd。

如果需要重新启动syslogd守护进程(/etc/syslog.conf的修改只有在syslogd守护进程重新启动后才有效),而且只想重新启动syslogd守护进程而不是整个系统,执行以下两条命令之一即可:

①# /etc/rc.d/init.d/syslogdstop; /etc/rc.d/init.d/syslogdstrat

②# /etc/rc.d/init.d/syslogdrestart

3.日志使用的重要原则

为了保证系统安全,防止入侵,系统管理员必须按时和随机地检查各种系统日志,包括:一般信息日志,网络连接日志,文件传输日志和用户登录日志等。在检查日志时,需要特别注意以下情况:

(1)用户在非常规时间登录。

(2)不正常的日志记录,如:日志残缺不全,或诸如wtmp日志文件无故缺少中间的记录文件。

（3）用户登录系统的IP地址和之前的不同。

（4）用户登录失败的日志记录，尤其是那些连续尝试并失败的日志记录。

（5）非法使用或不当使用超级用户权限的su指令。

（6）无故或非法重新启动各项网络服务的记录。

但需要注意的是：日志不是完全可靠的。高明的攻击者在入侵系统后，经常会打扫战场，所以要综合运用以上的系统命令，全面、综合地进行审计和检测。

6.3.5　安全增强技术

传统的Linux系统由于root权限过大而使系统存在巨大安全风险，一旦攻击者入侵了Linux操作系统，并获取了root的权限，整个系统将被暴露在恶意攻击之下。为了解决这个问题，用户可以采用SELinux（Security Enhanced Linux）。SELinux控制root权限，对root账号采用强制访问控制机制，同时限制用户程序和系统服务器完成任务的最低权限。

1.SELinux基本原理

在SELinux中，每个对象（程序、文件、进程等）都拥有一个安全上下文，它依附于每个对象上，上面记载着整个对象所拥有的权限。当一个对象需要执行某个操作时，系统会依据安全上下文所指定的内容来检查相对应的权限，同时还要根据传统DAC来检查权限。如果所有权限都符合，则系统就会执行整个操作，否则该操作将遭到拒绝或操作失败。这些过程不会影响到其他正常运行的对象。

SELinux的一个重要概念是类型强制（Type Enforcement，TE）规则，它是将权限与程序的访问结合在一起，而不是结合用户，即正常运行中的进程（主体）对文件、目录和套接字等（客体）的访问权。它允许SELinux策略编写者基于程序的功能和安全属性，加上用户要完成任务需要的所有访问权制定访问决策。这样将程序限制到功能合适、权限最小化的程度。即使它产生了故障或被攻击破坏，但整个系统的安全并不会受到威胁。如：一个Web服务器的策略阻止修改它显示的文件，那么即使服务器被攻破了，TE策略也能阻止那些文件被修改，从而消除了通过Web服务器的漏洞攻击造成对整个网站的威胁。

SELinux系统启动时，会加载一个称为policy.*的安全策略文件，在这个文件中定义了相关权限。如果用户在该文件中设置了SELinux在开机后不能转回permissive模式，则root用户将无法修改文件中的设置，即root账号在SELinux中已经不具有默认的所有权限，因此，即使root账号被成功入侵，攻击者也只能在他入侵的这个自治域内进行破坏和信息窃取活动，不会将威胁扩散到整个Linux系统。

传统Linux和SELinux的最大区别在于SELinux除了使用传统Linux的DAC访问控制外，在其内核中还使用了MAC访问控制机制。

2.SELinux的安全上下文

（1）SELinux安全上下文的核心元素。SELinux系统中的程序和文件都标记了

SELinux的安全上下文,即SELinux用户、角色、类型和级别等。在执行SELinux时,这些上下文都被用来辅助进行访问控制。执行ls -Z filename命令能够查看文件或目录的SELinux安全上下文,其格式为:SELinux user:role:type:level。

①SELinux用户(user)。SELinux user标识一群被授权的角色或一个特定的多级安全机制(MLS)的范围。每一个Linux用户都通过SELinux机制映射为一个SELinux用户,从而使得Linux用户可以继承SELinux用户的访问权限。这个标识主要用于限制用户可以进入的角色和级别范围。在root用户权限下,执行semanage login -l命令可以查看SELinux用户和Linux用户的映射关系。

②SELinux角色(role)。角色是基于角色访问控制机制中的一个属性,SELinux用户被赋予角色,而角色则被授权为对应的访问域(Domain)。因此,角色是域和SELinux用户之间的媒介。通过角色决定SELinux用户可以进入哪些域,从而最终决定SELinux用户可以访问哪些对象,这种机制可以降低权限提升的风险。

③SELinux类型(type)。类型是类型强制机制的一个属性,它定义了进程类型和文件类型。SELinux机制明确定义了类型间相互访问、域访问类型或域间相互访问的规则和许可。只有在某条SELinux机制允许的情况下,才允许上述的访问发生。

④SELinux级别(level)。级别是MLS和MCS(多类别安全)机制的一个重要属性。一个MLS范围是一个级别对,采用区间标识,如:(最低级别,最高级别)或(s0,s5)。每个级别都是一个种类敏感的数对,然而种类是可选的。如果存在种类,则可以写为sensitivity:种类,否则,写为sensitivity即可。如果种类是连续的,则在表示时可以简写,如:c0.c2与c0,c1,c2的含义相同。

与级别相关的文件是/etc/selinux/Targeted/setrans.conf,不能用vi,gedit等文本编辑器对其进行直接编辑,但可以使用semanage命令进行修改。

⑤SELinux类型强制(Type Enforcement)。SELinux策略大部分都是一套声明和规则一起定义的类型强制策略,每个进程对每个资源的访问至少要有一条允许的TE访问规则。TE规则基本上属于两类范畴:访问向量(AV)和类型规则。用户使用AV规则允许或审核两个类型之间的访问权,而在某些情况下,用户使用类型规则控制默认的标记。TE规则通过安全上下文与所有资源联合一起对类型起作用。

(2)SELinux的域转换。SELinux的一个最大特点是将进程和用户执行的权限限定在一个域内,因此,即使root用户也不可能具有太大的权限,从而保证安全性。进程从一个域转换到另一个域需要通过执行一个具有新域的"入口点"权限的应用程序来实现。在SELinux机制中,"入口点"许可是控制某些应用程序进入另一个域的机制。下面用一个例子对这个机制进行说明。

一个用户为了修改他的用户密码,应该运行/usr/bin/passwd命令执行标记为passwd_exec_t的类型文件。在实际执行过程中,该命令访问了类型为shadow_t的文件/etc/shadow。SELinux机制的相关规则规定运行在passwd_t域的进程对标记为shadow_t类型的文件具有读和写的权限,并且,shadow_t仅被赋予修改密码相关的文件/etc/gshadow、/etc/shadow以及它们的备份文件。根据这个规则,用户就可以知道passwd_t域具有passwd_exec类型的"入口点"权限,因此,当一个用户执行/usr/bin/

passwd 命令修改密码时,这个用户的 Shell 进程就切换到了 passwd_t 域。运行在 passwd_t 域的进程对 shadow_t 类型的文件具有读和写的权限,因此 passwd 进程可以访问 /etc/shadow 文件,更新相应的密码。

这种机制与传统的 Linux 密码修改机制完全不同。在传统的 Linux 中,passwd 程序是可信的,在修改 /etc/shadow 时,它执行自己内部的安全策略,即允许普通用户修改属于他们自己的密码,同时允许 root 修改所有密码。由于 passwd 程序在执行时被加上了 setuid 位,因此,作为 root 用户许可,它具有移动和重新创建 shadow 文件的能力。然而,实际上在传统 Linux 系统中,所有程序都有可能作为 root 用户许可,这就意味着以 root 身份运行的任何程序都有修改 shadow 文件的权限。SELinux 中的类型强制是确保只有 passwd 程序(或其他类似受信程序)可以访问 shadow 文件,无论运行程序的用户是谁。

(3)SELinux 的进程上下文。用户使用 ps -eZ 命令查看 SELinux 中进程的上下文信息。

(4)SELinux 的用户上下文。使用 id -Z 命令显示与 Linux 用户相关的 SELinux 上下文信息。在 SELinux 中,Linux 用户的运行默认为未限制(Unconfined),即 SELinux 上下文表明 Linux 用户被映射到 unconfined_t 域,他们的 MLS 范围为 s0–s0,即等同于 s0。

3.SELinux 的目标策略

目标策略(Targeted Policy)是从 Strict 示例策略衍生而来的,它们的结构和组织几乎完全一样,但 Strict 示例策略更趋向于最大化使用 SELinux 所有特性,为大部分程序提供强壮的安全保护,而 Targeted 策略的目标是隔离高风险程序。使用 Targeted 策略的好处是一方面可以向 Linux 系统添加大量的安全保护,同时又尽量少地影响现有的用户程序。它主要集中于面向网络的服务,即那些暴露在外任意遭受攻击的组件。如果安装了 Targeted 策略,可以在 /etc/selinux/Targeted/src/policy/ 目录下看到它的源文件。

Targeted 策略和 Strict 示例策略之间的主要差异是使用了无限制的域类型 unconfined_t,并移除了所有其他用户域类型,如 sysadm_t 和 user_t 等,这意味着基本的角色结构也被移除了,所有用户都是以角色 system_r 运行,几乎所有的用户运行的程序都是以 unconfined_t 域类型执行。当然,无限制域和限制域都需要接受可执行和可写的内存检查。在默认情况下,运行在无限制域下的主体不能分配可写和可执行的内存,这个机制降低了系统遭受缓冲溢出攻击的风险。但这些检查可以通过设置布尔变量来关掉,使 SELinux 策略可以在运行时得到修改。

用户可以在 ./domain/Unconfined.te 中找到 unconfined 域定义。在 Targeted 策略中,Strict 示例策略文件 admin.te 和 user.te 不再位于 ./domain 目录下,这些文件为 Strict 示例策略定义了各种各样的用户域,每一个都具有受限的特权。在 Targeted 策略中,所有程序都是以 unconfined_t 域类型运行,除非它们被明确指定了域类型。本质上,unconfined 域可以访问所有 SELinux 类型,使它免除了 SELinux 安全控制。

(1)限制进程。几乎所有的服务进程都在限制下运行,而且大多数以 root 身份运行的系统进程也是受限制的。当进程受限制时,它只能在自己被限制的域内运行。如果一个受限制的进程被攻击并被控制了,根据 SELinux 策略配置,攻击者只能访问这个受限制的域,从而攻击所带来的危害比传统 Linux 小很多。

（2）非限制进程。非限制进程运行在非限制域内，如：init 进程运行在非限制的 initrc_t 域中，kernel 进程运行在非限制的 kernel_t 域中，非限制的用户运行在 unconfined_t 域中。对于非限制进程，SELinux 策略仍然适用。因为有关允许进程运行在非限制域中的规则允许几乎所有的访问，因此，如果一个非限制进程被攻击者控制，SELinux 将不能阻止攻击者获取对系统资源和数据的访问权限。当然此时 DAC 规则仍然适用。为此，在使用 SELinux 时，用户切忌不要随便将进程默认的限制运行状态改为非限制状态，避免给 Linux 系统带来不必要的安全隐患。

（3）限制和非限制用户。限制和非限制用户都需要接受可执行和可写的内存检查，并且受 MCS 和 MLS 机制的约束。如果一个非限制用户执行了一个从 unconfined_t 域向一个允许的域转换的应用程序，非限制用户仍要接受那个转换到的域的限制。这就保证了即使一个用户是非限制的，应用也是受限的，从而降低软件漏洞所引发的风险。

4.SELinux 配置文件和策略目录

（1）SELinux 主配置文件——/etc/selinux/config。SELinux 主配置文件/etc/selinux/config 控制系统下一次启动过程中载入哪些策略，以及系统运行在哪个模式之下。使用 sestatus 命令确定当前 SELinux 的状态。config 文件控制两个配置设置：SELinux 模式和 SELinux 活动策略。

①SELinux 模式。SELinux 模式可以被设置为 enforcing，permissive 或 disabled 等三种，它由 init 使用，在它载入初始策略前配置 SELinux 使用。

1）enforcing 模式。策略被完整执行，这是 SELinux 的主要模式，应该在所有要求增强 Linux 安全的操作系统上使用。

2）permissive 模式。策略规则不被强制执行，只是审核遭受拒绝的消息。除此之外，SELinux 不会影响系统的安全性。这个模式在调试和测试一个策略时非常有用。

3）disabled 模式。SELinux 内核机制完全关闭，只有系统启动时策略载入前系统才会处于 disabled 模式。这个模式和 permissive 模式有所不同，permissive 模式由 SELinux 内核特征操作，但不会拒绝任何访问，只是进行审核；在 disabled 模式下，SELinux 将不会有任何动作。只有在极端情况下才使用这个模式，如：当策略错误阻止用户登录系统时。

在 enforcing，permissive 或 disabled 模式之间切换时要小心，当返回 enforcing 模式时，通常会导致文件标记不一致。

②SELinux 活动策略。SELinux 配置文件中的 SELINUXTYPE 选项告诉 init 在系统启动过程中载入哪个策略。这里设置的字符串必须匹配用来存储二进制策略版本的目录名。例如：用户使用 MLS 策略，用户设置 SELINUXTYPE＝MLS，确保用户想要内核使用的策略在/etc/selinux/config 文件中能够被识别。

（2）SELinux 策略目录。SELinux 系统上安装的每个策略在/etc/selinux/目录下都有自己的目录，子目录的名字就是策略的名字，如 Strict，Targeted，Refpolicy 等。在 SELinux 配置文件中就要使用这些目录名字，告诉内核在启动时载入哪个策略。目录和策略子目录都用 selinux_onfig_t 类型进行标记。

semodule 和 semanage 命令管理策略的许多方面：semodule 命令管理可载入策略模

块的安装、更新和移除,它对可载入策略包起作用,它包括一个可载入策略模块和文件上下文信息;semanage工具管理添加、修改和移除用户、角色、文件上下文、多级安全/多范畴安全转换、端口标记和接口标记。

5.SELinux 的布尔变量

在 SELinux 中,布尔变量通常用来在运行时改变 SELinux 的部分策略,而不需要重新定义和改写策略文件。但这些布尔变量在很大程度上与许多网络服务的访问权限有关,如:对网络文件系统的访问,对 FTP 的访问等。

(1)查看系统的布尔变量。通过列出系统中的布尔变量,可以知道与布尔变量相关的策略开关情况,从而知道相关网络服务的访问权限状态,可以采用 segmanage boolean 或 getsebool 指令。前者可以详细列出策略的布尔变量开关状态和具体描述;后者仅给出布尔变量的开关状态,不给出它们具体表述的信息。

(2)设置布尔变量。使用/usr/sbin/setsebool 命令可以设置布尔变量,改变其开关状态,但这种布尔变量的状态改变只是暂时的,一旦系统重启后,布尔变量恢复初始状态,如果希望永久改变状态,应采用/usr/sbin/setsebool -P 指令。

6.4 Android 操作系统安全

Android 操作系统是建立在 Linux 内核基础之上的,其体系结构如图 6.11 所示。Android 的内核除了提供 Linux 标准版的硬件驱动、网络、文件系统访问控制和进程管理等功能外,还增加了一些新的特征,如:低内存管理机制,唤醒锁机制(集成进了 Linux 内核的唤醒机制中),匿名共享内存(ashmen),闹钟,网络访问控制机制和 Binder 机制等。其中 Binder 机制和网络访问控制机制是 Android 操作系统两个非常重要的新增机制,Binder 机制实现了 IPC(进程间通信)及其相关安全机制,网络访问控制机制(paranoid networking)严格限制了特定权限的应用对网络套接字的访问能力。

在内核层之上,即是原生用户空间层(Native Userspace),包括:init 程序,原生守护进程和硬件抽象层。init 程序和相关的启动脚本都是 Android 重新设计的,与 Linux 系统存在很大的区别。

系统运行支撑层包括:Android 运行环境和程序库。Android 的大部分程序是通过 Java 来实现的,因此运行环境提供了 Java 编程语言核心库的大多数功能,由 ART 虚拟机和 Java 基础类库组成。ART 的运行速度比 Android 5.0 之前版本使用的 Dalvik 虚拟机快,系统运行更加流畅。ART 与 Dalvik 的本质区别在于:ART 采用 AOT(Ahead of Time)技术,该技术在应用程序安装时就转换成机器语言,不在执行时解释,从而优化了应用运行的速度。在内存管理方面,ART 也有比较大的改进,对内存分配和回收都做了算法优化,降低了内存碎片化程度,回收时间也得以缩短。Java 基础类库主要是 java.* 和 javax.* 中定义的包。

　　程序库包含一些 C 或 C＋＋库,这些库能被 Android 系统中的不同应用组件使用,它们通过系统服务层为开发者提供服务,主要包括:基本的 C 库,多媒体库,2D 和 3D 图形引擎,浏览器引擎,数据库引擎,位图和矢量字体等。

　　系统服务层实现了 Android 的大部分基本特性,包括:显示和触摸屏支持、电话和网络连接等。大多数系统服务是用 Java 实现的,而一些基础服务则是以原生代码的形式编写的。除了少数系统服务,大部分系统服务都定义了一个远程接口,可以从其他服务和应用调用。Android 系统服务不会直接暴露给 framework,而是通过 managers 的外部封装类进行访问。通常每个 managers 对应一个系统服务,如:BluetoothManager 就是BluetoothManagerService 的外部封装类。

　　Android 体系架构的最高层就是应用程序层,它们是与用户直接交互的程序,分为:系统应用程序、用户安装的应用程序和 Android 应用组件。

6.4.1　Android 安全模型

　　如图 6.11 所示,Android 由五层结构组成:应用程序层,系统服务层,系统运行支撑层,原生用户空间层和 Linux 内核。Android 的整个安全模型也是基于这五层结构设计的,将安全设计贯穿系统架构的各个层面,覆盖 Linux 内核、虚拟机、系统服务和 Android应用开发、发布、安装和运行等各个方面。

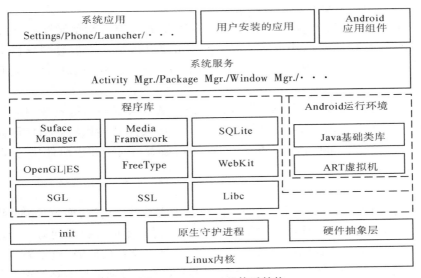

图 6.11　Android 的体系结构

　　Android 平台的基础是 Linux 内核,因此 Android 的安全机制也是建立在 Linux 内核的安全基础之上的,它为 Android 系统提供了 4 个方面的安全支持:基于用户权限的安全模型,进程隔离,提供安全 IPC 的扩展接口,移除内核中没有必要或有安全隐患的部分。Android 系统在继承 Linux 安全机制的同时,也要考虑其移动平台的特殊性,结合应用需求,Android系统主要在以下几个方面提高系统的安全性。

1.应用程序沙盒

传统的Linux中,一个UID可以分配给一个物理用户,也可以分配给一个守护进程,每个守护进程使用专用的UID运行,可以限制某个守护进程被攻击后带来的损失。Android系统主要用于智能设备,而智能设备是私人设备,无须在系统中区分物理用户,因此,将UID用于区分应用程序。

Android继承和扩展了Linux内核安全模型的用户与权限机制。在每个应用程序安装阶段,赋予一个独立的UID,通常称为app ID。应用执行时,就在特定进程内以该UID运行。同时,无论该进程是在原生还是在虚拟机内执行,每个应用都有一个只有它才有读写权限的专用数据目录,由此建立了内核级的应用沙盒。

由于应用程序沙盒是内核级实现,因此该安全机制同样适用于Android系统中的本地代码和系统应用。在Linux内核之上的程序库、虚拟机、系统服务和应用都可以运行在沙盒内。在一些操作系统中内存损坏是严重的安全隐患,但在Android系统中由于应用的隔离,内存的损坏只影响其对应的程序,其他程序不受影响。

2.访问权限

由于Android应用是沙盒隔离的,它们只能访问自己的文件和一些设备上可全局访问的资源,但这将限制Android的应用,为此,Android通过AndroidManifest.xml文件可以赋予应用额外的、细粒度的权限,从而控制硬件设备、网络连接、数据或系统服务的访问,这些访问权限称为permission。

在应用程序安装时,Android检查请求权限列表,决定是否给予授权。一旦授权,权限不可撤销,这些权限对应用一直有效,并且无须再次确认。但有些权限只能授予Android的系统应用,这是因为这些应用是预装的或使用操作系统的同一密钥进行签名的。

Android的权限检查可以在不同层次上执行:请求底层的系统资源,如设备文件,Android检查调用进程的UID,并与资源所有者和访问控制位比较。当访问高层次的Android组件时,可由Android系统执行权限检查,或者由每个相应组件执行权限检查,或两者同时参与。

3.IPC

Android使用内核驱动和用户空间层的组合来实现IPC机制,称为Binder机制。与Linux类似,Android进程的地址空间是独立的,一个进程不能直接访问另一个进程的内存空间,即进程隔离。这种机制给系统带来稳定性和安全性的同时,也阻隔了一个进程为另一个进程提供服务,因此,Android系统需要IPC机制帮助进程能够发现为其提供的服务并与之交互的进程。

与Windows的COM和Linux的CORBA类似,Android系统也采用一个基于抽象接口的分布式组件架构——Binder,但与前者不同的是,Binder机制更加灵活,可靠性更高。它运行在单个设备上,不支持RPC网络远程调用。

尽管一个进程不能访问另一个进程的内存空间,但内核控制着所有的进程,因此内核可以给出一个接口用于 IPC。在 Binder 中,这个接口就是/dev/binder 设备,该设备是由 Binder 内核驱动程序实现的,所有 IPC 调用都是通过它完成的,它是 Binder 框架的核心,如图 6.12 所示。

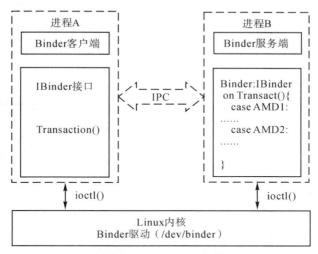

图 6.12 Binder IPC 架构

进程通信是通过 ioctl()调用实现的,它使用 binder_write_read 结构收发数据,该数据结构由一个 write_buffer 和一个 read_buffer 组成,其中 write_buffer 包含驱动所要执行的命令,而 read_buffer 包含用户层需要执行的命令。对于进程而言,Binder 驱动管理的内存块是只读的,其写操作由内核模块来实施。当一个进程向另一个进程发送消息时,内核在目标进程空间里申请一部分空间,接着直接将消息从发送进程复制进去。然后通过短消息,内核将接收消息的位置发送给接收进程。当进程不再需要这个消息时,它通知 Binder 驱动程序释放这一块内存。

每个通过 Binder 框架实现的 IBinder 接口,允许被访问调用的对象称为 Binder 对象,对该对象的调用在 Binder 事务处理(Transaction)内部实现,其中包括一个对目标对象的引用,需执行方法的 ID 和一个数据缓冲区。Binder 驱动会将调用进程的 ID(PID)和有效用户的 ID(EUID)自动添加到事务处理数据中。被调用进程可以检查调用进程的 PID 和 EUID,然后基于它内部逻辑或调用进程的系统级元数据,如调用进程的权限,来决定是否执行所请求的调用。

由于 PID 和 EUID 均是由内核填写的,所以调用进程不能通过伪造身份标识来获取超出系统赋予的权限,即 Binder 可以防止提权现象的发生。这是 Android 系统安全模型的核心之一。

4.SELinux

传统的 Android 安全模型严重依赖于应用的 PID,虽然这是由内核提供的功能,并且每个应用的文件都是私有的,但无法完全禁止应用自身将它的文件改成全局可访问的文件。同理,也无法禁止恶意应用程序利用系统文件或原生套接字过于宽松的访问标志位进行攻击。为此,Android 沿用了 Linux 安全增强技术 SELinux。

6.4.2　访问权限管理

由于 Android 应用程序采用了沙箱隔离技术，默认情况下，应用程序只能访问它自己的文件和非常有限的系统服务。为了与系统或其他应用程序交互，Android 应用程序可以在安装时赋予一些额外的权限，并且之后不能改变。使用 pm list permissions 命令通过查询包管理器服务，获取当前系统已知的权限列表，在命令后添加-f 参数，可以显示权限的额外信息，包括：定义的包名，标签，描述和保护级别。

权限的名称通常以定义的包名作为前缀，再接上 .permission 字符串。由于内置权限都是在 android 包内定义的，因此它们的名称都是以 android.permission 打头。应用程序通过在 AndroidManifest.xml 文件中添加一个或多个＜uses-permission＞标签来申请权限，而使用＜permission＞标签来定义新的权限。

1.权限的保护级别

一个权限的保护级别预示着权限中暗含的潜在风险，以及赋予权限时系统应遵循的校验流程。Android 中定义了 4 个保护级别：

（1）normal 级。normal 级是 Android 系统默认的安全级别，它定义了访问系统或其他应用程序的低风险权限。该级别的权限无须用户确认，由系统自动授权。

（2）dangerous 级。dangerous 级的权限可以访问用户数据或在某种形式上的控制设备，如：READ_SMS 权限允许应用读取手机短信，CAMERA 权限允许应用控制摄像头。由于应用程序是在安装时赋予权限，因此应用程序安装时，在赋予 dangerous 级的权限前，会弹出一个确认对话框，显示所请求的权限信息。如果用户同意安装应用，则会赋予应用程序所请求的 dangerous 级权限，否则取消安装。

（3）signature 级。signature 级的权限只会赋予那些与声明权限使用相同签名密钥的应用程序。它是最严格的权限级别，需要持有加密密钥，而这一般是由应用或平台的所有者控制着，因此使用 signature 级的权限，通常被用于执行设备管理任务的系统应用，如：NET_ADMIN 权限用于配置管理接口和 IPSec 等，ACCESS_ALL_EXTERNAL_STORAGE 权限用于访问外部存储器。

（4）signatureOrSystem 级。在某种形式上，这个级别的权限是一个折中方案：它们可被赋予系统镜像的部分应用，或与声明权限具有相同签名密钥的应用程序。这个权限允许厂商在无须共享签名密钥的情况下，即可预装自己的应用来共享一个需要权限的特定功能。在 Android 4.4 版本之后，安装在/system/priv-app/目录下的应用才能被赋予这个级别的权限。

2.权限管理

在 Android 系统中，每个应用程序安装时，系统使用包管理器服务，将权限赋给它们。包管理器维护一个已安装程序包的核心数据库，包括预安装和用户安装的程序包，其中含有安装路径、版本、签名证书、每个包的权限和已定义权限的列表。这个包数据库以 XML 文件的形式存放在/data/system/packages.xml 文件中，并随着每次应用的安装、升级或卸载而进行更新。

在packages.xml文件中,每个应用程序使用包名称进行标识,每个包都使用<package>标签标识,包含UID(userId属性)、签名证书(<cert>标签)和所授权限(<perms>下的子标签内容)。使用android.content.pm.PackageManager类的getPackageInfo()方法,可以查看已安装程序的相关信息,该方法返回一个PackageInfo实例,封装<package>标签下的所有信息。

3.权限的执行

在Android系统中,所有的应用进程与系统服务进程都从Zygote进程孕育(fork)出来时,均分配了UID、GID和补充GID。系统内核和守护进程使用这些标识来决定是否赋予进程有特定系统资源或功能的访问权限。

(1)内核的权限执行。对普通文件、设备和本地套接字的访问控制,Android系统与Linux系统一样。Android系统的区别在于创建网络套接字的进程必须属于inet组,即为Android的paranoid网络访问安全控制机制(Paranoid Network Security),由Android内核实现,其实现的方式如下:

```
#ifdef CONFIG_ANDROID_PARANOID_NETWORK
#include <linux/android_aid.h>
static inline int current_has_network(void)
{
    return in_egroup_p(AID_INET) || capable(CAP_NET_RAW);
}
#else
static inline int current_has_network(void)
{
    return 1;
}
#endif
--snip--
static int inet_create(struct net *net, struct socket *sock, int protocol, int kern)
{
    --snip-
    if (!current_has_network())
        return EACCES;
    --snip--
}
```

那些不属于AID_INET组(GID 3003,名称inet)的进程,不会拥有CAP_NET_RAW权限(允许使用RAW和PACKET套接字的权限),而是收到一个拒绝服务的返回。非Android内核不会定义CONFIG_ANDROID_PARANOID_NETWORK,因此也就不需要特定的组对应创建套接字的操作,返回值为1。为了将应用进程分配给inet组,需要赋予进程INTERNET权限。只有拥有INTERNET权限的进程才可以创建套接字。此外，Android系统赋予AID_NET_RAW组（GID 3004）的进程拥有CAP_NET_RAW权限，AID_NET_ADMIN组（GID 3005）的进程拥有CAP_NET_ADMIN权限。

（2）原生守护进程的权限执行。尽管Binder是Android的IPC机制，但底层的原生守护进程仍然使用Linux域套接字进行进程间的通信。由于Linux域套接字使用文件系统上的节点（node）表示，所以可以使用标准的文件系统权限机制进行权限控制。

大多数套接字的访问权限只允许同组/用户的进程访问，而以不同的UID和GID运行的客户端，是无法进行套接字连接的。系统守护进程的本地套接字由init.rc定义，该文件由init创建。以设备卷管理守护进程（vold）为例，来说明套接字在init.rc文件中是如何定义的。

【例6-1】init.rc文件中vold守护进程的套接字定义

```
service vold /system/bin/vold
    class core
    socket vold stream 0660 root mount
    ioprio be 2
```

vold声明了一个同名的套接字，其访问权限为0660。该套接字属于超级用户root，所属组为mount。vold守护进程需要以root运行，用户挂载/卸载卷设备，而mount的成员进程（如AID_MOUNR，GID 1009）可以通过本地套接字向它们发送指令，而无须以超级用户执行。Android守护进程的本地套接字创建在/dev/socket/目录中。

（3）系统服务的权限执行。通过在应用包的manifest文件中申请所需权限，来对Andorid组件进行访问控制。系统会记录与每个组件相关联的权限，并在允许访问组件之前，检查调用者是否拥有所需权限。由于组件不能在运行过程中改变权限，因此，系统只需要进行静态权限检查即可（静态权限执行是一种声明安全机制）。当使用声明安全机制时，诸如角色和权限等安全属性均被放置在组件的元数据文件（AndroidManifest.xml）中，然后由运行环境或容器来执行权限检查。采用这种方法，可以将安全决策从业务逻辑中隔离出来，但与组件内实现安全检查相比，缺乏灵活性。

Android组件可以动态检查调用进程是否被赋予了某个权限，而调用进程无须在manifest中预先声明。执行动态权限检查需要做很多工作，但可以进行更细粒度的访问控制。由于这种安全策略是由每个组件自身执行的，而不是由运行环境执行，因此动态权限执行是一种命令式安全机制。

4.系统权限

Android内置权限定义在android开头的包中，这些包有时也被称为框架或平台。框架的核心是一组由系统服务共享的类，均被打包成JAR文件，保存在/system/framework/目录下。除了JAR文件外，框架还包含一个单独的APK打包文件framework-res.apk，它主要是将框架资源打包在一起（动画、画板和布局等），不包含实际代码。framework-res.apk包含一个AndroidManifest.xml文件，在该文件中声明了权限组和权限。

权限组用于在系统用户界面显示一组相关联的权限,但每个权限仍然需要单独申请,即应用程序不能将所有权限合在一起申请授权。每个权限都使用protectionLevel属性来声明相应的保护级别,而保护级别可以结合保护标志(protection flags),如system(0x10)和development(0x20),做更进一步的授权约束。其中,system标志要求应用必须是系统镜像的一部分才能授权,即安装在只读的system分区中的应用才能被授权,而development标志表示开发权限,主要是应对Android系统中所授权限在安装时就已固定,不能动态授权和撤销的问题,如:READ_LOGS和WRITE_SETTINGS等。开发权限可以根据需要使用pm grant和pm revoke命令进行授权和撤销。

5.共享用户ID

使用相同密钥签发的Android应用可以使用相同的UID运行,也可以运行在同一个进程内,这种特性称为共享用户ID。该特性被核心服务和系统应用广泛使用,但Android不支持一个已安装的程序,从非共享用户ID状态切换到共享用户ID状态,因此使用共享用户ID来做应用协作,需要一开始就设计好。

共享用户ID可以通过在AndroidManifest.xml文件的根元素中添加shareUserId属性开启。在manifest文件中指定的用户ID必须是Java包的格式(至少包含一个"."号),并且像应用程序包名一样,作为一个标识符,如:android.uid.system。此时,如果指定的共享UID不存在,那么它马上会被创建。但当另一个有相同共享UID的包已经安装,签名证书会与已存在包的签名证书比较,如果它们不匹配,则返回安装失败。

向一个已安装应用的新版本中添加shareUserId属性,会造成它改变自身的UID,从而导致失去对自己文件的访问权限,因此,系统是不允许这么做的,会返回一个错误,从而拒绝更新应用。也就是说,如果计划在应用中使用共享UID,必须一开始就设计好,从第一个发布版本开始就使用该共享UID。

6.自定义权限

自定义权限是第三方应用简单进行声明的权限。权限声明后,它们可以被加载到应用的组件中,由系统进行静态权限执行或应用通过使用Context类的checkPermission()或enforcePermission()方法,动态检查调用者是否已经被授权。和内置权限一样,应用可以定义权限组,将自定义权限加进去。

和系统权限一样,如果权限的保护级别是normal或dangerous,那么自定义权限将在用户点击确认后自动授权。为了能够控制哪个应用被赋予了自定义权限,需要将自定义权限声明为signature保护级别,以确保只有以同一个密钥签名的应用程序可以被赋予该权限。

另外,应用可以使用android.content.pm.PackageManager.addPermission()接口动态添加新的权限,使用removePermission()删除权限。动态添加的权限将被写进应用数据库(/data/system/packages.xml)中,而且必须属于应用定义的权限树。应用只能对自身或共享同一个UID的包在权限树中添加、删除权限。

7.共有和私有组件

AndroidManifest.xml定义的组件既可以是公开的,也可以是私有的。私有的组件只能被所声明的特定应用调用,而公开的组件可以被所有应用调用。由于content provider

组件的目的是与其他应用共享数据,因此在 Android 4.2(API Level 17)之前的版本中,该组件是公开的。API Level 17版本之后,content provider组件默认为私有,但为了兼容之前的版本,面向低版本API的该组件仍然默认是公开的。除此之外,其他所有组件默认都是私有的。如果组件被设置为私有,那么无论调用是否被授权,从外部应用的调用均会被活动管理器所阻挡。

组件可以通过设定 exported 属性使其公开,或私有。如果 exported 属性为 true,则组件公开;如果 exported 属性为 false,则组件私有。

6.4.3　包管理机制

Android应用均是以APK文件格式进行分发和安装的,它同时包含应用程序的代码和资源,以及应用程序的AndroidManifest.xml文件,还可以包含一个代码签名文件。APK文件通常有一个 .apk 后缀,并与 application/vnd.android.package-archive MIME类型相关联,其文件格式是Java JAR的一种扩展格式,也是ZIP文件格式的扩展格式。

1.代码签名

正如前述,Android使用APK代码签名技术,即APK签名证书,控制哪些应用可以被赋予signature保护级别的权限。APK签名证书同样用于应用程序安装过程中的各种检查。

代码签名会存在两个问题:一是不能解决代码签名者(软件发布者)能否被信任的问题;二是被签名的代码是否是安全的。对于前者,软件发布者可以将签名证书附在被签名的代码中,由验证者决定是否信任该签名。对于后者,目前还没有很好的解决方案。

由于Android代码签名机制是基于Java JAR签名机制的,因此,Android代码签名机制和Java JAR签名机制存在紧密的联系。下面我们分别讨论这两种签名机制。

(1)Java 代码签名。Java 代码签名在 JAR 文件层执行,它重用并扩展了 JAR manifest 文件,并向 JAR 压缩包中添加代码签名。JAR manifest 文件 manifest.mf 包含很多条目,每个条目由压缩包中每个文件的文件名和摘要组成。以一个APK文件的JAR manifest 文件的起始部分为例。

【例6-2】manifest.mf 的起始部分

```
Manifest-Version: 1.0
Created-By: 1.0（Android）
Name: res/drawable-xhdpi/ic_launcher.png
SHA1-Digest: K/0rd/1t0qSlgDD/9DY7aCN1BvU=
Name: res/menu/main.xml
SHA1-Digest: KG8WDil9ur0f+F2AxgcSSKDhjn0=
```

Java代码签名通过添加一个代码签名文件 manifest.sf 来实现。该文件包含要被签名的数据和一个数字签名。被签名的数据包含整个manifest文件的摘要,以及 manifest.

mf文件中每一个条目的摘要。数字签名以二进制存放,后缀通常是 .RSA,.DSA 或 .EC 中的一个,具体的后缀名由签名算法决定。

(2)Android代码签名。尽管 Android 代码签名是以 Java JAR 签名机制为基础的,但它们之间除了使用私钥签名和公钥验证,以及 X.509 证书外,其他内容均不相同。

Java 的签名证书是由可信平台 CA 签发的,但很难找到一个 CA 被所有的目标设备所信任。为了解决这个问题,Android 系统中的所有证书都是自签名证书,不是由任何一个 CA 签发的,因此无有效期之说。它既不关心证书的内容和签发者,也不需要任何方式维护发布者的身份。

JAR 文件格式允许每个文件使用不同的证书签名,这对 Java 沙箱和访问控制机制是有意义的。Java 最初是为 applet 所设计,该模型定义了一个代码源,它由签名证书和代码原始的 URL 组成。但在 Android 系统中,所有 APK 条目均需要被相同的一套证书签名。

2.包验证

自 4.2 版本起,包验证作为官方特性加入 Android 系统,并在此之后被移植到 Android 2.3 及之后的版本和 Google Play Store 上。虽然进行包验证的基础设施是内置在操作系统中的,但 Android 在出厂时并没有附带任何内置的验证器。应用最广泛的包验证器是 Google Play Store 客户端中的实现,它由 Google 的应用分析基础设施支持。它的设计目的是保护 Android 设备远离那些潜在的有害应用(如:后门、钓鱼软件和间谍软件等)。

当包验证功能打开时,APK 在安装之前要被验证器扫描,当验证器认为 APK 可能有害时,系统会弹出一个警告框;如果认为应用程序是恶意软件,则直接中断安装进程。尽管包验证在受支持的设备上默认开启,"验证应用"选项的开启或关闭,可以通过系统设置页面进行选择,但由于包验证功能会将应用程序的数据发送给 Google,因此首次使用时需要用户许可。

6.4.4　内存安全

Android 的程序由 Java 语言编写,所以 Android 的内存管理与 Java 的内存管理相似。程序员通过 new 为对象分配内存,所有对象在 java 堆内分配空间,然而对象的释放是由垃圾回收器来完成的。

打开应用程序时,系统会触发自身的进程调度策略,这个过程非常消耗系统资源,特别是在程序频繁向系统申请内存时如果内存剩余不多,则系统会选择关闭打开的程序。

在 Android 系统中,每开一个应用就会打开一个独立的 ART 虚拟机,这样可以避免虚拟机崩溃导致整个系统崩溃,确保了系统的稳定性,但代价就是需要更多内存。系统会给每个虚拟机分配一个固定的内存空间(16MB 或 32MB 不等),这块内存空间会映射到 RAM 上某个区域。然后这个 Android 程序就会运行在这块空间上。Java 将这块空间分成 Stack 栈内存和 Heap 堆内存。stack 里存放对象的引用,heap 里存放实际对象数据。程序在虚拟机中运行时会创建对象,如果未合理管理内存,如:不及时回收无效空间,就会造成内存泄漏,严重的话可能导致使用的内存超过系统分配内存,即内存溢出 OOM

（Out of Memory），从而引起程序卡顿甚至直接退出。

　　Java内存泄漏是指进程中某些对象（垃圾对象）已经没有使用价值了，但是它们却可以直接或间接地引用到gc roots导致无法被GC回收。ART虚拟机具备的GC机制（垃圾回收机制）会在内存占用过多时自动回收，但严重时仍然会造成内存溢出OOM，即当应用程序申请的java heap空间超过ART虚拟机HeapGrowthLimit时，溢出。这并不代表内存不足，只要申请的heap超过ART虚拟机的HeapGrowthLimit时，即使内存充足也会溢出。

　　如果Android系统RAM不足时，系统的Memory Killer会杀死优先级较低的进程，让高优先级进程获取更多内存。

1.内存分配机制

　　Android为每个进程分配内存的时候，采用了弹性的分配方式，也就是刚开始并不会一下子分配很多内存给每个进程，而是给每一个进程分配一个"够用"的量。这个量是根据每一个设备实际的物理内存大小来决定的。随着应用的执行，可能会发现当前的内存不够使用了，这时候Android又会为每个进程分配一些额外的内存，但是这些额外的内存并不是随意分配的，也是有限度的，系统不可能为每一个APP分配无限大小的内存。

　　Android系统内存分配的宗旨是最大限度地让更多的进程在内存中运行，因为这样的话，下一次用户再启动应用，不需要重新创建进程，只需要恢复已有的进程就可以了，缩短了应用的启动时间，提高了用户体验。

2.内存的回收机制

　　Android对内存的使用方式是"最大限度地使用"，这一点继承了Linux的优点。Android在内存中保存尽可能多的数据，即使有些进程不再使用了，但是它的数据还被存储在内存中，所以Android不推荐显式的"退出"应用，这样，当用户下次再启动应用的时候，缩短了应用的启动时间，提高了用户体验。只有当Android系统发现内存不够使用，需要回收内存的时候，Android系统的Memory Killer就会杀死其他进程，来回收足够的内存。但是Android也不是随便杀死一个进程，比如一个正在与用户交互的进程是不会被杀死的。

　　Android系统优先清理那些已经不再使用的进程或优先级较低的进程，以保证最小的副作用，同时Android系统还会进行回收收益的评估。当Android系统开始杀死内存中的进程时，系统会判断每个进程被杀死后带来的回收收益。Android总是倾向于杀死一个能回收更多内存的进程，从而可以杀死更少的进程，来获取更多的内存。杀死的进程越少，对用户体验的影响就越小。

6.4.5　Android的通信安全

　　Android的通信安全是通过SSL/TSL协议来保证的，系统通过实现JSSE（Java Secure Socket Extension）来支持这些安全协议。

1.JSSE介绍

　　JSSE API位于javax.net和javax.net.ssl包中，它主要提供以下特性的类：

（1）SSL 客户端和服务端套接字。

（2）SSLEngine：产生和处理 SSL 流的引擎。

（3）创建套接字的工厂类。

（4）安全套接字的上下文（SSLContext），用户创建安全套接字的工厂类和引擎类。

（5）HTTPS 类和 URL 连接类（HttpsURLConnection）。

与 JCA（Java 加密体系结构）加密服务 Provider 类似，JSSE Provider 实现了 API 中定义的引擎类，它们负责创建连接所需的套接字、密钥和信任管理器，但是 JSSE API 的上层使用者不需要和底层的类进行交互，只需要和相应的引擎类进行交互即可。

（1）安全套接字。JSSE 既支持基于流、阻塞 I/O 的套接字，也支持基于通道、非阻塞 I/O 的 NIO（新 I/O）的套接字。基于流的通信核心类是 javax.net.ssl.SSLSocket，可以通过 SSLSocketFactory 创建，或通过 SSLServerSocket 类的 accept（）方法创建。反之，通过调用适当的 SSLContext 类的工厂方法，可创建 SSLSocketFactory 和 SSLServerSocketFactory 实例。SSL 套接字工厂类封装了创建和配置 SSL 套接字的细节，包括：认证密钥，证书验证策略和启用密码套件等。这些操作都是应用程序使用 SSL 套接字时进行的典型操作，当初始化 SSLContext 的时候进行配置，然后通过共享的 SSLContext 传递给所有 SSL 套接字工厂类。如果 SSLContext 没有被人为配置，则使用系统默认的配置进行操作。

非阻塞 SSL I/O 套接字在 javax.net.ssl.SSLEngine 类中实现，它封装了 SSL 状态机和字节缓冲区上的操作。尽管 SSLSocket 隐藏了大部分复杂的细节，但为了提供更大的灵活性，SSLEngine 为调用程序开放了 I/O 和线程接口。SSLEngine 由 SSLContext 对象创建，并继承它的 SSL 配置。

（2）对等认证。对等认证是 SSL 协议中非常重要的一部分，它依赖于信任锚和认证密钥的可靠性。在 JSSE 中，对等认证的配置是通过 KeyStore、KeyManagerFactory 和 TrustManagerFactory 这三个引擎类来实现的。KeyStore 类主要用来存储加密密钥和证书，也可以用来存储信任锚证书和终端实体密钥的相关证书。KeyManagerFactory 和 TrustManagerFactory 类基于特定的认证算法，创建各自的 KeyManager 和 TrustManager。尽管这些类保证了基于不同认证策略的实现是可能的，但在实际应用中，SSL 认证使用基于 X.509 的 PKI，算法只支持 PKIX。SSLContext 可以通过 KeyManager 和 TrustManager 实例初始化，所有参数都是可选的，系统默认配置为 null。

TrustManager 确定给定的对等认证凭证是否被信任。如果可以信任，则建立连接，否则连接断开。在 PKIX 系统中，这个过程是基于信任锚的证书链的认证过程。它是通过系统的 Java 证书路径 API（CertPath API）来实现的，负责创建和验证证书链。

KeyStore 对象通常是通过一个称为 Trust store 的系统密钥存储库文件初始化的。当要求更细粒度的配置时，也可以用包含更具体的 CertPathAPI 参数的 CerPathTrustManager
Parmeters 实例初始化 TrustManagerFactory 类。当系统的 X509TrustManager 实现无法使用给定的 API 进行配置时，可以从接口直接定义实例。

KeyManager 确定了哪些认证证书发送给远程主机。在 PKIX 中，就是选择一个客户端证书发送到 SSL 服务端。默认的 KeyManagerFactory 类能够创建一个 KeyManager 实例，使用 KeyStore 来搜索客户端证书和相关证书。与 TrustManager 类似，X509KeyManager 和 X509ExtendedKeyManager 是针对 PKIX 的，并基于服务端提供的受信任签发人选择客户证书。如果默认支持 KeyStore 的应用不够灵活，可以通过扩展 X509ExtendedKeyManager 类来实现。

除了支持原始的 SSL 套接字，JSSE 也通过 HttpsURLConnection 类支持 HTTPS。HttpsURLConnection 类连接 Web 服务器时使用默认的 SSLSocketFactory 创建安全套接字。如果需要额外的 SSL 配置，如指定应用私有的信息锚或认证密钥，那么默认的 SSLSocketFactory 可以通过调用 setDefaultSSLSocketFactory 静态方法，被所有 HttpsURLConnection 实例替换，或通过调用 setSSLSocketFactory 方法，对套接字工厂进行配置。

2.JSSE 实现

Android 有两个 JSSE Provider：基于 Java 的 HarmonyJSSE 和 AndroidOpenSSL Provider。它们的实现很大程度上依赖于原生代码，并使用 JNI 和 Java API 连接。HarmonyJSSE 建立在 Java 套接字和 JCA 类的基础上，并实现了 SSL。它提供一些基本的密码学实现，如：随机数生成、Hash 和数字签名。自 Android 4.4 版本之后，AndroidOpenSSL 从 libcore 中分离出来，可以单独编译成库，并且可以包含在应用程序中。单独的 Provider 叫作 Conscrypt，存在于 org.conscrypt 包中，在编进 Android 平台时会改名为 com.android.org.conscrypt。AndroidOpenSSL 不仅用于实现 SSL 套接字，而且覆盖了 Bouncy Castle 支持的大部分功能，它是优先级最高的 Provider（优先级为 1）。因此，对于这两个 Provider，在实际应用中，建议使用 AndroidOpenSSL。它的密码学功能通过 OpenSSL 函数库来实现。这个 Provider 通过 SSLSocketFactory. getDefault( ) 和 SSLServerSocketFactory.getDefault( ) 获取默认的 SSLSocketFactory 和 SSLServerSocketFactory。

这两个 JSSE Provider 都是 Java 核心库（core.jar 和 libjavacore.so）的一部分。AndroidOpenSSL Provider 的原生部分被编译为 libjavacrypto.so。HarmonyJSSE Provider 只支持 SSLv3.0 和 TLSv1.0 版本，而 AndroidOpenSSL 同时支持 TLSv1.1 和 TLSv1.2 版本。尽管 SSL 套接字的实现不同，但这两个 Provider 共享 TrustManager 和 KeyManager 的代码。

6.5　本章小结

操作系统是信息系统的核心，它负责管理计算机软、硬件资源，控制程序运行，实现人机交互，提供各种服务和组织计算机工作流程，直接与计算机硬件交互，并为应用软件和用户提供接口。系统的所有应用软件和功能实现都是建立在操作系统之上的,操作系统的安全直接关系到信息系统的安全。

　　本章首先从操作系统安全的基本概念,面临的安全威胁和硬件安全机制出发,讨论了操作系统的硬件安全防护机制,即存储保护、运行保护和I/O保护等;然后分别就三个典型的操作系统,Windows操作系统、Linux操作系统和Android操作系统分别阐述了它们的安全模型和相关的安全机制,使读者对三类操作系统的安全防护机制的异同有一个全面的了解。

习题

　　1.操作系统面临的安全威胁有哪些? 简要说明。

　　2.为操作系统提供的硬件安全机制有哪些? 简要说明。

　　3.操作系统安全的主要目标是什么? 实现操作系统安全目标需要建立哪些安全措施?

　　4.什么是最小特权管理? 为什么在操作系统中,需要采用最小特权管理?

　　5.Windows操作系统的身份认证方法?

　　6.简述Linux系统的安全机制。

　　7.简述Android和Linux操作系统安全机制之间的异同。

第7章

数据库系统安全

数据库技术从20世纪60年代产生至今,发展非常迅猛而且应用广泛。目前信息系统大多采用数据库存储、管理组织和机构的大量关键数据,而数据是组织和机构最重要的战略和运营资产,同时也是个人最重要的信息资源,其机密性、完整性、可用性和隐私性对整个组织、机构和个人至关重要。作为数据载体的数据库已经成为攻击者攻击的主要目标,其面临的安全威胁和风险越来越大。数据库安全是信息系统安全的重要组成部分,需要通过数据库管理系统的安全机制来实现。本章从数据库的安全问题出发,详细分析数据库的安全策略和安全机制,重点针对数据库的加密机制、数据库审计、数据库的备份与恢复技术进行讲解。

7.1 数据库系统安全概述

数据库系统是指一个实际可运行的数据处理系统,它是一个存储、维护和为应用程序提供数据的软件系统,是存储介质、处理对象和管理系统的集合体。通过数据库系统,用户可以对数据进行新增、截取、更新、删除等操作。数据库系统一般分为两个部分:一部分是数据库,即存储在计算机内的,有组织、可共享的数据集合;另一部分是管理软件,即数据库管理系统(DBMS),它是数据库系统的核心软件,在操作系统的支持下工作,用于统一管理数据的插入、修改和检索,实现高效组织和存储数据,以及高效获取和维护数据。

数据库系统安全虽无公认的权威定义,但在我国公安部的行业标准《计算机信息系统安全等级保护数据库管理系统技术要求(GA/T 389-2002)》中,对数据库系统安全给出了明确的要求,即:数据库安全是保证数据库信息的机密性、完整性、可用性、可控性和隐私性,防止系统软件及其数据遭到破坏、更改和泄漏。

1.数据库系统安全与操作系统的关系

数据库系统最初的数据管理是依靠操作系统的文件管理功能,利用访问控制矩阵,实现对各类文件的授权读写和执行等,同时还依靠操作系统的监控程序进行用户登录和口令鉴别的控制。数据库系统被广泛使用后,虽然原来用于操作系统文件管理的一些保护措施可

以借用到数据库系统的安全保护中,但数据库安全和操作系统安全之间存在以下差异:

(1)数据库保护的对象类型更多,不仅仅是文件。

(2)数据库中数据的生命周期较长,其安全将涉及不同层次,如:文件、数据库记录和记录中的数据项等。

(3)数据库系统保护的对象可能具有复杂的结构,某些对象可能反映同一物理对象,而操作系统保护的是实际资源。

(4)不同的结构层,如数据库的内模式、概念模式和外模式,要求不同的安全防护。

(5)数据库安全涉及数据的定义和数据的物理表示。

从这些差别可以看出,数据库安全是基于操作系统安全之上的,但比操作系统安全的要求更高和更复杂,其对数据管理的程度更细,控制的对象更多。数据库系统的安全性问题包括用户身份认证,事务处理访问检查,授权规则,语义完整性检查,用户登录鉴别,审计追踪,操作系统检查,文件检查,实体保护,数据库并发控制,数据库恢复,统计数据安全与推理控制以及分布式数据库安全等各个方面。

数据库安全实现过程如图7.1所示,其主要工作流程如下:

(1)身份认证和登录机制。用户请求访问时,根据用户给定的标识进行识别,验证其身份。

(2)通过认证机制检查的用户,可以向系统申请事务处理。

(3)由访问控制机制核对用户被授权使用的事务处理权限,权限符合的请求进入队列,等待处理。

(4)事务执行时,必要时调用应用程序库中的程序。

(5)应用程序执行时,访问请求进入DBMS,通过查询数据字典,组织和完成对数据库(DB)的访问。

(6)DBMS完成必要的授权检查,并对并发用户的更新操作提供控制,组织对数据库的数据进行访问,避免破坏数据库的完整性。

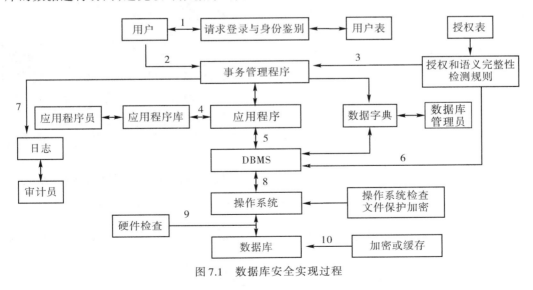

图7.1　数据库安全实现过程

(7)保存数据库每次访问的登录信息,供审计和恢复数据库时使用。

(8)请求 DB 生效后，DBMS 就按照子模式到内模式，再到存储的映射，把访问请求转换成一个 I/O 请求，然后通过操作系统完成。这期间需要进行操作系统的检查，以满足操作系统的安全需求。

(9)对操作系统的功能，以及文件的使用做进一步核查，并提供硬件保护，确保数据的正确传送。

(10)最后，存放在数据缓存中的信息可以通过加密存放或留有副本以作恢复之用。

DBMS 的安全性是依赖于操作系统和硬件设备的安全性。如果操作系统允许用户直接访问数据库文件，那么在 DBMS 中哪怕采取最可靠的安全措施也是没有用的。为保证 DBMS 安全，操作系统应该至少提供以下安全功能：

(1)保护 DBMS，防止用户程序对其修改，尤其是 DBMS 中的访问控制机制。

(2)对内存缓冲区中的数据提供保护，当敏感数据存放在内存缓冲区中时，必须防止非授权用户对其读写。

(3)防止 DBMS 之外的程序对数据库直接进行访问。

(4)保证正确的物理 I/O，确保读取数据库文件的正确。

(5)提供可靠的数据通信信道，通过通信信道传输数据时，应对其提供保护，防止数据泄漏或被篡改。

2.数据库系统的安全威胁

在我们传统观念中，数据库系统不存在完全问题，这是因为在信息系统安全防护体系中，数据库处于核心保护位置，不易被外部攻击，同时数据库自身有强大的安全措施，表面上看足够安全，但这种传统安全防御的思路，存在致命的缺陷。与操作系统一样，数据库也存在着脆弱性，如：有些数据库系统其自身的安全机制不完善，很难达到与信息系统安全等级相一致的安全要求；数据库系统或多或少都存在不同类型的安全漏洞；管理漏洞、数据库应用程序、操作系统等都可能会给数据库系统的安全带来很大的隐患。数据库系统的这些脆弱性使其面临多种安全威胁，主要包括以下几类：

(1)软威胁。

①病毒、蠕虫和木马的安全威胁。由于它们的隐蔽性、传染性、潜伏性、破坏性和寄生性等特点，造成数据的未经授权的访问，甚至是永久地或不可恢复地破坏数据库系统。

②天窗或后门。它是嵌在合法程序内部的一段非法程序代码，能绕过系统安全策略控制而获取对程序或系统的访问权，威胁系统中的数据安全。

③隐蔽通道。它是系统中不受安全策略控制的，违反安全策略的信息泄露路径。它是非正常的数据传送路径，对数据库系统的安全性造成极大的破坏。

④逻辑炸弹。它是在特定逻辑条件满足时，实施破坏的计算机程序，该程序触发后会造成数据库系统的数据丢失，甚至是数据库系统的不可逆破坏。

(2)硬威胁。

①存储介质故障。由于质量、老化或人为的原因，存储介质可能发生损坏，它将导致重要数据的丢失。

②控制器故障。控制器故障将破坏数据的完整性。

③电源故障。由于遭遇不可预料的系统停电或电压不稳，数据可能受到损毁。

④芯片和主板故障。芯片和主板故障可能导致严重的数据损毁。

（3）人为错误。操作人员或系统用户的错误输入，或应用程式的不正确使用，可能导致系统内部的安全机制失效，或数据可能被非法访问，或系统拒绝提供数据服务。

（4）传输威胁。特别是大型信息系统，数据库系统无论是调用指令，还是信息的反馈，都是在网络环境中进行的，因此，可能存在数据在传输过程中被监听，用户的身份被假冒，传输的数据被否认或信息被重放等威胁。

（5）物理环境威胁。由于地震、火灾、水灾等自然或意外的事故造成硬件破坏，从而导致数据丢失和损坏。

3.数据库系统的安全策略

数据库系统的安全策略是指导数据库系统安全的高级准则，即组织、管理、保护和处理敏感信息的原则，包括：安全管理策略，信息流控制策略和访问控制策略。

安全管理策略的目的是定义用户共享数据和控制它的使用，这种功能可由拥有者完成，也可由管理员实现。这两种管理的区别在于，拥有者可以访问所有可能的数据类型，而管理员具有控制数据的能力。

信息流控制策略主要考虑如何控制一个程序去访问数据。不同的数据库根据其安全属性的敏感程度可以分为不同的安全级别。对于数据库系统的信息流控制，安全级别高的可以访问安全级别低的数据，但安全级别低的不能访问安全级别高的数据；当写入时，安全级别高的数据不能写入安全级别低的库中。

访问控制策略是数据库安全策略的重要组成部分。数据库系统的访问控制一般分为集中式控制和分布式控制两类。集中式控制系统只有一个授权者，他控制着整个数据库的安全。分布式控制系统是在一个数据库系统中有多个数据库管理员（DBA），每个管理员控制数据库的不同部分。

（1）最小特权策略。最小特权策略是在让用户可以合法访问或修改数据库的前提下，分配最小的特权，使这些权限恰好可以满足用户的工作需要，其余的权力一律不予分配。这种策略是把权限局限在那些确实需要的用户范围内，可把信息泄露限制在最小范围，同时数据库的完整性也得到了保证。

（2）粒度适当策略。在数据库中，可按要求将数据库中不同的项分成不同的粒度，粒度越小，能够达到的安全级别越高。根据实际的需要决定粒度的大小。

（3）最大共享策略。最大共享策略是让用户最大限度地利用数据库信息，但并不意味着每个用户都可以访问所有信息。只有在满足保密的前提下，实现最大限度的共享。

（4）开放和封闭系统策略。在开放系统中，除了明确禁止的项目外，数据库的其他数据项均允许用户访问；在封闭系统中，只有明确授权的用户才能访问相应的项目。从安全的角度看，封闭系统比开放系统更可靠，但如果需要实现数据共享，就必须预设很多前提。

（5）按访问类型划分的控制策略。它是根据授权用户的访问类型，设定访问方案的策略。这种策略或者允许用户对数据做出任何类型的访问，或者禁止用户访问。如果规定了用户可以访问的数据类型，如读、写、修改、插入、删除等，则可对其访问实行更严格的控制。

（6）与内容相关的访问控制。"内容"是指储存在数据库中的数值。该策略可以通过指定访问规则，最小特权策略可以被扩展为与数据库项内容有关的控制。访问控制是根据此时刻的数据值进行的，它能产生较小的控制粒度。

（7）上下文相关的访问控制策略。该策略是根据上下文内容，严格控制用户访问区域。它包括两个方面：一方面，它限制用户在一次请求或一组相邻的请求中对不同属性的数据进行存取；另一方面规定用户对某些不同属性的数据必须一组存取。这种策略主要是限制用户同时对多个域进行访问。

（8）与历史相关的访问控制。有些数据本身不会泄密，但是当这些数据与其他数据或以前的数据联系在一起时，就可能泄露保密信息。为了防止用户进行这种推理攻击，仅控制当前请求的上下文是不够的，必须实施与历史相关的访问控制，即不仅考虑当前的上下文，也考虑过去请求的上下文，根据过去已经执行过的访问来限制目前的访问。

4.数据库系统的安全机制

数据库安全机制是用于实现数据库各种安全策略的功能集合。数据库系统安全策略是从系统安全性、数据安全性、用户安全性和管理员安全性等方面考虑，而安全机制是安全策略的实施手段，是在整个系统范围内控制数据库的访问和使用的技术。数据库系统常用的安全机制包括以下几种：

（1）身份认证机制。身份认证是系统防止非法用户进入的第一道防线，即识别系统合法授权用户，防止非授权用户访问数据库系统。在开放的多用户系统环境下，对于要求访问数据库系统的用户，系统首先要求用户提供身份标识或鉴别信息进行身份认证，只有通过认证的用户才能进入系统。对于已经登录系统的用户，DBMS根据其身份属性进行访问控制，只允许用户执行授权的操作。目前，数据库系统采用最多的身份认证机制是用户名和口令，但这种认证方式的安全性很差，容易遭受字典攻击，对高安全强度的系统不适用。除此之外，还有一些安全强度高的认证方式正被逐步采用，如：智能卡、生物特征识别、数字证书和电子钥匙等。

（2）访问控制。访问控制是数据库安全最基本、最核心的技术。它是通过某种途径显式地准许或限制用户或进程的访问能力或范围，以防止非法用户的侵入或合法用户的不慎操作所造成的破坏。

数据库系统的访问控制机制主要有两种：DAC和MAC。在DAC中，客体的拥有者全权管理有关该客体的访问授权，有权泄漏、修改该客体的有关信息，可以有效保护用户的资源，防止其他用户非法读取。MAC是一种基于安全级标记的访问控制方法，适合对数据有严格、固定的密级分类的部门，可提供比DAC更强的安全保护，使用户不能通过意外事件和有意识的误操作逃避安全控制。

除了上述两种访问控制机制外，还有基于角色的访问控制，基于任务的访问控制和基于属性的访问控制等机制，其中基于角色的访问控制机制应用比较广泛，该机制避免了直接给用户分配权限，用户通过被赋予的不同角色来行使其访问权限。具体的内容可以参见第5章。

（3）加密机制。一方面，由于数据库在操作系统下都是以文件形式进行管理的，入侵者可以直接利用操作系统的漏洞窃取数据库文件或篡改数据库文件的内容；另一方面，数据库管理员可以任意访问所有数据,往往超出了其职责范围,造成安全隐患。因此,数据库的保密问题不仅包括存储的敏感数据保密问题,还包括数据传输过程中的保密和控制非法访问问题,保密数据即使不幸泄漏或丢失,也不会造成泄密。同时,由于用户可以用自己的密钥加密自己的敏感信息,那么对于不需要了解数据内容的数据库管理员而言,他也是无法进行正常解密的,从而实现了个性化的用户隐私保护。

（4）审计机制。数据库审计是监视和记录用户对数据库所施加的各种操作的机制。通过审计可以把用户对数据库的所有操作自动记录下来放入审计日志中,这样数据库系统可以利用审计跟踪的信息,再现导致数据库现有状况的所有事件,找出非法存取数据的人、时间和内容等,以便追查有关责任。同时,审计也有助于发现系统安全方面的弱点和漏洞。

审计日志对于事后的检查是非常有效的,但粒度过细的审计是非常浪费时间和空间的,因此数据库系统往往将其作为可选特征,允许数据库系统根据应用对安全性的要求,灵活地打开或关闭审计功能。

（5）推理控制与隐通道分析。在数据库系统中,恶意用户可以利用数据之间的相互联系推理出其不能直接访问的数据,或从合法获得的低安全等级信息或数据推导出高安全等级内容,从而造成敏感数据泄漏的一种安全问题,这种推理过程称为推理通道。推理控制就是检测和消除推理通道。推理控制方法分为四种:语义数据模型方法,形式化方法,多实例方法和查询限制方法。

在数据库系统中的隐通道是指一个用户通过违反系统安全策略的方式传输信息给另一个用户的方法。它通过系统原本不用于数据传输的系统资源来传输信息,并且这种通信方式往往不被系统的访问控制机制所检测和控制。隐通道分析就是找出系统中可能存在的隐通道,其本质就是对系统中的非法信息流进行分析。原则上,隐通道可以在系统的任何一个层次进行,但分析的抽象层次越高,越容易在早期发现系统可能引入的安全漏洞。

（6）安全恢复机制。尽管数据库系统能够采取多种安全措施保证并发事件的正确执行,阻止数据库的安全性和完整性被破坏,但信息系统难免由于硬件故障、软件错误、操作人员失误或恶意攻击,造成数据库系统被破坏,这些必将导致数据库中的部分或全部数据的损坏或丢失。因此,数据库系统必须有一种将数据库从错误状态恢复到某一已知的正确状态的机制,把损失降到最低,这个机制就是数据库系统的安全恢复机制。

7.2　数据库加密技术

数据库加密是对存储在数据库中的数据进行不同级别的存储加密,从而保护存储在数据库中的重要数据,这样即使入侵者非法侵入系统或盗取数据库文件,没有解密密钥,也不能得到所需要的数据。

根据数据库本身的特点和实际应用需求,数据库加密必须满足以下要求:

(1)对数据库加密不应影响系统原有的功能,仍然能够保持数据库对数据操作的灵活性和简便性。

(2)加解密的速度必须足够快,特别是对解密的速度要求更高。加解密操作应对系统运行性能的影响足够小,使用户尽量感觉不到加解密所产生的延时。

(3)加密机制在理论上和计算上都具有足够的安全性,即在数据库数据的生命周期内,被加密的数据无法被破解。

(4)加密后的数据库存储量没有明显增加,不能破坏字段长度的限制。

(5)加密后的数据有较强的抗攻击能力,应该能够满足DBMS定义的数据完整性约束,解密时能识别对密文数据的非法篡改。

(6)加解密对数据库的合法用户是透明的,加密后的数据库仍然能够满足用户在不同类别程度上的访问,尽量减少对用户使用的影响。

(7)具有合理的密钥管理机制,保证密钥存储安全,使用方便、可靠。

7.2.1 数据库加密的方法

按照加密部件与DBMS的不同关系,数据库加密方式可以分为库内加密和库外加密。库内加密是在DBMS内核层实现加密,加解密过程对用户与应用透明,即数据进入DBMS之前是明文,DBMS在数据物理存取之前完成加解密过程。库外加密是在DBMS之外实现加解密,DBMS管理的是密文,加解密过程可以在客户端实现,或由专门的加密服务器完成。它们之间的优、缺点对比如表7.1所示。

表7.1 库内加密和库外加密的优、缺点

	库内加密	库外加密
优点	1.加密功能强,加密功能几乎不影响DBMS原有的功能 2.加密方式是完全透明的	1.加解密过程在专门的加密服务器或客户端实现,减少了数据库服务器与DBMS的负担 2.可将加密密钥和所加密的数据分开保存 3.由客户端与服务器配合,可实现端到端的密文传输
缺点	1.对系统的性能影响较大,DBMS除了完成正常的功能外,还需要进行加解密运算 2.密钥管理的安全风险大,加密密钥通常与数据一同保存,其安全性依赖于DBMS中的访问控制机制	数据库的功能受到一定限制

1.库内加密

库内加密是在DBMS内核层实现加密的过程,加解密过程是透明的,数据库完成加解密工作后,才在数据库中进行存取操作。库内加密的工作方式如图7.2所示。

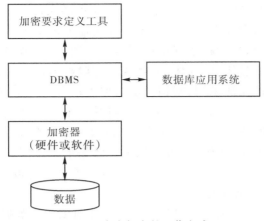

图7.2　库内加密的工作方式

在DBMS内核层实现加密,通常指的是通过修改DBMS内核,在数据库内部创建加解密的命令语句,数据在经过操作系统存取之前完成加解密。这种加密方式对用户来说是透明的,用户不必去了解数据库管理系统是如何完成加解密操作的,用户就像操作正常的SQL命令语句一样,而且集成加密功能是数据库管理系统的功能,实现了加解密功能和数据库管理功能的结合。

但在DBMS内核层实现加解密存在以下问题:

(1)在DBMS内核层实现加密,需要创建一些DBMS内核加解密原语,还有对应的数据库加解密的数据库定义语句,带有加解密实现的数据库操纵语句。

(2)对数据库管理系统的修改是一项浩大的工程,其内部模块之间的分配关系很复杂,修改结构往往会影响系统的稳定性,从而引发无法预知的风险。

(3)应用的加密算法只能局限于DBMS提供的算法,缺乏灵活性。

(4)在DBMS内核层实现加密的数据库系统,其密钥库通常也存放在DBMS系统文件中,密钥的安全和数据库的安全都依托于数据库自身的安全机制。

2.库外加密

库外加密一般在操作系统层或应用程序层进行,其工作方式如图7.3所示。

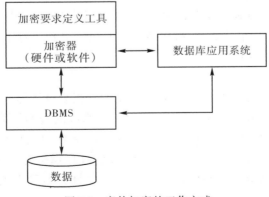

图7.3　库外加密的工作方式

　　从操作系统层看来,数据库是存储在操作系统上的文件,所以在操作系统层,对数据库的加密可以通过对操作系统中的数据库文件加密来实现。操作系统中的数据库文件是不能分割的,所以从操作系统层加密容易实现,可以从根本上防止非法用户通过进程/线程和文件、磁盘体、内存体、客体复用等隐蔽通道访问数据库敏感数据。但是加密后的数据库文件无法识别,密钥无法根据需求合理产生和管理,或者整个数据库文件使用一个密钥,一旦密钥丢失,数据库将受到重大安全威胁。在操作系统层加密还有一个严重问题就是系统效率非常低下,每次数据库查询、插入、删除记录都需要对整个数据库文件加解密,代价大,效率低下。频繁地采用同一或少数密钥对数据库加解密,还会使密钥暴露的可能性大大增大。这种方法不可取,对于大型数据库的应用来说,很少在操作系统层加密。

　　在应用程序层加密一般通过DBMS外层加密工具实现。数据存入数据库之前对数据加密,而在数据取出数据库之前解密,DBMS直接管理的是密文数据。通过加密要求定义工具对数据库中已经建好的数据表定义加密粒度、加密算法等要求。数据库加密工具根据加密定义获取数据与加密参数,然后调用加解密引擎模块自动完成加解密,最后,将加密结果交给DBMS,而解密结果返回给数据库应用系统。

　　采取DBMS外层加解密时,其过程由数据库加密工具完成,DBMS直接管理的是密文或者包含明文和密文的数据表。这样数据库加密工具的加解密模块就可以灵活布置,既可以部署在客户端,也可以部署在服务器上或者服务器局域网的其他主机上。密钥管理灵活方便,密钥和加密数据可以分开保存,增强安全性。

7.2.2　数据库加密粒度

　　数据库系统的数据加密情况比较复杂,根据应用场合的不同,可分别选取以文件、记录、表、字段或数据项作为加密的基本单位。

1.数据库级加密

　　数据库级加密就是将每个数据库文件作为加密系统的输入。数据库内部的系统信息表、用户数据表、建立的索引都被作为数据库文件的一部分,直接被加密。数据库加密方式容易实现,密钥管理也很简单,一个数据库只需要一个密钥。但该方式的缺点是:每次查询都需要将整个数据库的文件解密,包括系统信息表,很多与检索目标无关的数据表都要被解密,查询效率非常低,会造成系统资源极大浪费。对于移动存储设备的机密数据加密比较适合这种方式。

2.表级加密

　　表级加密与数据库级加密类似,它是对选定的数据表进行加密。与数据库级加密相比,采用表级加密粒度,节省了系统的资源,改善了系统的查询性能,因为对于未加密表的查询,系统性能不会受到影响,对于加密表的查询,系统只需要解密对应的加密表,而无须解密整个数据库。但是实行表级加密时,是对存储数据的块(页面)进行加密,DBMS并不支持这个功能,需要修改DBMS内核,这样做风险很大,而且也需要DBMS厂商的支持。

3.记录级加密

记录级加密是把数据表中的一条完整记录作为加密对象,加密后对应输出的是各个字段的密文字符串。数据库中的每条记录包含的信息有一定的封闭性,一般一条记录包含的信息是一个实体的完整记录。与数据库级和表级加密相比,记录集加密的粒度更细,灵活性更高,能获得更好的查询性能。加密时一条记录对应一个密钥,但是解密过程也是需要对整条记录解密,特别是对单个字段的查询,效率低。为了查询字段值,需要将每条记录都解密,工作量较大。

4.字段级加密

字段级加密是以数据表中的字段为对象,每次读取字段所在列的一个属性值加密,因此又称为属性加密或域加密。这种加密方式灵活度比记录级更高,通常这种加密方式也非常适合数据库频繁的查询操作。数据库的查询条件通常都是记录中的某个字段值,在查询过程中,对查询条件的字段值解密以后就可以像明文数据一样检索输出结果。解密过程也不包含非查询条件的字段值,效率高,系统性能影响也很小。但其缺点是字段采用同一密钥加密,而数据库字段中往往存在大量的重复属性值,其加密结果是一样的,从而造成加密强度的减弱,攻击者有可能通过对比明文攻击获取密文信息。

5.数据项级加密

数据项是指数据库中每个字段记录的数据元素,是数据库中的最小粒度。数据项级具有最高的灵活度,也具有最高的安全强度。每个数据项都采用不同的密钥加密,即使记录相同,加密结果也不相同,其安全强度更高,能有效解决字段级加密的问题。由于数据项级加密需要大量的密钥,在密钥的管理使用、定期更新方面是一项很复杂的工程。数据库的安全依赖于密钥的安全保护,如果基于数据项级加密的大量密钥得不到安全的存储,系统安全就会受到威胁。

7.2.3　数据库加密的要求

选择适合于数据库系统的加密方法应该满足以下的要求:

(1)由于数据库中的记录保存时间相对较长,因此加密算法强度要求高。

(2)数据库加密以后,明、密文数据长度相同或者相当,不应明显增加,避免数据库管理系统有较大变动。

(3)对于大型数据库系统而言,数据库最常见的使用方式是随机访问,所以加解密速度要足够快,对数据操作响应时间的影响应在用户可接受的范围内。

(4)加密算法应该能够直接对记录或者字段进行加密。

由于数据库系统目标之一是实现高效的信息检索,因此在加密方法的选择上应在保证安全的前提下,首先考虑加解密的效率。数据库加密的方法主要有:对称加密方法、非对称加密方法、同态加密方法和子密钥加密方法。

尽管非对称加密算法可以用于数据的加解密,但其开销大,效率低,一般将其应用于认证和密钥分配。因此,在实际数据库加密应用中,通常采用对称加密方法,但对称加密方法不利于密文检索。同态加密方法能够对数据的密文进行直接操作,从而有效提高对密文数据库的查询速度。但是该方法对加密算法提出了一定的约束条件,使得满足同态加密算法的应用不具有普遍性。同时,该方法对已知明文攻击存在一定安全隐患。子密钥加密算法的核心思想是根据数据库(特别是关系型数据库)中数据组织的特点,在加密时以记录为单位进行加密操作,而在解密时以字段为单位进行解密操作。系统中存在两种密钥,一种是对记录加密的加密密钥,另一种是对字段进行解密的解密密钥。子密钥加密方法,从一定程度上解决了针对记录加密方法的缺陷。但是,因为系统要保存两种密钥,这就增加了密钥管理的复杂性。

在实际应用中,具体采用哪种加密方式,需要根据安全需求和应用需求来决定。

7.3 数据库审计

因为数据库系统的任何安全机制都不可能完全解决数据库的安全问题,为此,必须将客体(用户或进程)对数据库的操作都记录在审计日志中,一旦出现安全事件,便于事后追查或弥补安全漏洞。按照 TCSEC(橘皮书)标准中安全策略的要求,审计功能是DBMS达到C2级以上安全级别必不可少的一项指标。

7.3.1 审计系统的主要功能

国际信息安全评估通用准则(Common Criteria,CC)阐述的安全审计系统的主要功能包括:安全审计数据产生(Security Audit Data Generation),安全审计自动响应(Security Audit Auto Response),安全审计分析(Security Audit Analysis),安全审计浏览(Security Audit Review),安全审计事件选择(Security Audit Event Selection)和安全审计事件存储(Security Audit Event Storage)。

1.安全审计数据产生
安全审计数据产生是指记录安全功能控制下发生的相关安全事件。它包括审计数据产生和用户相关标识。

(1)审计数据产生。它定义了可审计事件的等级,规定了每条记录包含的数据信息。产生的审计数据包括:对敏感数据项的访问,目标对象的删除,访问权限或能力的授予和撤销,改变主体或客体的安全属性,标识的定义和用户授权认证功能的使用,事件发生的时间、事件类型、主标识和事件结果等。

(2)用户相关标识。它将可审计事件和用户联系起来。数据产生功能能够把每个可审计事件和产生此事件的用户标识关联起来。

2.安全审计自动响应
安全审计自动响应是指当安全审计系统检测出一个安全违规事件(或是潜在的违规)时,采取自动响应的措施。响应包括报警或行动,例如实时报警的生成,违规进程的终止,中断服务,用户账号的失效等,或及时通知管理员系统发生的安全事件。

3.安全审计分析

安全审计分析是指对系统行为和审计数据进行自动分析,发现潜在的或实际发生的安全违规事件。安全审计分析直接关系到能否识别真正的安全违规事件,它包括四个组件:潜在违规分析,基于异常检测的描述,简单攻击试探法,复杂攻击试探法。

(1)潜在违规分析。建立一个固定的,由特征信息构成的规则集合,并对其进行维护,以监视审计出的事件,通过累计或合并已知的可审计事件来显示潜在的安全违规事件。

(2)基于异常检测的描述。每个特征描述代表特定目的组成员使用的某个历史模式。为每个特定目的组成员分配相应的阈值,来表明此用户当前行为是否符合已建立的该用户使用模式。当用户的阈值超过临界条件时,表明即将来临的违规事件。

(3)简单攻击试探法。该功能应能检测出代表重大威胁特征的事件发生。对特征事件的搜索可以在实时或批处理模式下分析实现。该功能能够维护特征事件(系统事件子集)的内部表示,可以表明违规事件。在用于确定系统行为的信息监测中,能够从可识别的系统行为记录中区分出特征事件。当系统事件匹配特征事件表明潜在违规时,应指明此为一个潜在违规事件。

(4)复杂攻击试探法。该功能应能描绘和检测出多步骤的入侵攻击事件,能够对比系统事件(可能是多个个体实现)和事件序列来描绘整个攻击事件。当发现某个特征事件序列时,能够表明发生了潜在的违规。在管理上应当做好对系统事件子集的维护和对系统事件序列集合的维护。在细节上能够维护已知攻击事件的事件序列(系统事件的序列表,表示已经发生了已知的渗透事件)和特征事件(系统事件子集)的内部表示,能够表明发生的潜在违规事件。在用于确定系统行为的信息检测中,能够从可辨认的系统行为记录中区别出特征事件和事件序列。当系统事件匹配特征事件或事件序列表明潜在违规时,应指明此为一个潜在违规事件。

4.安全审计浏览

安全审计浏览是指经过授权的管理人员对审计记录的访问和浏览。数据库安全审计系统需要提供审计浏览的工具,通常审计系统对审计数据的浏览由授权控制,审计记录只能被授权的用户有选择地浏览,包括一般审计浏览、受限审计浏览和可选审计浏览,能够按照逻辑关系查询和排序。

(1)一般审计浏览:提供从审计记录中读取信息的能力。系统为授权用户提供审计记录信息,并且有相应的注释。当个人需要时,授权用户从审计记录中读取审计信息列表,信息将显示成个人能够理解的表达方式。

(2)受限审计浏览:除了经过鉴定的授权用户,其他用户不能读取审计信息。

(3)可选审计浏览:按照一定的标准,通过审计工具来选择审计数据进行浏览。

5.安全审计事件选择

安全审计事件选择是指管理员可以从可审计的事件集合中选择接受审计的事件或不接受审计的事件,一个系统通常不可能记录和分析所有的事件,因为选择过多的事件将无法实时处理和存储,所以安全审计事件选择的功能可以减少系统开销,提高审计的效率。此外,因为应用场合的不同,所以需要为特定场合配置特定的审计事件选择。安全审计系统能够维护、检查、修改审计事件的集合,并能够通过选择性审计组件筛选对哪些安全属性进行审计。例如,从可审计事件集合中按照对象标识、主体标识、主机标识、事件类型等属性选择接受或不接受审计的事件。

6.安全审计事件存储

安全审计事件存储是指对安全审计跟踪记录的建立、维护,并保证其有效性,主要包括:受保护的审计跟踪存储、审计数据有效性的保证和预防审计数据丢失。审计系统需要对审计记录、审计数据进行严格的保护,防止未授权的修改,还需要考虑在极端情况下保护审计数据的有效性。审计系统在审计事件存储方面遇到的问题通常是磁盘用尽,单纯采用覆盖老记录的方式是不够的。审计系统应能在审计存储发生故障时或在审计存储即将用尽时采取相应的动作。

(1)受保护的审计跟踪存储。需要存储好审计跟踪记录,防止未授权删除、修改,或检测出对审计记录的删除、修改。

(2)审计数据有效性的保证。需要保证审计数据的有效性,维护好控制审计存储能力的参数,防止未授权删除、修改,当存储介质异常、失效,或系统受到攻击时,应能保证审计记录的有效性。

(3)预防审计数据丢失。当审计记录数目超过预设值时,为了防止可能出现的审计数据丢失,需要采取一定措施防止可能的存储失效。在审计跟踪记录用尽系统资源时,需要进行选择以预防审计数据的丢失。例如,可采取忽略或禁止可审计事件覆盖旧的审计记录等措施。

7.3.2 安全审计系统的建设目标

CC规定,一个安全审计系统的建设目标如下:

1.有效获取所需数据

获取所需的数据是安全审计的第一步。数据一般来源于以下几种方式:截获网络数据,如基于网络监听的入侵检测和审计系统;来自系统、网络、防火墙、中间件等系统日志;通过嵌入模块,主动收集系统内部事件;通过网络主动访问获取信息;来自应用系统、安全系统的审计。

2.提供事件分析机制

审计系统具备评判异常、违规的能力。理论上,虽然一个没有分析机制的审计系统可以获取和记录所有的信息,但在需要多层次审计的环境中是不能发挥作用的。审计系统的分析机制通常包括实时分析和事后分析。实时分析指提供或获取数据的设备和软件应具备预分析能力,进行第一层的筛选。事后分析指维护审计数据的机构对审计记录进行分析。事后分析通常采用统计分析和数据挖掘两种技术。一般审计系统都应具备实时分析能力,如果条件允许,也应具备事后分析的能力。

3.保证审计功能不能被绕过

审计系统应具有防绕性,所采取的手段包括:通过技术手段(如网络监听和 wrapper

机制等)保证强制审计;通过不同审计数据相互印证,发现绕过审计系统的行为;通过对审计记录一致性检查,发现绕过审计系统的行为;采用相应的管理手段,从多角度保证审计措施的有力贯彻。

4.有效利用审计数据

如果一个审计系统缺乏对审计数据的深度利用,将无法发挥审计系统的作用。通常采用以下的措施有效利用审计数据:根据需求进行二次开发,对审计数据进行深入的再分析,充分利用成熟的分析系统,实现关联分析、异常点分析、宏观决策支持等高层审计功能;对审计系统中安全事件建立相应的处理流程,并加强对事件处理的审计与评估;根据审计数据,对不同的安全部件建立有效的响应与联动措施;针对审计记录,有目的地进行应急处理及预案和演习;建立相应的管理机制,实现技术和管理的有机结合。

5.审计系统的透明性

安全审计不能影响原有系统的正常运转是审计系统构建的关键,要尽量做到最小修改和对系统性能的影响最小,主要分为安全透明型、松散嵌入型和紧密嵌入型三类。安全透明型指原有系统根本觉察不到审计系统的存在;松散嵌入型指基本上不改变原有系统;紧密嵌入型指需要原有系统的平台层和部分应用做出较大改变。

7.3.3　数据库审计系统模型

数据库安全设计是对数据库用户的行为进行监督管理,对数据库的工作过程进行详尽的跟踪,记录用户的活动,记录系统管理,监控和捕捉各种安全事件,维护管理审计记录和审计日志。数据库安全审计系统不仅要收集和记录审计数据,而且还应当对审计数据进行相应的分析和响应。

1.相关术语和形式化定义

(1)审计表达式。审计表达式采用近似SQL查询语句的语法,除了Audit代替Select之外,考虑到distinct短语对聚集的审计结果产生影响,并假定select列表中没有distinct短语。其他部分的语法和SPJ(Select-Project-Join)查询语法基本一致,审计表达式语法格式为:

otherthan <目标,接收对象>

during 起始时间 to 终止时间

audit 审计列表

from 基本表达式(和)视图序列

where 条件表达式

otherthan<目标,接收对象>字句定义信息发布的一致性;during字句表示只审计设定时间段内查询。

(2)查询Q和审计A。

查询Q和审计A形式化地表示如下:

$$Q = \pi_{C_{O_Q}}(\sigma_{P_Q}(T \times R)), A = \pi_{C_{O_A}}(\sigma_{P_A}(T \times S))$$

T,R,S 是关系模式中的表,其中,P_Q 表示查询 Q 中的条件表达式,P_A 表示审计 A 中的条件表达式,C_{O_Q} 表示查询 Q 里 select 中的属性集合,C_{P_Q} 表示 P_Q 包含的属性集合,C_{O_A} 表示审计 A 中的属性集合,C_{P_A} 表示审计 P_A 中的属性集合。

定义 7.1 必不可少的元组(Indispensability-SPJ)

对 SPJ 查询 Q,元组 $t \in T$ 是必不可少的,如果将 t 从查询 Q 中删除,查询 Q 的结果将会发生变化,即

$$\mathrm{ind}(t,Q) \Leftrightarrow \pi_{C_Q}(\sigma_{P_Q}(R)) \neq \pi_{C_Q}(\sigma_{P_Q}(R-\{t\}))$$

定理 元组 $t \in T$ 对 SPJ 查询 Q 是必不可少的元组,如果

$$\mathrm{ind}(t,Q) \Leftrightarrow \sigma_{C_Q}(\{t\}) \times R \neq \varnothing$$

定义 7.2 最大公共元组(Maximal Virtual Tuple)

对查询 Q_1 和 Q_2,如果元组 t 属于 Q_1 和 Q_2 中 from 字句里公共表的交集,那么元组 t 为最大公共元组(MVT)。

定义 7.3 候选查询(Candidate Query)

查询 Q,对审计表达式 A 而言,当且仅当 $C_Q \supseteq C_{O_A}$ 时,Q 为候选查询。

定义 7.4 可疑查询(Suspicious Query)

对审计表达式 A,候选查询 Q 为可疑查询,如果 A 和 Q 有相同的必不可少的 MVT 元组 t,即

$$\mathrm{susp}(Q,A) \Leftrightarrow \exists t \in T$$

当 $\mathrm{susp}(Q,A) \Leftrightarrow \exists t \in T$,则 $\mathrm{ind}(t,Q) \wedge \mathrm{ind}(t,A)$。其中,$T=T_1 \times T_2 \times \cdots \times T_n$ 为 Q 和 A 中公共表的交集。

审计过程中,先找出候选查询($C_Q \supseteq C_{O_A}$)缩小审计查询范围。只有在候选查询包含了表达式所定义的元组($\sigma_{P_A}(\sigma_{P_Q}(T)) \neq \varnothing$)时,候选查询才会成为最终的审计结果——可疑查询。

2. 审计模型

为了支持安全审计,系统需要维护一张关于所有查询的日志表以及包含所有数据的备份数据库。日志主要记录查询完成的时间,查询提交的用户 ID,查询目标和有关应用的信息。审计之前,先对查询日志做静态分析,减少审计查询量。要审计哪些查询访问了审计表达式所指定的信息,必须有选择地对历史进行回访,使用备份日志数据库,重建执行查询时数据库的状态。

备份日志数据库的组织形式分为时间戳组织形式(Time Stamped Organization)和间隔时间戳组织形式(Interval Stamped Organization)两种,而索引方式分为立即更新索引和延迟更新索引两种。实验结果证明,使用时间戳组织形式和延迟更新索引的方式更可取。时间戳组织形式是除了表 T 中所有的列,备份表 T_b 还包含 TS 和 OP 两列,其中 TS 用来存储元组插入 T_b 的时间,OP 是{'insert', 'delete', 'update'}操作。对每个表,使用了三个触发器来创建和更新,插入触发器,响应 T_b 插入元组的操作,置 OP 列相应的值为 'insert';更新触发器,响应 T_b 的更新操作,先插入一条元组,然后置 OP 列相应的值为 'update';删除触发器,响应从 T_b 删除元组的操作,在删除元组之前,先插入一条元组,然后置 OP 列相应

的值为'delete'。所有三种情况,都需要将新元组 TS 列的值设置为操作执行的时间。为了恢复到 t 时刻 T 的状态,需要产生 t 时刻 T 的快照。通过在 T_b 上定义视图 T_b 来实现:

$$T' = \pi_{p \cdot c_1 \cdots c_m}\big(\{|\,t \in T_b \wedge t.TS \leq t \wedge t.OP \neq \,'delete'\, \wedge$$

$$\exists r \in T_b s.t.t.p = r.p \wedge r.TS \leq t \wedge r.TS > t.TS\}\big)$$

对不同的键值, T' 最多只含 T_b 中的一个元组,对 T_b 中有相同键值的一组元组,选中的元组 t 是 τ 时刻或之前创建的,且不是已删除的元组,但其创建时间却迟于 τ 的创建时间。延迟更新策略只在审计时才更新索引,否则 T_b 处于一种无序状态。

7.4　数据库的备份与恢复技术

尽管数据库采取各种措施来防止其数据完整性遭到破坏,但由于数据库的存储介质发生故障、用户的错误操作、服务器的崩溃、计算机病毒以及一些不可预料的因素,轻则造成数据库运行的事务非正常中断,影响数据库的数据正确性,重则破坏数据库,使数据库的部分或全部数据丢失。因此,数据库系统需要备份和恢复机制,及时恢复数据库中重要的数据,尽可能避免数据的损失,使数据库正常运行。备份是将数据保存起来,而恢复是将保存的数据还原到数据库系统中。

7.4.1　数据库备份技术

在数据库系统中,为了保证多用户共享数据库或系统发生故障后数据库中数据的正确性,引入了事务的概念。事务是指数据库系统的逻辑工作单元执行的一系列操作。事务具有的四大特性如下:

(1)原子性(Atomicity):事务必须是原子工作单位,要么完全执行,要么完全不执行。原子性消除了系统处理操作子集的可能性。

(2)一致性(Consistency):事务在完成时,必须使所有的数据都保持一致状态。在相关数据库中,所有规则都必须应用于事务的修改,以保持所有数据的完整性。事务结束时,所有的内部数据结构(如B树索引或双向链表)都必须是正确的。某些维护一致性的责任由应用程序开发人员承担,他们必须确保应用程序已强制所有已知的完整性约束。例如,当开发用于转账的应用程序时,应避免在转账过程中任意移动小数点。

(3)隔离性(Isolation):一个事务的执行不能被其他事务干扰,即使是并发事务所做的修改也必须与任何并发的其他事务所做的修改隔离。

(4)持久性(Durability):事务完成之后,它对于系统的影响是永久性的,即使出现致命的系统故障也将一直保持。例如:修改数据的事务一旦被提交,它对数据库中数据的改变将是永久性的。

数据库备份操作是一项事务,它是应对故障的有效手段。

1.故障类型

数据库发生故障包括以下几类：

(1)事务故障。由于某种原因，事务运行过程中没有运行到正常的终止点，此时系统会强迫发生故障的事务终止运行。夭折的事务可能已经对数据库执行了部分操作，从而破坏了事务的原子性。发生事务故障的原因包括：输入数据有误造成运算溢出(如以0作为除数)，或违反了某些完整性限制发生锁死等。

(2)系统故障。由于某种原因，造成整个系统的正常运行突然停止，致使所有正在运行的事务都以非正常方式终止的任何事件，都称为系统故障，如：CPU故障，操作系统故障，DBMS代码错误，突然停电等。发生系统故障时，由于系统需要重新启动，数据库缓冲区的信息全部丢失，但存储在外部存储设备上的数据未受影响。

发生系统故障后，一些夭折事务的部分执行结果可能已经写入磁盘上的数据库，也有可能对数据库的更新结果还在缓冲区中，未能及时写入磁盘数据库，因此系统故障破坏了数据库的原子性和持久性。

(3)介质故障。介质故障又称为硬故障，是指外部存储设备发生故障，从而造成数据部分或全部丢失。这类故障对数据库的破坏最大，它会破坏磁盘上的物理数据库，导致对数据库的更新结果丢失，并影响正在存储数据的所有事务，因此，介质故障破坏事务的原子性和持久性。

2.备份技术

(1)日志。DBMS维护一个日志文件来记录事务对数据库的更新操作，以帮助事务的恢复。日志文件的内容包括：事务的开始标记，事务的结束标记，事务的所有更新操作。对于数据库操作日志，包括的信息有：事务的标识(标明是哪个事务)，操作的对象，操作前数据的旧值(对插入操作而言，此项为空值)，操作后数据的新值(对删除操作而言，此项为空值)。具体的日志记录如下：

[start_transaction,T]:事务 T 开始执行。

[write,T,A,旧值,新值]:事务 T 已经将数据项 A 的旧值改为了新值。

[commit,T]:事务 T 已成功执行，其结果已被提交给了数据库。

[abort,T]:事务 T 异常终止，已撤销对数据库的修改。

引入日志后，对数据库的修改操作实际上包含两部分：执行修改数据库的操作，将修改操作记录到日志中。这两步需要遵循"日志先写"的原则，即必须先将修改操作记录到日志中，然后执行修改操作。这是因为，如果先修改数据库后写日志，有可能在这两步操作之间发生故障，这样就无法恢复修改操作了。

(2)数据备份。日志可以提供针对事务故障和系统故障的数据恢复，但为了在发生介质故障造成磁盘上数据丢失时也能进行数据恢复，通常还需要采用数据备份技术。

数据库管理员定期将整个数据库复制到一个磁盘或磁带上保存。根据备份时系统状态的不同，备份可以分为静态备份(冷备份)和动态备份(热备份)。

①静态备份是在系统中无运行事务时的备份。这种备份方式简单，并且能够得到一个一致性的副本，但会降低数据库的可用性。

②动态备份是指备份期间允许对数据库进行存取或修改，即备份和用户事务可以并

发进行。动态备份可以克服静态备份的缺点,即它无须等待正在运行的事务结束,也不会影响新事务的运行。但是备份结束时后援副本上的数据不能保证正确有效。

7.4.2 数据库恢复技术

针对故障的不同类型,利用日志和数据库备份将数据库恢复到故障前的某个一致性状态。

1.事务故障的恢复

事务故障导致事务非正常终止,夭折事务的部分执行结果可能已更新到物理数据库中,破坏了事务的原子性。

恢复子系统在不影响其他事务运行的情况下,强行回滚该事务,具体的做法为:利用日志文件撤销(UNDO)此事务已对数据库进行的修改,使得该事务好像根本没有启动一样。通常的做法是逆向扫描日志文件,对于日志记录的事务修改操作,将修改前的值写入数据库。

2.系统故障的恢复

发生数据库故障后,数据库缓冲区的内容都将丢失,所有运行的事务都将非正常终止,这将导致一些尚未完成的事务的部分修改执行结果已经写入了磁盘的数据库,而有些已完成事务对数据库的修改还留在缓冲区中,尚未写入磁盘的数据库中,从而造成数据库处于不正确状态。

恢复子系统必须在系统重新启动后,让所有非正常终止的事务回滚,强行撤销(UNDO)所有未完成的事务,以保持事务的原子性,重做(REDO)所有已提交的事务以保持事务的持久性,从而保证数据库恢复到一致性的状态。重做的过程是正向扫描日志,对于事务的每一个修改记录,将修改后的值写入数据库。

为了提高系统故障恢复的效率,可采用具有检查点(Checkpoint)的系统故障恢复技术。

3.介质故障的恢复

介质故障破坏物理数据库,使得所有已提交的事务的结果不能持久保存,并影响正在存储这些数据的事务,破坏事务的原子性和持久性,是最严重的一种故障。

介质故障的恢复不仅要使用日志,还要借助于数据库备份。对于静态备份,恢复数据库备份后,数据库即处于一致性状态,然后利用日志重做故障前已经完成的事务,就能将数据库恢复到故障时刻相一致的状态。对于动态备份,恢复数据库备份后,数据库并不处于一致性状态,还需要根据日志文件,利用系统故障恢复的方法,撤销备份结束时尚未完成事务对数据库的修改操作,并重做故障前已完成的事务,将数据库恢复到与故障时刻相一致的状态。

7.5 本章小结

数据库安全是信息系统安全的重要组成部分,它不仅包括系统运行安全,而且还包括系统数据安全。本章主要讲解了数据库的加密技术,从数据库加密方式和方法,数据库加密粒度讨论如何通过加密的方式保护存储在数据库中的数据,阻止非法入侵或盗取数据库文件。数据库的审计技术是事后追查或弥补安全漏洞的重要技术手段之一,本章主要从审计系统的主要功能,审计系统的建设目标和审计系统模型等方面,讲解了数据库是如何构建审计系统的。数据库的备份和恢复是避免数据损失,保证数据库正常运行的重要技术手段,本章分别讲解了数据库的备份技术和恢复技术。

习题

1.什么是数据库安全?它包含哪些内容?

2.什么是数据库系统的安全策略?它包括哪几个方面,目的分别是什么?

3.列出数据库系统中常用的安全机制,并对其作用进行简要说明。

4.数据库加密可以通过什么方式实现?可以实现哪些层次的数据加密粒度?

5.分析安全审计在数据库系统中的作用。

6.如何实现数据库备份?需要注意哪些问题?

7.数据库故障有哪些?对事务或数据有什么影响?

8.数据库的恢复技术包含哪些,各有什么特点?

9.数据库安全和操作系统安全有什么关系?简要说明。

第8章

入侵检测

入侵检测是防火墙的合理补偿,帮助信息系统抵御来自网络的攻击,扩展了系统管理员的安全管理能力,即安全审计、监视、攻击识别和响应能力,保障了信息系统基础安全结构的完整性。入侵检测是防火墙之后的第二道安全闸门,用于提供对内部攻击、外部攻击和误操作的实时防范。本章主要讲解入侵检测的基本概念、分类和作用,入侵检测技术的常用方法,以及两种类型的入侵检测系统,即基于网络的入侵检测系统和基于主机的入侵检测系统,最后讲解入侵检测系统的评估方法。

8.1 入侵检测概述

8.1.1 入侵检测的基本概念

入侵是指任何试图破坏或危及信息系统资源的完整性、机密性和可用性的行为。一旦信息系统与网络连接,其被攻击者入侵的危险就可能存在。入侵检测就是对入侵行为的发现,是一种试图通过观察行为、安全日志或审计数据来检测入侵的技术。它通过从网络或系统的若干关键点收集信息,然后对这些信息进行分析,研究入侵行为的过程与特征,从而发现信息系统中是否存在违反安全策略的行为和被攻击的迹象,并做出实时反应。这些反应包括通知系统安全管理员,同时终止入侵进程,关闭系统,断开与网络的连接,使该用户失效或者执行一个准备好的命令等。

入侵检测的内容包括试图闯入,成功闯入,冒充其他用户,违反安全策略,合法用户的泄露,独占以及恶意使用资源等。通用入侵检测模型如图8.1所示。

通用入侵检测模型由以下6个部分组成:

(1)主体:在目标系统上操作的实体,如用

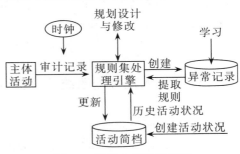

图 8.1 通用入侵检测模型

户、进程等。

（2）对象：系统所管理的资源，如文件、设备等。

（3）审计记录：主体对对象实施操作时所产生的数据，由一个六元组组成＜Subject，Action，Object，Exception－Condition，Resource-Usage，Time-Stamp＞。其中，活动（Action）是主体对对象实施的操作，包括读、写、登录、退出等；异常条件（Exception-Condition）是系统对主体活动的异常报告，如违反系统读写权限；资源使用情况（Resource-Usage）是系统资源的消耗情况，如 CPU、内存使用率等；时间戳（Time-Stamp）是活动发生的时间。

（4）活动简档：用于保存主体正常活动的有关信息，具体实现依赖于检测方法，如统计方法可以从时间、数量、频度、资源消耗等方面度量，利用方差、马尔可夫链等方法实现。

（5）异常记录：记录异常事件发生的情况，由一个三元组组成＜Event，Time-Stamp，Profile＞。其中，Event 代表检测到的异常事件；Time-Stamp 代表异常事件发生的时间；Profile 代表被检测到异常事件的有关活动信息。

（6）规则集处理引擎：结合活动简档，分析收到的审计记录，调整内部规则或统计信息，在判断有入侵时采用的相应措施。

进行入侵检测的软件与硬件组合就是入侵检测系统（IDS），它不同于防火墙、访问控制系统和漏洞扫描系统，其作用和功能如下：

（1）监控、分析用户和系统的活动，查找非法用户和合法用户的越权操作。

（2）审计系统的配置和弱点，提示管理员修补漏洞。

（3）评估关键系统和数据文件的完整性，如：计算和比较文件的校验和。

（4）识别攻击的活动模式并向系统安全管理员报警，能够对检测到的入侵行为进行实时响应。

（5）对异常活动进行统计分析，发现入侵行为的规律。

（6）对操作系统进行审计跟踪管理，识别用户违反安全策略的行为。

一个成功的入侵检测系统能够根据网络威胁、系统构造和安全需求的改变而改变其规模。入侵检测的优点包括：提高信息安全体系中其他部分的完整性，提高系统的监控能力，能够从入口点到出口点跟踪用户的活动，能够识别和汇报文件的变化，能够侦测系统配置错误并纠正，能够识别特殊攻击类型并向系统安全管理员汇报，进行自动防御。但入侵检测也存在缺点，即：它无法弥补差的认证机制；不能弥补网络协议的弱点；不能弥补系统服务质量或完整性的缺陷；如果没有人的干预，不能管理攻击调查；不能指导安全策略的内容；不能分析一个堵塞的网络；不能处理有关 package-level 攻击。

8.1.2 入侵检测系统的分类

1.根据检测的对象分类

根据其检测的对象可以将入侵检测系统分为以下三类：

（1）基于主机的入侵检测系统。通过监测和分析系统、事件和操作系统的安全审计记录检测入侵。当有文件发生变化时,入侵检测系统将记录这些变化并与攻击标记进行比较,如果匹配,则向安全管理员发送报警信号,同时自动采取相应的措施。

基于主机的入侵检测系统适用于交换网环境,不需要额外的硬件。它能够监视特定的目标,能够检测出不通过网络的本地攻击,检测的准确率较高,但高度依赖于安全审计记录,一旦攻击者将审计子系统作为攻击目标,则可以绕开入侵检测系统。其一致性和实时性均较差,不能检测针对网络的攻击,不适合检测基于网络协议的攻击。

(2)基于网络的入侵检测系统。在共享网段上侦听通信数据,通过采集数据来分析可疑的攻击行为。它通常是利用一个运行在混杂模式下的网络适配器监视和分析所有网络通信业务。

基于网络的入侵检测系统不依赖于主机的操作系统,能够实时检测出基于主机的入侵检测系统无法检测到的攻击。这种检测系统无须依赖于系统的审计记录,对主机资源消耗非常少,并可以提供对网络的通用保护而无须理会异构主机的不同架构。而且网络监听器对于攻击者是透明的,因此监听器被网络攻击的可能性大大降低。但是,该检测系统无法对加密信道和基于加密信道的应用层协议进行解密,因此无法实现对入侵行为的跟踪。

(3)混合入侵检测系统。混合入侵检测系统是一种综合了基于主机和基于网络的入侵检测系统特点的混合型入侵检测系统,它既能检测网络的攻击行为,也能通过安全审计记录发现系统中的异常。

混合入侵检测系统能够针对多种对象进行监测,以提高入侵检测系统的性能。它可以在需要监测的主机和网络上部署监听器,分别向管理服务器上报监测到的数据,从而可以提供跨平台的入侵检测方案。

2.根据分析方法分类

根据入侵检测的分析方法不同,可以将入侵检测系统分为以下三类:

(1)异常入侵检测系统。它是通过比较入侵行为、异常活动与正常主体活动的差异,建立“主体活动简档”。当主体活动违反其统计规律时,判断为“入侵”行为。在这种入侵检测系统中,对异常阈值与特征的选择是关键。但这类入侵检测系统的局限是并非所有的入侵都表现为异常,而且主体的活动轨迹难于计算和更新。

(2)特征入侵检测系统。它是根据攻击者的入侵行为特征建立模型,然后将观察的对象与其进行比较,如果符合该模型,则判断为入侵行为。

(3)协议分析入侵检测系统。它是利用网络协议的高度规则性快速判断入侵行为。

3.根据工作方式分类

根据工作方式可以将入侵检测系统分为以下两类:

(1)在线检测系统。在线检测系统也称为实时检测系统,它通过监测和分析实时网络数据包和主机的安全审计记录,甄别攻击事件。其工作过程为:在网络连接过程中,实时入侵检测系统根据用户的历史行为模型,存储在系统中的专家知识,对当前用户的行为进行判断,一旦发现入侵迹象立即断开入侵者与主机的连接,并收集证据和实施数据恢复。这个检测过程是不断循环进行的,但在高速网络中,其检测率难以令人满意。

(2)离线检测系统。离线检测系统又称为非实时检测系统,它通常是在事后分析审计事件,从中检查入侵活动,并做出相应的处理。离线检测虽然不能及时发现入侵攻击,但它可以运用复杂的分析方法发现某些实时方式不能发现的入侵攻击,可以一次性分析大量的事件,系统的成本更低。

在高速网络环境中,由于需要分析的网络流量巨大,直接采用实时检测的方式对数据进行详细的分析是不现实的,通常是将在线检测系统和离线检测系统相结合,用实时方式初步分析数据,对那些能够快速确认的入侵攻击进行报警,而对可疑的行为再用离线的方式进一步检测分析,同时利用分析的结果对入侵检测系统进行更新和补充。

4.根据检测结果分类

根据检测结果可以将入侵检测系统分为以下两类:

(1)二分类入侵检测系统。二分类入侵检测系统只提供是否发生入侵攻击的结论性判断,不能提供更多可读的、有意义的信息,只输出有入侵发生,而不报告具体的入侵类型。

(2)多分类入侵检测系统。多分类入侵检测系统能够分辨出当前系统所遭受的入侵攻击的具体类型,如果认为是非正常的行为,输出的不仅仅是有入侵发生,而且还会报告具体的入侵类型,以便安全管理员快速采取合适的应对措施。

5.根据响应方式分类

根据响应方式可以将入侵检测系统分为以下两类:

(1)主动入侵检测系统。主动入侵检测系统在检测出入侵后,可自动地对目标系统中的漏洞采取修补,强制可疑用户(可能的入侵者)退出系统和关闭服务等对策和相应措施。

(2)被动入侵检测系统。被动入侵检测系统在检测出系统的入侵攻击后,只是将产生的报警信息通知给系统安全管理员,至于之后如何处理由系统安全管理员来完成。

6.根据系统模块的分布方式分类

根据系统模块的分布方式可以将入侵检测系统分为以下两类:

(1)集中式入侵检测系统。系统的各个功能模块包括数据的收集、分析和响应都集中在一台主机上运行,这种方式适合网络环境比较简单的情况。

(2)分布式入侵检测系统。系统的各个功能模块分布在网络中不同的主机、设备上。一般而言,分布性主要体现在数据采集上。如果网络环境比较复杂,数据量比较大,那么数据分析模块也会采用分布式部署,一般是按照层次性的原则进行组织。

8.1.3　入侵检测过程

一般而言,入侵检测过程分为三个阶段,即:入侵信息收集,入侵信息分析和入侵检测响应。

1.入侵信息收集

入侵检测的第一步是收集入侵信息,即从系统、网络中收集数据和用户活动的状态和行为,为此,需要在计算机网络系统中的若干不同关键点(不同网段和不同主机)收集信息。尽可能扩大信息收集的范围,以防从一个源收集到的信息可能看不出疑点,但从几个源收集的信息,如果不一致,则可以作为可疑行为或入侵的最好标识。

入侵检测是否成功在很大程度上依赖于收集信息的可靠性和正确性,因此,需要利用已知的可靠的、精确的软件来报告这些信息。攻击者为了达到入侵的目的,通常会替换某些程序以搞混和移除这些信息,如替换被主程序调用的子程序、库或其他工具。这种替换可能使系统功能失常,但看起来与正常一样,为此,需要保证程序的完整性,特别是入侵检测系统软件自身应具有相当强的坚固性,防止被篡改而使得收集的信息错误。

入侵检测收集的信息一般来源于以下四个方面:

(1)系统和网络日志。检测入侵就是要发现入侵者在系统上做了什么。系统和网络日志为发现不正常和不期望的活动提供依据,因此,充分利用日志文件是检测入侵的必要条件。通常,不正常和不期望的活动包括:重复登录失败,登录到不期望的位置或非授权用户企图访问重要文件等。通过查看日志,可以发现成功的入侵或入侵企图,并快速启动相应的应急响应程序。

(2)目录和文件中的异常改变。目录和文件中异常修改、创建和删除,特别是那些在正常情况下限制访问的目录和文件,很可能就是一种入侵产生的指示和信号。攻击者通常替换、修改和破坏它们从而获得系统上文件的访问权,然后为了隐藏他们的活动痕迹,都会尽可能地去替换系统程序或修改系统日志文件。

(3)程序执行中的异常行为。每个系统上执行的程序都是在不同权限的环境中执行的,而且这种环境同时也控制着进程访问的系统资源、程序和数据文件等。一个进程的行为由其运行时执行的操作来体现,操作执行的方式不同,它利用系统资源的方式就不同。这些操作包括:计算,文件传输,设备运行,以及网络中与其他进程间的通信等。

为了达到入侵的目的,攻击者可能会将程序或服务的运行分解,从而导致其失败,或者以非用户或管理员意图的方式操作。

(4)物理形式的入侵信息。物理入侵包括两个方面的内容:一是对网络硬件进行非授权连接;二是对物理资源进行未授权访问。入侵者会想方设法突破网络周边的防卫,一旦突破这些防卫,就能访问系统内部网络,安装黑客程序和非法设备。

2.入侵信号分析

对收集到的上述信息进行分析,从海量信息中找出表征入侵行为的异常信息,它是入侵检测系统的核心环节。一般采用三种手段进行分析:模式匹配,统计分析和完整性分析。前两种方法用于实时入侵检测,而完整性分析则用于事后分析。

(1)模式匹配。模式匹配就是将收集到的信息与已知的入侵或误用模式数据库进行比较,从而发现违背安全策略的行为。该方法的优点是只需收集相关的数据集合,系统的负担小,且技术相当成熟,检测的准确率和效率都很高。其弱点在于需要不断地升级以应对不断出现的黑客攻击手段,不能检测到从未出现过的黑客攻击手段。

(2)统计分析。统计分析首先给用户、文件、目录和设备等系统对象创建一个统计描述,然后统计正常使用时的访问次数,操作失败次数和延时等测量属性。测量属性的平均值被用来与网络、系统的行为进行比较,任何观察值在正常范围之外时,就认为有入侵行为发生。该方法的优点是可检测未知的入侵和更为复杂的入侵;缺点是误报、漏报率高,且不适应用户正常行为的突然改变。具体的统计方法有:专家系统、模糊推理和神经网络等。

(3)完整性分析。完整性分析主要是关注某个文件或对象是否被修改,通常采用消息摘要的方式识别。该方法的优点是不管模式匹配方法和统计分析方法能否发现入侵,只要是成功的攻击导致文件或对象发生改变,它都能发现;缺点是一般以批处理的方式实现,不用于实时响应。

3.入侵检测响应

当一个攻击企图或事件被检测到以后,入侵检测系统就应该根据攻击或事件的类型或性质,做出相应的处理,即:通知系统安全管理员,系统正在遭受不良行为的入侵(被动响应),或采取一定的措施阻止入侵行为的继续(主动响应):如断开网络连接,增加安全日志,杀死可疑程序,甚至对攻击系统实施反击。

8.2 基于主机的入侵检测系统

基于主机的入侵检测系统的检测目标是主机系统和系统本地用户,它只从单个主机上提取审计信息作为入侵分析的数据源,检测可疑的行为和攻击,同时监视关键文件的完整性是否被破坏,监视各主机端口的活动,甄别入侵行为。

8.2.1 审计数据的获取

审计数据的获取分为直接监测获取和间接监测获取两种方式:

(1)直接监测获取。从数据的产生或从属的对象直接获得数据。例如:为了监测主机CPU的负荷,可以直接从主机相应内核中获得数据。要监测inetd进程提供的网络服务,可以直接从inetd进程获取相关网络访问的数据。

(2)间接监测获取。从反映被监测对象行为的某个源获取数据。例如:监测主机CPU的负荷,也可以间接通过读取一个记录CPU负荷的日志文件获得。同样,监测网络访问服务,可以通过读取inetd进程产生的日志文件或辅助程序获得。间接监测获取还可以通过查看发往主机的特定端口的网络数据包获得。

在入侵检测系统中,直接监测获取数据的方式要比间接监测获取数据的方式要好,这是因为:

(1)间接监测获取的数据可能在入侵检测系统使用前已经被篡改了。

（2）间接数据源记录的数据不是为检测入侵用的，入侵检测需要的一些事件可能没有被数据源记录，而且间接数据源并不能访问被监测对象的内部信息。如：TCP-Wrapper不能检查inetd进程的内部操作，而只是通过外部接口访问inetd进程数据。

（3）间接数据源记录的数据量比较大，入侵检测系统需要从这些数据中筛选出有用的信息，其工作量巨大。而直接监测获取的数据是那些需要的信息，数据量小，因此对资源消耗就小。

（4）由于间接监测获取的数据是从监测对象的某个源中获取的，因此，与直接监测获取的数据相比，存在较大的延时。

8.2.2　审计数据的预处理

系统的审计日志是间接监测的主要数据来源，其信息量非常庞大，并存在杂乱性、重复性和不完整性等问题，如果利用审计数据进行入侵检测，那么需要通过数据集成、数据清理、数据变换、数据简化和数据融合等对系统的审计日志信息进行预处理。

1.数据集成

数据集成是一个数据整合的工程，是将来自不同数据源的结果或附加信息进行合并处理，解决不同结构和不同属性的数据的差异性。该部分内容主要涉及数据选择、语义差异、结构差异、字段间的关联关系，以及数据的冗余重复等问题。在网络入侵检测系统中，可能需要接收来自不同数据源的数据，因此需要为这些不同的数据源提供统一的数据接口，以使高层应用能够汇总来自不同数据源的结果及其附加判断信息。数据集成不是简单合并，而是把数据进行统一化和规范化处理。

2.数据清理

数据清理是去除源数据中的噪声数据和无关数据，处理遗漏数据和清洗脏数据，去除空白数据域，并根据时间顺序和数据的变化等情况，纠正数据中的不一致，主要包括集中重复数据以及缺值数据的处理，并完成一些数据类型的转换。

3.数据变换

数据变换主要是寻找数据的特征表示，用维变换或其他的转化方式来减少有效变量的数目，寻找数据的不变式，包括标准化、离散化和泛化等操作。标准化的目的是避免海量异构数据对训练模型造成的影响。离散化可以有效克服数据中隐藏的缺陷，使模型结果更加稳定。泛化就是将数据的分层结构进行定义，把最底层粒度的数据不断抽象化。

数据变换通过对原始数据的进一步抽象、组织或变换等处理，能够为检测系统提供更有效、更精炼的分析数据，提高检测的效率。

4.数据简化

在获取的原始分析数据中，存在某些对检测入侵没有影响或影响极小的数据属性，这些属性的加入会增大数据分析空间的维数，从而增加检测系统的复杂度，降低检测的效率和时效性。数据简化是在对检测机制或数据本身内容理解的基础上，通过寻找描述入侵或系统正常行为的有效数据特征,缩小分析数据的规模,尽可能保持分析数据原貌的前提下最大限度地精简数据量。最典型的方法是特征选择,即能够有效地减少分析数据的属性,从而降低检测空间的维数。

5.数据融合

在入侵检测系统中,采用多种分析、检测机制,针对系统中不同的安全信息进行分析,并把它们的结果进行融合和决策。

在多传感器数据采集和分布式探测中,数据融合是一种趋势,其研究重点是:通过综合来自多个不同数据源的数据,对有关事件、行为以及状态进行分析和推论。在网络中,我们可以通过配置各种功能的探测器,从不同的角度、不同的位置,获取反映系统状态的信息,如网络数据包、系统日志文件、网管信息、用户行为特征数据、系统消息、已知的攻击知识和系统操作者发出的命令等,将这些信息进行融合利用,从而有效地提高系统的检测率,降低系统的虚警率。

8.2.3　系统配置分析技术

系统的配置分析技术又称为静态分析技术,即只检查系统的静态特性,并不分析系统的活动状况,其目标是检测系统是否已经受到攻击者的入侵损害,或存在可能的入侵危险。静态分析技术通过检查主机的当前配置情况,如系统文件的内容以及相关的数据表等,来判断主机的当前安全状况。配置分析技术的基本原理基于如下观点:

(1)一次成功的入侵行为可能会在系统中留下痕迹,这可以通过检查系统当前的状态来发现。

(2)系统管理员和用户经常会错误地配置系统,从而给攻击者以可乘之机。

因此,配置分析技术既可以在入侵行为发生之前使用,作为一种防范性的安全措施;同样,也可以在潜在的入侵行为发生之后使用,以发现隐藏的入侵痕迹。如:COPS系统(Computer Oracle and Password System),可检查系统的安全漏洞并以邮件或文件的形式报告给用户。

可以将文件完整性检查看成是配置分析技术的一个分支技术,将整个系统状态中特定文件系统的状态信息作为目标分析对象。

8.3　基于网络的入侵检测系统

基于网络的入侵检测系统是在网络的环境下,捕获和过滤网络数据包,并进行协议分析和入侵特征识别,从而检测出网络中的入侵行为。

8.3.1 包捕获机制与BPF模型

1.包过滤机制

包捕获机制是依赖于操作系统的。从广义的角度看,一个包捕获机制包含三个主要部分:最底层是针对特定操作系统的包捕获机制,中间层是包过滤机制,最高层是针对用户程序的接口。

尽管不同的操作系统实现的底层包捕获机制不一样,但形式上大同小异。数据包常规的传输路径依次为:网卡,设备驱动层,数据链路层,网络层,传输层,应用层。而包捕获机制是在数据链路层增加一个旁路处理器,对发送和接收的数据包进行缓冲和过滤等处理,最后直接送到应用程序。在这个过程中,包捕获机制并不影响网络协议栈对数据包的处理,它只是对所捕获的数据包根据用户的要求进行筛选,最终把满足过滤条件的数据包传递给用户程序。

包过滤操作既可以在用户空间执行,也可以在内核空间执行,但必须注意到数据包从内核空间拷贝到用户空间的开销很大,如果能够在内核空间进行过滤,会极大地提高捕获入侵行为的效率。

包过滤机制实际上是针对数据包的布尔值操作函数,如果函数最终返回true,则通过过滤,反之则被丢弃。形式上,包过滤由一个或多个谓词判断的"与(AND)"操作和"或(OR)"操作构成,每一个谓词判断基本上对应了数据包的协议类型或某个特定值。如:Sniffer工具中,过滤的数据包为TCP类型且端口为110或ARP类型。包过滤机制在具体实现上与数据包的协议类型并无多少关系,它只是把数据包简单地看成一个字节数组,而谓词判断会根据具体的协议映射到数组特定位置的值。如:判断ARP类型的数据包,只需要判断数组中第13、14字节是否为0x0806。

不同的操作系统上有不同的包捕获机制和工具:SunOS系统中有NIT接口,在DEC的Ultrix环境下有Ultrix Packet Filter,在SGI的IRIX中有SNOOP。Linux系统为用户提供了一种工作在数据链路层的套接字SOCK-PACKET,这种套接字绕过网络协议栈直接从网卡驱动程序读取数据,从而直接从数据链路层获得原始数据包,如BSD的BPF(BerKeley Packet Filter)。在Windows平台上,数据包捕获工具有Winpcap等。

2.BPF模型

BPF模型是基于BSD系统的包过滤模型,它使用新的基于寄存器的过滤算法,在内核态处理数据包,使其性能和效率得到大幅提高。UNIX平台上多数嗅探工具,如Tcpdump、Sniffit、NFR等,都基于BPF开发,这主要是因为监听程序以用户级别工作,数据包的复制必须扩充内核/用户保护界限,这就需要使用数据包过滤器内核程序。

BPF模型主要由两部分组成:网络包监视(Network Tap)和网络包过滤(Packet Filter)。网络包监视部件是从网络设备驱动程序中收集数据拷贝并转发给过滤器,网络包过滤部件决定某一数据包是被接受或拒绝,如果被接受,数据包的哪些部分会被复制给应用程序。BPF的模型结构如图8.2所示。

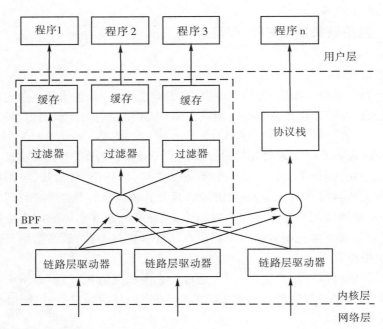

图 8.2　BPF 模型

通常网卡驱动程序接收到一个数据包后，将其提交给系统的网络协议栈。此时，如果有进程用 BPF 进行网络监听，网络驱动程序会先调用 BPF，复制一份数据给 BPF 的过滤器。过滤器则根据用户定义的规则决定是否接收此数据包，然后只将用户需要的数据提交给用户程序。每个 BPF 中都有一个缓冲区，如果过滤器判断接收某个包，BPF 就将其复制到相应的缓冲区中暂存起来，等收集到足够的数据后再一起提交给用户进程，提高效率。

8.3.2　共享和交换网络环境下的数据捕获

共享网络的数据传输是通过广播的方式实现的。在通常情况下，主机上的通信网络程序只能响应与自己硬件地址匹配的或以广播形式发出的数据帧，对于到达网络接口但不是发给此地址的数据帧，网络接口直接丢弃，不做任何响应，即应用程序无法收到与自己无关的数据包。

要想捕获流经网卡的所有数据包，包括不属于自己主机的数据包，就必须绕开系统正常工作的处理机制，直接访问数据链路层。为此，首先需要将网卡的工作模式设置为混杂模式，使其能够接收目标地址不是自己的 MAC 地址的数据包，然后直接访问数据链路层，获取数据并由应用程序进行过滤处理。

在使用交换机的交换网络中，处于侦听状态下的程序或设备只能捕获到它所连接端口上的数据，而无法侦听其他端口和其他网段的数据。因此，实现交换网络的数据捕获需要采用以下特殊的方法。

（1）将数据包捕获程序安装在网络或代理服务器上，从而捕获到整个局域网的数据包。

(2)对交换机实行端口映射,将所有端口的数据包全部映射到某个连接监控设备的端口上。

(3)在交换机和路由器之间连接一个Hub,将数据以广播的方式发送。

(4)采用ARP欺骗,在负责数据包捕获的设备上实现整个网络的数据包转发,这将降低局域网的效率。

8.3.3　入侵检测引擎设计

基于网络的入侵检测引擎必须能够获取和分析网络上传输的数据包,从而甄别出可能的入侵信息。因此,入侵检测引擎首先必须利用数据包截获机制,截获引擎所在网络的数据包;然后,采用一定的技术对数据包进行处理和分析,从而发现数据流中可能存在的入侵事件和行为。入侵检测引擎的分析技术有模式匹配技术和协议分析技术等。

1.模式匹配技术

模式匹配技术是基于攻击特征的网络数据包分析技术,其工作流程如下:

(1)从网络数据包的包头开始和攻击特征进行比较。

(2)如果匹配,则检测到一个可能的攻击,检测结束,上传结果。

(3)如果不匹配,将检测点移动到网络数据包的下一个位置进行比较。

(4)直到检测到攻击或将网络数据包中的所有字节匹配完毕,检测结束,上传结果。

(5)对于每个攻击特征,重复步骤(1)~(4)。

(6)直到每一个攻击特征匹配完毕,则对给定的数据包匹配结束。

常见的模式匹配算法主要有BF算法、KMP算法、BM算法和AC算法等。BF算法是最早的模式匹配算法,它使用按位一一比对的策略,因此效率非常低。KMP算法是一种改进的字符串匹配算法,只有在模式串和主串存在大部分匹配时才有优越性。BM算法是一种单模式的匹配方法,一次只比较一个字符,比较具有针对性,目前应用比较广。AC算法是一种多模式匹配算法,一次可以比较多个模式串,一次比对就可以比较出多个字符串。

基于模式匹配的入侵检测技术,其优点是容易实现,误报率低,扩展性好;缺点是计算负荷量大,检测的准确率低,需要不断更新攻击特征库。

2.协议分析技术

传统的模式匹配技术是把网络数据包看作无序的字节流,而网络通信协议是一个高度格式化的,具有明确含义和取值的数据流。一般情况下,将协议分析和模式匹配方法结合起来,能够获得更好的效率和更精确的结果。

协议分析的功能是辨别数据包的协议类型,以便使用相应的数据分析程序来检测数据包。为此,需要将所有的协议构成一棵协议树,一个特定的协议是该树结构中的一个节点,可以用一棵二叉树表示。一个网络数据包的分析就是一条从根到某个叶子的路径,在程序中动态地维护和配置此树结构即可实现非常灵活的协议分析功能。例如:在HTTP中可以把请求URL列入该树作为一个节点,再将URL中不同的方法作为子节点,从而可以细化被分析的数据,提高检测效率。

树的节点数据结构中应包含以下信息:协议的名称,协议代号,下级协议代号,协议的特征,数据分析函数链表。协议名称是该协议的唯一标志;协议代号是为了提高分析速度的编号;下级协议代号是在协议书中其父节点的编号,如 TCP 的下级协议是 IP;协议的特征是用于判定一个数据包是否为该协议的特征数据,这是协议分析模块判断该数据包的协议类型的主要依据;数据分析函数链表是包含该协议进行检测的所有函数链表,该链表的每一节点包含可配置的数据,如是否启动该检测函数等。

8.3.4 网络入侵特征及识别方法

基于网络的入侵检测系统是根据入侵行为的基本特征来发现数据流中是否存在入侵企图和行为,因此,建立一个准确丰富的入侵行为特征数据库是必需的。以下是一些典型的入侵特征信息及其识别方法:

(1)来自标记 IP 地址的连接企图:可通过检查 IP 包头的源地址来识别。

(2)带有非法 TCP 标志组合的数据包:可通过对比 TCP 报头中的标志集与已知正确的或错误的标记不同点来识别。

(3)查询负载中 DNS 缓冲区溢出企图:通过分析 DNS 域及检查每个域的长度来识别利用 DNS 域的缓冲区溢出企图。还可通过在负载中搜索"壳代码利用(Exploit Shellcode)"的序列代码组合来识别。

(4)含有特殊病毒的 E-mail:通过对比每封 E-mail 的主题信息和病态 E-mail 的主题信息来识别,或通过搜索特定名字的附近区域来识别。

(5)对 POP3 服务器发出上千次同一命令而导致 DoS 攻击:通过跟踪记录某个命令连续发出的次数,如果超过了预先设定的阈值,则判定为入侵行为。

(6)未登录情况下使用文件和目录命令对 FTP 服务器的文件进行访问的企图:通过创建具备状态跟踪的特征模板,监视成功登录的 FTP 会话,甄别未经验证却发命令的入侵企图。

8.4 入侵检测系统的评估

信息系统的安全要求将入侵检测系统与访问控制、安全审计、应急处置和入侵追溯等系统结合在一起,相互协作,互为补充,形成一个整体有效的安全保障系统。为此,需要对入侵检测系统进行评估,分析其抗入侵的能力。

8.4.1 入侵检测系统的性能指标

评价入侵检测系统主要有以下5个指标:

(1)准确性(Accuracy):指入侵检测系统能正确地检测出系统的入侵活动,从各种行为中正确地识别入侵的能力。当一个入侵检测系统的检测不准确时,就有可能把系统中的合法活动当作入侵行为并标识为异常,即虚警现象。

(2)处理性能(Performance):指入侵检测系统处理源数据的速度。当入侵检测系统的处理性能较差时,它就不可能实现实时的入侵检测,并有可能成为整个系统的瓶颈,进而严重影响整个系统的性能。

(3)完备性(Completeness):指入侵检测系统能够检测出所有攻击行为的能力。如果存在一个攻击行为无法被入侵检测系统检测出来,那么该入侵检测系统就不具有检测完备性。也就是说,它把对系统的入侵活动当作正常行为,出现漏报现象。由于在一般情况下,攻击类型、攻击手段的变化很快,我们很难得到关于攻击行为的所有知识,所以关于入侵检测系统的检测完备性的评估相对比较困难。

(4)容错性(Fault Tolerance):入侵检测系统自身必须能够抵御对它的攻击,特别是拒绝服务攻击。由于大多数入侵检测系统运行在极易遭受攻击的系统和硬件平台上,从而使得入侵检测系统的容错性显得特别重要。

(5)及时性(Timeliness):及时性要求入侵检测系统必须尽快地分析数据并将分析结果传递出去,以使系统安全管理员能够在入侵攻击尚未造成更大伤害之前做出反应,阻止攻击者修改审计系统甚至入侵检测系统的企图。

8.4.2 入侵检测系统的测试评估

入侵检测系统通用的检查方法是误用检测和异常检测。误用检测的依据是入侵签名数据库和模式匹配算法。而误用检测失效的原因主要有以下3个方面:

(1)系统活动记录未能为入侵检测系统提供足够的信息用来检测入侵。

(2)入侵签名数据库中没有某种入侵攻击签名。

(3)模式匹配算法不能从系统活动记录中识别出入侵签名。

异常检测以入侵者的行为不同于典型用户的行为为基础,通过构建轮廓模板来描述用户的行为特征,如登录时间、CPU使用、磁盘使用和访问敏感文件等,形成一种可量化的指标。入侵检测系统持续地根据系统或用户行为维护这个指标,当这个指标超过其预先设定的界限时,就认为异常行为发生了,并将其认定为入侵行为。异常检测的缺陷在于用户的行为可能发生改变,如在某些环境下,合法用户可能会频繁改变自己的行为,此时,难以建立这些用户的轮廓模板。异常检测失效的原因主要有以下3个方面:

(1)异常阈值定义不合适。

(2)用户轮廓模板不足以描述用户的行为。

(3)异常检测算法设计错误。

入侵检测系统的评估涉及入侵识别能力、资源使用状况、强力测试反应等主要问题。入侵识别能力是指入侵检测系统区分入侵和正常行为的能力。资源使用情况是指入侵检测系统消耗计算机系统资源的情况,它是入侵检测系统运行所需的条件。强力测试反应是指入侵检测系统在负载加重的情况下,所受到的影响。

1. 功能性测试

功能性测试出来的数据能够反映出入侵检测系统的攻击检测、报告、审计、报警等能力。

(1)攻击识别。以 TCP/IP 为例,识别攻击可以分为以下几种:

①协议包头攻击分析的能力。入侵检测系统是否能够识别与 IP 包头相关的攻击,如 LAND 攻击。其攻击方式是通过构造源地址、目的地址、源端口、目的端口都相同的 IP 包发送,这样导致 IP 协议栈产生 progressive loop 而崩溃。

②重装攻击分析的能力。入侵检测系统能够重装多个 IP 包的分段并从中发现攻击的能力。常见的重装攻击是 Teardrop 和 Ping of Death。Teardrop 通过发送多个分段的 IP 包而使得重装包时,包的数据部分越界,进而引起协议和系统不可用;Ping of Death 是将 ICMP 包以多个分段包发送,而重装包时,数据部分大于 65535 字节,从而超出 TCP/IP 所规定的范围,引起 TCP/IP 协议栈的崩溃。

③数据驱动攻击分析能力。入侵检测系统具有分析 IP 包的具体内容的能力,如 HTTP 的 phf 攻击。phf 是一个 CGI 程序,允许在 Web 服务器上运行。由于 phf 处理复杂服务请求程序的漏洞,使得攻击者可以执行特定的命令,从而可以获取敏感信息,危及 Web 服务器的使用。

(2)抗攻击性。入侵检测系统可以抵御拒绝服务攻击。对于某一时间段内的重复攻击,入侵检测系统能够识别并能抑制不必要的报警。

(3)过滤。入侵检测系统中的过滤器可以方便设置规则,以便根据需要过滤掉不需要的原始数据信息,如:网络上的数据包和审计日志文件等。一般要求入侵检测系统的过滤器具有:修改或调整能力;创建简单字符规则的能力;使用脚本工具创建复杂规则的能力。

(4)报警。报警机制是入侵检测系统的必需功能,一旦发现入侵行为,即刻向系统安全管理员发送报警信号。

(5)日志。入侵检测系统应具有保存日志数据的能力。按照特定需求说明,日志内容可以选取。

(6)报告。入侵检测系统能够产生入侵行为报告,提供查询报告,以及创建和保存报告。

2. 性能测试

性能测试是在各种不同的环境下,检验入侵检测系统的承受能力。其主要的指标有以下几点:

(1)入侵检测系统引擎的吞吐量。入侵检测系统在预先不加载攻击标签的情况下,处理原始检测数据的性能。

(2)包的重装性能。测试目的是评估入侵检测系统的包重装能力。如:通过 Ping of Death 攻击,入侵检测系统的入侵签名库只有单一的 Ping of Death 标签,这时来测试入侵检测系统的响应情况。

(3)过滤的效率。测试的目标是评估入侵检测系统在遭受攻击的情况下过滤器接收、处理和报警的效率。这种测试可以利用 LAND 攻击的基本包头为引导,这种包的特征是源地址等于目的地址。

3.产品可用性测试

评估入侵检测系统用户界面的可用性、完整性和扩充性,能支持多种操作系统,容易使用且稳定。

8.5 本章小结

入侵检测是信息系统的重要安全防护机制,与访问控制、安全审计、应急处置和入侵追溯等技术形成互补。一个好的入侵检测系统能够及时发现甚至预防入侵行为,这不仅可以通过分析安全日志和审计数据来判断入侵行为,而且也可以通过观察用户的行为,研究行为的特征,实时检测入侵企图或行为。入侵行为的检测一般需要通过数据获取、数据预处理和数据分析等来进行。

习题

1.入侵检测的概念以及检测的内容?

2.入侵检测系统应该具有的功能和作用?

3.入侵检测系统的优、缺点是什么? 分析这些优、缺点给信息系统安全设计所带来的影响。

4.根据分析方法分类的入侵检测有哪些? 它们的特点各有哪些不同?

5.如何检测攻击者的入侵行为?

6.分析包捕获的工作原理。

7.分析包捕获机制的作用和局限性。

8.共享网络和交换网络的数据捕获方式有什么不同? 分析说明。

9.利用C++程序分别实现BF算法、KMP算法、BM算法和AC算法。

10.在数据预处理中,数据集成的难点是什么?

11.评估入侵检测系统性能的指标有哪些? 它们的作用?

12.入侵检测系统的测试评估方法是什么?

第 9 章

可信计算

可信计算是从底层解决信息安全的隐患,提高信息系统的安全性,它的主要手段是使用签名技术进行身份认证,使用加密技术进行存储保护,以及使用完整性度量进行完整性保护。本章首先讲解了可信计算的基本概念、特征和应用,尽管从不同的理解角度,不同的组织给出的可信计算的定义不尽相同,但本书主要采用 TCG 相关标准的可信计算定义,后续的相关内容也是以 TCG 相关标准展开讲解;然后从可信计算基和可信计算平台讲解可信计算技术;最后讨论信任链技术。

9.1 可信计算概述

9.1.1 可信计算的概念

可信是指值得信任,一个系统可信是指系统的运行(或输入输出关系)符合预期的结果,没有出现未预期的结果或故障。TCG(Trusted Computing Group)给出了可信的定义"如果一个实体的行为总是以预期的方式达到既定目标,那么它是可信的"。ISO / IEC 15408 标准对可信的定义为:一个组件、操作或过程的可信是指在任意操作条件下是可预测的,并能很好地抵抗应用程序软件、病毒以及一定物理干扰所造成的破坏。"可信"强调行为的可预测性,能抵抗各种破坏,达到预期的目标。

针对信息系统而言,"可信计算"的概念可以从以下几个方面来理解:

(1)用户的身份认证:使用者有合法的身份,可以使用该系统。

(2)平台软、硬件配置的正确性:使用者可以信任平台的运行环境,软、硬件配置没有问题。

(3)应用程序的完整性和合法性:在平台上运行的应用程序是可信的,是正版软件且未受破坏。

(4)平台之间的可验证性:在网络环境下运行的多个平台之间是可以相互信任的,即这些平台本身各自可信,且可以合法地相互访问,相互通信不存在安全问题。

目前主流的可信计算概念主要有以下几种：

1.TCG的可信计算概念

TCG联盟是推动可信计算发展的关键组织之一，它制定了可信计算规范，提出了基于可信计算平台模块（Trusted Platform Module，TPM）的可信计算平台（Trusted Computing Platform，TCP）体系结构。

在TCG制定的可信计算规范中主要定义了可信计算的三个安全属性：

（1）可鉴别性（Authentication）：信息系统的用户可以认证与他们进行通信的对象身份。

（2）完整性（Integrity）：用户能够确保信息在传输和保存过程中不会被篡改或伪造。

（3）机密性（Privacy）：用户相信系统能保证其信息的私密性不被泄漏。

2.微软的可信计算概念

在2002年，微软发布的"可信计算"白皮书中，从实施（Execution）、方法（Means）、目标（Goals）三个角度对可信计算进行了概要性的阐释。其目标包括四个方面：

（1）安全性（Security）：用户希望系统受到攻击后具有恢复能力，而且能够保护系统及其数据的机密性、完整性和可用性。

（2）机密性（Privacy）：用户能够控制与自己相关的数据不会泄密，并按照信息平等原则使用数据。

（3）可靠性（Reliability）：用户可在任何需要服务的时刻获得服务。

（4）完整性（Integrity）：强调服务提供者以快速响应的方式提供负责任的服务，且服务在传输和保存过程中不会被篡改或伪造。

微软的可信计算含义远不止计算机的安全问题，它不仅仅是修补系统漏洞，而是涵盖了整个计算系统，从单个计算机芯片到全球Internet服务的方方面面。而要构建可信计算平台不是仅从计算机技术的角度就能解决的问题，它还涉及了社会、政策、人等多方面的因素。

3.Intel的可信计算概念

LT（LaGrande Technology）技术是Intel公司提出的新一代PC平台的安全解决方案。它和TCG推出的PC实施规范有所区别，它用到了TCG定义的TPM，并基于此来构建自己的安全架构。但LT技术扩展了TCG所定义的可信计算的功能和范围，它能够保护处理器、芯片组和系统平台（包括内存、键盘、显示部件等）以抵御黑客软件对系统的恶意攻击。在这种采用了硬件级安全保护的环境中，用户的私密信息将得到很好的保护。

当前个人计算机上主要存在的软件安全隐患有：用户I/O的脆弱性，造成在I/O通路上数据被伪造或篡改，尤其是显示设备的缓存是可直接存取的，如果不控制，所得到的输出将不能确保是真实可信的；内存访问的脆弱性，使得特权级的恶意代码可以对内存的任意位置进行访问，而DMA控制器也可以不经过CPU直接对内存进行访问，因此仅从软件来控制，是远远不够的。针对上述问题，Intel提出基于硬件的安全解决方案，即LT技术，它是多种硬件技术（CPU、TPM、Chipset和Protected I/O等技术）的结合。

在LT技术基础上，Intel还提出了TXT技术（Trusted Execution Technology），该项技术可以使病毒、间谍软件、流氓软件、各种各样未经授权的插件以及其他攻击软件对计算机系统失效。TXT技术使用硬件密钥和子系统来控制系统内部的资源,并决定谁或什么进程能够访问这些资源。

本书以TCG的可信计算规范作为依据,阐述可信计算的相关知识。一个可信计算机系统通常由可信根、可信硬件平台、可信操作系统、可信数据库系统和可信应用系统组成,如图9.1所示。可信根是系统的安全基础,也是安全起点,在可信网络环境中所有安全设备都信任该可信根。可信应用将会从下层获得安全支撑,而非可信应用可以运行于可信系统之上,但不能获得安全支撑。

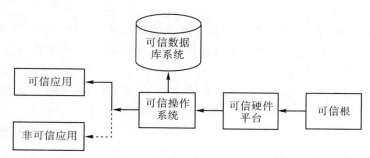

图9.1　可信计算机系统的结构

TCG提出的这种可信计算平台的基本思路是:可信计算平台的两大基本要素是信任根和信任链。系统首先构建一个信任根,信任根的可信性由物理安全和管理安全确保,它是可信计算平台的核心部件。再建立一条信任链,从信任根开始依次延伸到硬件平台、操作系统、数据库和应用程序,一级认证一级,一级信任一级,从而把这种信任扩展到整个计算机系统,使计算机系统成为一个可信计算平台。在平台计算环境的每一次转换时,如果这种信任可以通过传递的方式保持下去而不被破坏,那么平台计算环境就始终是可信的。

可信系统中的信任链通常有多条,从信任根开始,呈树状结构。系统从加电引导到操作系统加载是一个相对固定的顺序过程,这一过程主要为系统服务和应用程序运行提供一个稳定的基础环境。此时,系统运行代码比较固定,出现选项和变化的可能性较小。系统从静态内核引导到应用程序则是一个无序的多样化过程,因为系统需要为特定的业务需求定制或选择特定的服务环境并根据需求运行不同的业务应用,这些服务和应用的加载没有严格的时间顺序限制(除非代码间具有耦合性),而且具有多样化和动态性特点。图9.2是可信计算平台启动的流程。

可信度量核心根(Core Root of Trust for Measurement,CRTM)首先检验操作系统加载器是否可信。到达a点后,可信校验模块A将检验静态OS内核代码内容(比如硬件设备驱动程序)是否被篡改或替换。在操作系统静态内核引导(图中b点)之后到应用程序装载之前,存在动态多路径代码控制可信传递链路。b点的可信检验模块是检验动态OS服务软件的可信,确保其未被篡改或替换,避免包括病毒、木马等恶意代码的自动加载。c点的可信验证模块是验证应用程序的可执行代码的真实性和完整性。因此,它们既保证了系统平台的安全可信,又能保证平台服务支持和应用选择的灵活性和实用性。

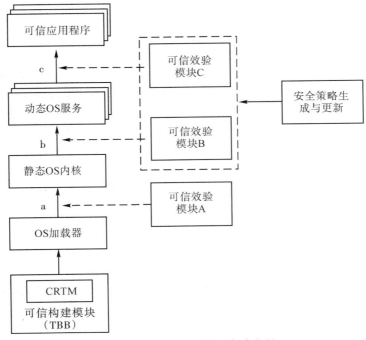

图9.2 可信计算平台的启动流程

9.1.2 可信计算的基本功能

一个可信平台能够达到可信的最基本原则是必须真实报告系统的状态,绝不暴露密钥和尽量不表露自己的身份。为此,可信计算必须有三个基本功能:完整性度量、存储和报告(Integrity Measurement, Storage and Reporting),受保护能力(Protected Capability),平台证明(Platform Attestation)。

1. 完整性度量、存储和报告

完整性度量是一个过程,是在可信平台启动过程中,组件(固件或软件)加载和执行之前,其度量散列值被扩展到了TPM内部的平台配置寄存器(Platform Configuration Register, PCR)中,通过计算该组件的散列值,并同期望值比较,就可以维护它们的完整性。PCR的大小只有160bit,仅用于存储组件的度量散列值。在这个过程中,每个具有控制权的组件必须度量、扩展下一个即将获得控制权的组件(如:使用一个启动加载器度量操作系统),建立信任链。信任链的安全性依赖于度量的首个组件可信度量根(Root of Trust for Measurement, RTM)是安全的。RTM被用来完成完整性度量,它是由CRTM控制的计算引擎,而CRTM是RTM的执行代码,一般保存在可信平台构造模块(Trusted Building Blocks, TBB)(如BIOS)中。在TCG的体系中,所有模块(软件和硬件)都被纳入保护范围内,如果有任何模块被感染,则它的散列值都将发生变化,从而被系统所知晓。而在网络通信时,可以通过对通信方PCR值的校验确定对方系统是否可信。通过这种方式可以保护所有已经建立PCR保护的模块或系统。

一次度量就是一个度量事件,每个度量事件由两类数据组成:

(1)被度量的值:嵌入式数据或程序代码的特征值。

(2)度量散列值:被度量值的散列值。

完整性报告则是用于验证平台的当前配置,证明完整性存储的过程,展示保护区域内存储的完整性度量值,依靠可信平台的鉴定能力判断存储值的正确性。TPM本身不知道什么值是正确的,它只是根据输入进行计算并报告结果。该值是否正确需要执行度量的程序根据存储度量日志(Stored Measurement Log,SML)来确定,SML记录了每个中间步骤的度量值和度量事件。此时的完整性报告使用身份证明密钥(Attestation Identity Key,AIK)签名,以鉴别PCR值。根据"可信"的含义,完整性度量、存储和报告的基本原则是平台可进入任何可以预测的状态(即使这个状态不安全),但不允许平台提供虚假的状态。

PCR除了存储计算后的散列值,还存储散列值的期望值。一个度量事件的完整性验证过程如图9.3所示。其工作流程如下:

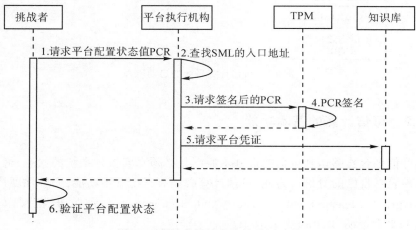

图9.3   度量事件的完整性验证过程

(1)一个远程的挑战者(如访问者)向平台发送请求,需要一个或多个平台配置状态PCR值。

(2)一个包含TPM的平台执行机构[如:TCG核心服务层(TCG Core Services,简称TCS)]查找相应的SML的入口地址。

(3)平台执行机构向TPM请求签名后的PCR值。

(4)TPM使用AIK对PCR值签名。

(5)平台执行机构查找TPM所签名证书,然后将签名后的PCR的值、SML入口和证书返回给请求者。

(6)挑战者收到请求应答后,对证书进行评估并对PCR的签名进行验证,度量散列值经重新计算后与PCR的值比较。

在这个过程中,如果校验不通过,则说明平台存在问题,已经不可信,但无法获得任何关于错误的信息。

2.平台证明

证明就是确认信息真实性的过程。通过这个过程,外部实体能够确认被保护区域、受保护能力和信任根,而本地调用不需要证明。通过证明,完成了远程实体对平台身份的认证。由于引入了AIK对PCR值和随机数N在TPM的控制下的签名,保证了平台配置信息的完整性和新鲜性,从而大大提高了通信的安全性。

平台证明可以在不同层次进行:TPM可信证明是一个提供TPM数据效验的操作,这是通过使用AIK对TPM内部某个PCR值的数字签名来完成的。AIK是通过平台的唯一私钥EK(Endorsement Key)产生的密钥,可以唯一确定身份;平台身份证明是通过使用平台的相关证书或这些证书的子集提供的证据,证明平台可以被信任以完成完整性度量报告;平台可信状态证明通过在TPM中使用AIK签名涉及平台环境状态的PCR值,提供平台完整性度量的证据。

3.受保护能力

受保护能力就是唯一被许可具有访问被保护区域的特权命令集,而被保护区域就是能够安全操作敏感数据的地方,如:内存、寄存器等。TPM通过实现受保护能力和被保护区域,来保护和报告完整性度量值。

此外,TPM保护能力还体现在具有许多安全和管理功能,如:密钥管理,随机数生成,将平台状态值封装到数据等。但要解封装,只有在平台的当前配置与封装时定义的配置相同时,才能解密数据。这些能力使得平台的状态在任何时候都是可知的,同时可以将平台的状态与数据绑定起来,绑定操作类似于不对称加密,不需要检查平台的配置。由于TPM具有物理防篡改性,因此,能够保护平台敏感数据。

9.2 可信计算技术

9.2.1 可信平台的信任根

TCG认为一个可信平台必须包含三个可信根:RTM,可信存储根(Root of Trust for Storage,RTS)和可信报告根(Root of Trust for Report,RTR),如图9.4所示。其中,RTM存储在TBB中,而RTS和RTR存储在TPM中。对平台的可信性进行度量,对度量的可信值进行可信存储,当访问者询问时提供可信报告,这一机制简称为度量、存储和报告机制。这个机制是可信信息系统确保自身安全,并向外提供可信服务的一个重要机制。RTM是平台进行可信度量的基点,RTS是平台可信度量值的存储基点,RTR是平台向访问者提供平台可信状态报告的基点。

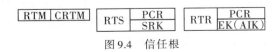

图9.4 信任根

　　RTM是平台启动时首先执行的一段程序,它是由CRTM控制的计算引擎。在理想状态下,CRTM存储在TPM内部,但根据实现的需要,它可能需要加载到其他固件中,如BIOS。

　　RTS由TPM芯片中的PCR和存储根密钥(Storage Root Key,SRK)组成。TCG定义的多种密钥是按照树形结构进行组织和管理的,处于上级的父密钥的公钥对处于下级的子密钥进行加密保护,同时配合密钥访问控制机制,确保密钥体系的安全。存储密钥SK用于对其他密钥进行存储保护,它也是RSA密钥对。这些密钥是分级的,下级的密钥受到上级的存储密钥的加密保护,从而构成一个密钥树。处于密钥树根部的密钥是最高级存储密钥,即存储根密钥SRK,它是2048位的RSA密钥对,主要用于对由TPM使用,但存储在TPM之外(如硬盘)的密钥进行保护。同时,它作为父密钥对其子密钥进行加密保护。

　　RTR由TPM芯片中的PCR和背书密钥(Endorsement Key,EK)组成。EK仅用于以下两种操作:一是创建TPM的拥有者;二是创建AIK及其授权数据。EK是唯一的,不作他用。一个EK唯一对应一个TPM,一个TPM唯一对应一个平台,因此,一个平台只有唯一一个EK,它是平台的身份标识。AIK是EK的替代物,也是2048位的RSA密钥。AIK仅用于对TPM内部标识平台可信状态的数据和信息(如PCR值、时间戳、计算器值等数据)进行签名和验证签名,不用于数据加密。注:AIK不能签名其他非TPM状态的数据,这样做的目的是防止攻击者伪造PCR让AIK签名。在上面讲到的平台远程证明中,使用AIK向访问者提供平台状态的可信报告,但由于AIK是由EK控制产生的,所以本质上EK是报告根,而AIK是EK的替代物。

　　在TCG中,可信根是无条件被信任的,系统不检测(也没有条件检测)可信根是否可信,以及可信根的行为,因此,可信根是否可信是平台可信的关键,而TPM则是可信根的基础。

9.2.2　TPM

　　与普通信息系统相比,可信信息系统最大的特点是在主板上嵌入了一个TPM芯片,在TPM内部封装了可信计算平台所需的大部分安全服务功能,用来为平台提供基本的安全服务。TPM是平台可信的起点,可信信息系统以它为信任根构建可信的计算环境。一旦平台上电后,首先TPM芯片验证当前底层固件的完整性,如正确则完成正常的系统初始化。然后由底层固件依次验证BIOS和操作系统的完整性,如正确则正常运行操作系统,否则运行停止。最后,利用TPM内置的加密模块生成系统所需的各种密钥。TPM的结构如图9.5所示。

　　TPM除了自身的处理器和存储器外,还有基本密码运算引擎和I/O部件。基本密码运算引擎包括:随机数发生器,SHA引擎,密钥生成部件,RSA引擎等。I/O部件管理总线协议的编码和译码,并发送消息到各个部件,而选择进入组件(Opt-In)严格控制I/O部件的访问规则,包括:禁用(Disable),休眠(Deactivated)和完全使能(Enabled)。TPM采用RSA算法,也使用ECC或DSA算法。非易失存储器主要用于存储嵌入式操作系统及其文件系统,存储密钥(如EK、SRK等)、证书、标识等重要数据,PCR可以使用非易失存储器或易失存储器实现。执行引擎包含CPU和嵌入式程序,通过运行程序完成TPM初始化和度量的操作。程序代码包括用于度量平台的固件,逻辑上就是

CTRM,但在实际应用时,CTRM需要加载到其他固件中,如:BIOS。

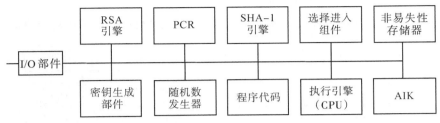

图9.5　TPM的组成结构

TCG规定每一个TPM1.1中有16个PCR,但这个数量毕竟太少,因此,为了在有限的存储空间中,保存平台自上电启动到应用程序加载所参与组件的所有度量信息,TCG设计了一种方法,即:将需要度量的组件按照功能层次和度量的顺序进行归类,按照预定的顺序依次将度量结果叠加起来,只保存最后的度量结果。这种迭代计算散列值的方法,又称为“扩展(Extend)”操作,即:PCR[n]=SHA-1{PCR[n-1]‖newMeasurement}。由于度量顺序和组件都固定,因此,只要初始值一定,那么度量结果就是可预期的。PCR只用于存储这些扩展后的度量结果。需要注意的是,由于PCR记录了平台状态的转换,因此平台状态转换操作必须要经过度量并扩展到PCR中,并且防止软件篡改PCR的值。

由于TPM是平台信任的基础,因此,它受到严格的保护:TPM具有物理上的防攻击、防篡改和防探测功能,以保证TPM自身以及内部数据不被非法攻击。TPM还能提供安全存储功能,为密钥提供非常完善的保护,密钥的生成和处理都在TPM内部进行。TPM内部存储了少量的密钥,如:EK和SRK等。RTS通过SRK构建一个密钥层次架构,中间节点为存储密钥,叶子节点为各种数据的加密密钥。由于TPM的存储容量有限,因此一般在磁盘上还需要构建一个持久存储区(Persist Storage,PS),使用SRK进行加密保护,从而保证受保护的数据可以扩充。

9.2.3　可信计算平台

可信计算平台是以TPM为核心,把CPU、操作系统、应用软件、网络基础设备融为一体的完整体系结构。一个典型的可信计算平台体系结构如图9.6所示。整个平台工作在两个模式之下,即:内核模式和用户模式。

1.内核模式

在内核模式下,运行设备驱动和操作系统的核心组件。该模式下运行的代码只有在管理员的授权下才能修改,它们是用来维持和保护用户模式下的应用程序的。

2.用户模式

在用户模式下,通常根据用户的要求来加载和执行应用程序和服务,有时候这些应用程序和服务也可以作为启动服务被载入。可信操作系统可以提供一个或多个受保护区域,这些区域内的应用程序和服务在运行时相互提供保护。在用户模式下有两类进程:

(1)系统进程。这些程序通常在操作系统初始化过程中,作为启动脚本的一部分执行或由服务器请求执行,仅提供普通的可信服务。由于代码是在各自不可读区域执行,与用户程序分开,因此比应用程序可靠。

(2)用户进程。这些程序只有在用户请求或允许下执行,其代码由用户自己提供。

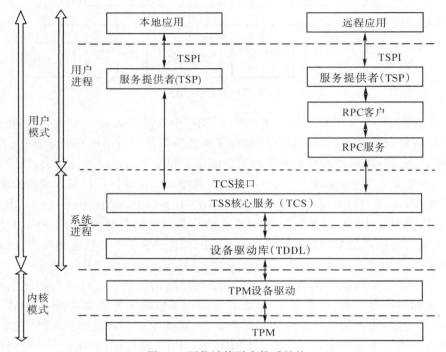

图9.6   可信计算平台体系结构

整个平台的体系结构分为三层:TPM,可信软件栈(TCG Software Stack,TSS)和应用软件。TSS位于TPM之上,应用软件之下,主要实现对TPM的管理,同时为应用程序访问TPM提供接口,其内容主要包括:服务提供者(TCG Service Provider,TSP),核心服务服务层(TSS Core Service,TCS),设备驱动库(TPM Device Driver Library,TDDL)和TPM设备驱动(TPM Device Driver,TDD)。它的工作原理如下:

TSP提供应用程序访问TPM的通道,它以共享对象或动态链接库的方式直接被应用程序调用,通过TSPI接口对外提供TPM的所有功能和TSP自身的功能,如:密钥存储等。TSP将来自应用程序的参数打包,通过TCSI接口发送给TCS模块。TCS模块将这些参数进行分析和操作之后转换为TPM可以识别的字节流,通过TDDL传到TPM中。TMP接收到这些字节流之后,进行相应的操作,把结果以字节流的形式返回给TCS。TCS将字节流分析后,结果返回给TSP。最后由TSP将正式的结果返回给应用程序。

TSS的各模块功能如下:

(1)TSP。TSP提供两种服务:上下文管理和密码操作。上下文管理产生动态句柄,每个句柄提供一组TPM相关操作的上下文,以便应用程序高效使用TSP资源。应用程序的不同线程可能共享一个上下文,也可能每个线程获得单独的上下文。为了充分利用TPM的安全功能,TSP提供了密码操作,但内部数据加密对接口是保密的,如:报文散列值的计算和随机数产生等。

(2)TCS。TCS提供一组标准应用程序编程接口,一个TCS可以服务几个TSP。如果多个TSP都基于同一个平台,TCS保证它们得到相同的服务。TCS提供了以下四个核心服务:

①上下文管理:实现对TPM访问线程的管理。

②证书和密钥的管理:存储与平台相关的证书和密钥。

③度量事件管理:管理事件日志的写入和相应PCR访问。

④参数块的产生:负责对TPM命令序列化、同步和处理。

(3)TDDL。TDDL是用户模式到内核模式的过渡,是一个与TPM设备驱动进行交互的API和库。TPM生产厂商会随TPM驱动一起附带TDDL库,以方便TSS实现者能够和TPM进行交互。TDDL不管理线程和TPM的交互,也不对TPM命令序列化,它仅用于打开/关闭设备驱动,发送/接收数据块,查询设备驱动的属性和取消已经提交的TPM命令。由于TPM不是多线程的,因此,一个平台只有一个TDDL实例,只允许单线程访问TPM。由于TDDL提供了开放的接口,因此,不同厂商都可以自由实现对TDD和TPM的访问。

9.3　信任链技术

9.3.1　信任链

TCG的可信计算是利用计算机启动顺序中的数据完整性判断平台的可信状态。计算机的启动顺序是:①平台上电后,BIOS取得控制权,建立一个基本的输入/输出系统,并POST(Power On Self Test)自检和初始化硬件设备;②BIOS将控制权传递给系统安装的硬件板卡的BIOS(如显卡的BIOS),当这些硬件板卡完成自己的初始化工作后,BIOS收回控制权;③BIOS将控制权传递给操作系统内核;④操作系统内核加载并安装各种设备驱动和服务。至此,系统启动完毕,等待执行程序运行。

信息系统在执行各种任务时,其控制权在不同的实体之间传递,很难保证不会有某个实体因为恶意的原因,一旦取得系统的控制权后,对系统进行破坏。为了解决这个问题,TCG采用可信度量、存储和报告机制来解决这个问题,即:在信息系统顺序启动时,TCG对启动的所有固件或软件进行可信性度量,然后将度量的值进行安全存储,一旦访问者需要即可提交报告。由于PCR的存储空间有限,无法单独存储启动过程中所有的度量值,因此,采用了一种"扩展"操作。为此,首先要记录平台的启动顺序和在启动过程中的可信度量结果。然后通过向用户报告启动顺序和可信度量结果,来向平台报告可信状态。信任链技术就是记录启动顺序和在启动顺序中记录可信度量结果的一种技术。

TCG给出的信任链如下：

$$CRTM \rightarrow BIOS \rightarrow OSLoader \rightarrow OS \rightarrow Applicatons$$

其中,CTRM是BIOS里面最先启动的一段代码,用于度量后续启动部件的完整性,它是整个信任度量的起点。信任链的度量流程如图9.7所示。

信任链的度量过程为:①当系统加电以后,首先,CRTM度量BIOS的完整性。一般地,这种度量就是将BIOS当前代码的散列值计算出来,并将计算结果与预期值进行比对。如果两者一致,说明BIOS没有被篡改,是可信的;否则,说明BIOS已经被攻击,不可信,此时所有的启动将停止。②如果BIOS可信,则可信的边界将从CRTM扩展到CRTM+BIOS。于是执行BIOS。③BIOS度量OSLoader,OSLoader是操作系统的加载器,包括主引导记录(Master Boot Record,MBR)、操作系统引导扇区等。④如果OSLoader可信,则可信的边界扩展到CRTM+BIOS+OSLoader,执行操作系统的加载程序。⑤OSLoader在加载操作系统之前,首先度量操作系统的完整性。⑥如果操作系统可信,则可信边界扩展到CRTM+BIOS+OSLoader+OS,加载并执行操作系统。⑦操作系统启动后,由操作系统度量应用程序的完整性。⑧如果应用程序可信,则可信边界扩展到CRTM+BIOS+OSLoader+OS+Applications,操作系统将加载并执行应用程序。上述过程看起来是一条环环相扣的链条,因此称为"信任链"。

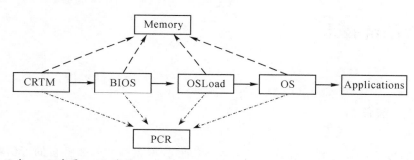

图注：- - - ▶日志；——▶度量；- ·-·▶存储

图9.7   信任链的度量流程

为了防止PCR值被恶意代码随便篡改或伪造,TPM限制对PCR的操作,不能像普通字符设备的寄存器那样通过端口映射来随意进行读写操作,平台状态寄存器位于TPM内部,其内部数据受到TPM的保护。对PCR内容的读取是不受限制的,TPM只允许两种操作来修改PCR的值:重置操作和扩展操作。重置操作发生在机器断电或者重新启动之后,PCR的值自动重新清零(但TCG1.2新引入的寄存器除外)。而在系统运行过程中,只能通过扩展操作来改变PCR的内容。扩展操作是不可交换的,即先扩展度量值A再扩展度量值B,所得到的PCR值跟先扩展B再扩展A的结果是不同的。通过扩展,理论上PCR能够记录一个无限长的度量值序列,这个度量值序列反映了系统状态的变迁。如果扩展序列中的某个度量值被改变了,那么后续的度量序列都会受到影响。例如:PCR中通过扩展来记录度量日志信息的散列,以供后续验证度量日志。虽然理论上来说,只要一个PCR就能够记录整个平台的状态值,但PCR并不只用于校验度量日志,因此在启动过程中用到了多个PCR。

在信任链的执行过程中,平台的可信度量值必须存储在TPM的PCR中,不能存储在硬盘上,硬盘的安全级别太低。在TPM1.1中,定义了16个PCR寄存器,而在TPM1.2中定义了24个PCR寄存器,其中PCR[0]~PCR[15]仍然保持TPM1.1的定义,用于静态度量,而PCR[16]~PCR[23]则用于TPM1.2的新应用,即动态度量。TPM2.0也有24个PCR寄存器,但同时它还有多个PCR banks,它将不同的PCR进行分区,即:一个bank内所有PCR使用相同的算法进行扩展操作;而且不同的bank可以分配不同的PCR。对于不同的bank,扩展操作是相互独立的,互不干扰。

除了信任链度量外,TCG还采用了日志技术与之配合,对信任度量过程中的事件记录在日志中。日志记录了每一个部件被度量的内容、度量时序和异常事件。由于日志与PCR是相互关联的,一旦攻击者修改了日志,其行为很容易被发现,从而进一步增强系统的安全性。

9.3.2 动态可信度量

在TPM1.1及其之前的版本中,信任度量是在平台启动时进行的一次性完整性验证,此时作为可信度量根的BIOS在平台的运行生命周期内执行一次,且度量的实体资源仅限于操作系统及其加载之前的软硬件,这种度量被称为静态度量,它没有度量运行过程中加载的软件,因此无法保证系统运行时的安全。

在TCG和Intel、AMD厂商的共同努力下,实现了信任链的多次完整性度量,TPM1.2及其之后的版本,增加了PCR[16]~PCR[23]用于支持动态可信度量技术。与动态可信度量技术相匹配的是动态可信根(Dynamic Root of Trust Measurement,DRTM),而将CRTM看成静态可信根(Static Root of Trust Measurement,SRTM),与之对应的是静态可信度量。SRTM是BIOS,而动态可信根是CPU。DRTM的实现为一种特殊的CPU指令,如:Intel的CPU中增加了一套SENTER指令,而AMD的CPU中增加了一台SKINIT指令,这两个指令即是DRTM。当CPU执行这条指令时,就是告诉TPM开始信任度量,并创建一个可信的计算环境,此时,信任链由这条指令开始信任度量,重置PCR寄存器。因此,动态可信度量可以抵御引导装载程序(BootLoader)的漏洞,以及针对BIOS的攻击,但还存在TPM被重置的攻击。为了解决这个问题,TPM1.2规范对PCR[0]~PCR[23]设定了特殊的重置初始值,如表9.1所示。

表9.1 TPM1.2规定的PCR重置值

PCR	初始值	PCRReset T/OSPresent=FALSE	TPM_HASH_START	PCRReset T/OSPresent=TRUE
0 ~ 15	0	NC	NC	NC
16	0	0	NC	0
17 ~ 22	−1	−1	−1	0
23	0	0	NC	0

在表 9.1 中,TPM1.2 规定了 PCR[0]~PCR[15]的初始值是 0,且不允许被重置,除非整个平台重新启动,因此,在 TPM 重置攻击成功后,PCR[0]~PCR[15]被重置为 0,此时已经不是平台当前所处的状态,即:攻击者无法获取平台当前的度量值,重置攻击失败。而对于动态可信度量根在 T/OSPresent 位为 FALSE(只有支持 DRTM 的 CPU 才可以置为 TRUE)时,PCR[17]~PCR[22]的初始值全为−1,即攻击者通过重置 PCR 后,只能得到−1 的初始值。而正常的使用由 DRTM 开始,TPM 接收到 CPU 发送过来的特殊指令后,TPM 的 T/OSPresent 位被置位 TRUE,表明将要启动可信操作系统,直到退出可信执行环境,PCRReset 操作的 PCR[17]~PCR[22]值都将被置为 0。PCR 保存的是扩展后的度量值,对于初始值为−1 的 PCR,攻击者无法伪造出初始值为 0 的正确度量值,从而防止 TPM 被重置攻击。

有了 DRTM 之后,TPM 可以在任何时候执行度量,重新构建平台的信任链,而不需要重启整个平台。这种重新构建信任链的过程,既可以在平台启动时完成,也可以在平台启动后运行的任何时候完成,从而重新创建可信计算环境,但 DRTM 技术只是实现了信任链的多次度量,其度量的内容还是软件的数据完整性,并不是软件的可信性,因此,DRTM 技术同样没有解决软件可信的问题。在动态度量中,DRTM 不关心静态度量是如何执行的,即 DRTM 关心的环境与 SRTM 关心的环境是相对独立的。

由于动态度量是在平台运行的任何时候进行的,因此,TPM 需要区分其被动接受的度量值和指令是来源于可信操作系统,还是其他。为此,TPM1.2 规范中引入了 Locality 的概念,规定了 Locality 的 5 个级别,每个级别代表一个 TPM 请求的发起者身份。

Locality0:用于向下兼容 TPM1.1 规范。

Locality1:当可信操作系统为应用程序提供执行环境时使用。

Locality2:可信操作系统运行时使用。

Locality3:辅助组件,它的使用是可选的,目前 Intel 已经使用,AMD 没有使用。

Locality4:可信硬件(如 CPU),用于动态可信根,专门用于鉴别 CPU 发送的指令(如 SKINIT),是动态可信根的基础。

为了区分 TPM 收到的指令是来源于可信 CPU、可信操作系统、可信操作系统中的应用程序或静态可信度量环境,TPM1.2 规范限制了可以重置 PCR[16] ~ PCR[23]的 Locality,如表 9.2 所示。

表 9.2　PCR 与 Locality 的关系*

PCR	所属对象	PCRReset	PCR 是否可以被 Locality4, 3,2,1,0 重置	PCR 是否可以被 Locality4, 3,2,1,0 扩展
0 ~ 15	SRTM	0	0,0,0,0,0	1,1,1,1,1
16	Debug	1	1,1,1,1,1	1,1,1,1,1
17	Locality4	1	1,0,0,0,0	1,1,1,0,0
18	Locality3	1	1,0,0,0,0	1,1,1,0,0
19	Locality2	1	1,0,0,0,0	0,1,1,0,0

续表

PCR	所属对象	PCRReset	PCR是否可以被Locality4，3,2,1,0重置	PCR是否可以被Locality4，3,2,1,0扩展
20	Locality1	1	1,0,1,0,0	0,1,1,1,0
21	可信OS控制	1	0,0,1,0,0	0,0,1,0,0
22	可信OS控制	1	0,0,1,0,0	0,0,1,0,0
23	应用程序	1	1,1,1,1,1	1,1,1,1,1

*表中,1表示可以执行操作;0表示不能执行操作

　　PCR[0]~PCR[15]:在平台运行过程中,它们是不能被重置操作的,但是Locality0~4是可以对其进行扩展操作的。

　　PCR[16]:用于Debug,因此可以被所有的Locality重置和扩展。

　　PCR[17]:被可信硬件(如CPU)使用,即被Locality4使用。该PCR值只能被可信CPU重置。而对于扩展操作,当该PCR是初始值-1时,只有Locality4可以对其进行扩展操作。而一旦DRTM启动后,则该PCR可以被Locality2~4扩展。

　　PCR[18]:被Locality3使用。由于Locality3是可选的,因此并不一定使用。如果被使用,其重置和扩展的情况与PCR[17]相同。

　　PCR[19]:被可信操作系统使用,即被Locality2使用。与之前不同的是,仅仅只能用Locality2和Locality3对其进行扩展。

　　PCR[20]:被可信操作系统环境所使用,即被Locality1使用。因为Locality1是可信操作系统提供的执行环境,因此,该PCR能够被Locality2和Locality4重置。Locality1~3能够对其进行扩展。

　　每个Locality级别都有各自的TPM接口,这些接口是由可信操作系统负责分配给客户操作系统和应用程序的。采用Locality机制后,可信度量机制更加安全,这是由于Locality不同级别的空间是相互隔离的,用户不用担心其敏感信息被不可信操作系统获取。例如:用户可以设置某个密钥只能在Locality1下被Unseal出来并Seal到可信操作系统的PCR上,那么非可信操作系统中的恶意软件就无法窃取这个密钥。

9.4　本章小结

　　本章主要是依据TCG标准,讲解了可信计算的基本概念和基本功能,可信计算内容主要从三个方面进行了讲解,即:可信平台的信任根,TPM芯片和可信计算平台。而信任链技术则从信任链的概念、信任的传递方式开始讲解,详细阐述了动态可信度量方式,以及在动态可信度量过程中如何保证关键数据的安全。

习题

1.如何理解可信？

2.如何理解可信计算？可信计算在信息系统中的作用是什么？

3.可信计算的基本功能是什么？

4.可信计算的信任根有哪些？每个信任根的作用是什么？

5.目前,可信平台的起点是BIOS。它是否与TPM的目的有冲突,是否存在安全问题？分析说明。

6.为什么要用AIK替代EK？分析说明。

7.SRK是什么？其主要用途是什么？是否可以迁移？

8.详细分析PCR在TPM所起到的作用。

9.信任链是如何完成信任度量的？

10.详细分析基于静态可信根度量的缺陷。动态可信度量能够解决这些缺陷吗？为什么？

第 10 章

信息系统安全管理

常言道"三分安全七分管理",即：信息系统及其网络安全中的30%依靠系统信息安全设备和技术来保障,而70%则依靠用户安全管理意识和相应的管理手段,虽然有点夸张,但凸显了安全管理的重要性。尽管信息系统安全管理属于管理学范畴,是管理的一种,但同时也是我们选择安全技术手段的依据。在实际应用中,信息系统的安全管理手段是和安全技术相辅相成的,它们共同支撑了信息系统安全的体系框架。本章首先讲解信息系统安全管理的基本概念以及国内外相关的标准,接着讲解信息系统安全管理的体系、模型和管理过程,最后针对不同场景分别讲解信息系统的物理安全管理、系统安全管理、运行安全管理、数据安全管理和人员安全管理的内容和原则。

10.1 信息系统安全管理概述

10.1.1 信息系统安全管理概念

信息系统安全管理指通过计划、组织、领导、控制等环节来协调人力、物力、财力等资源,从而保证组织内的信息系统以及信息处理的安全。它是管理的一种,具备管理的一切属性,只是其管理对象是信息系统及其信息。因此,它也必须由以下五个要素组成。

(1)管理的主体,指信息系统的安全由谁来管理。信息系统安全管理与一般的管理不同,具有很强的技术性,因此,管理的主体必须具备相关的技术背景。

(2)管理的客体,指管理的对象是谁。在信息系统安全管理中,管理的对象是计算机系统、外部设备、软件、网络以及信息的安全。

(3)管理手段,指管理流程、管理制度和管理方法。

(4)管理环境,指在什么情况、什么环境和什么条件下对信息系统安全实施管理。

(5)管理目标,指要达到的管理结果。它是评价和考核管理能力和效果的依据。信息系统安全管理目标是保证系统中的信息在整个生命周期内都是安全的。

信息系统安全管理的本质是信息安全管理,其核心是风险管理。信息安全风险管理可以看成是一个不断降低安全风险的过程,最终目的是使安全风险降低到一个可接受的程度,使用户和决策者可以接受剩余的风险。信息安全风险管理贯穿信息系统生命周期的全部过程。信息系统生命周期包括规划、设计、实施、运维和废弃五个阶段,每个阶段都存在相关风险,需要采用信息安全风险管理的方法加以控制。

信息安全管理可以分为宏观管理和微观管理。其中宏观管理属于国家层面,属于政府管理范畴,它包括四个层次:

(1)战略方针,即政府制定的信息安全战略方针,如网络强国战略,为信息安全提出宏观的方向、任务和目标。

(2)各项政策,即根据战略方针制定的各项政策,包括:等级保护,风险评估,灾难恢复,应急响应,信息安全学科设置等。政策制定是瞄准方向、完成任务和达到目标的措施。

(3)法律和法规,即制定体现客观规律、社会利益和国家意志的法律、法规,包括:保密法、等级保护规范、信息安全条例、信息安全法规等,它限制和约束机构和个人的行为。

(4)标准,指导技术和管理行为需要依据标准,即标准是用来规范行为和技术的。

而微观管理是拥有和使用信息系统的机构为信息安全管理创造的相应微观管理条件,属于机构管理范畴,其内容包括:

(1)策略,即机构根据其信息化目标所需要的安全保障来制定安全管理策略。

(2)规章,即将策略具体化、明确化为可操作的内容。

(3)制度,即保证规章能够有效执行的手段。

(4)实践,即执行信息安全管理的相关规定,确保管理策略、规章、制度能够规范化地执行。

信息系统的安全管理包括与信息系统有关的安全管理和信息系统管理的安全两方面,这两方面的管理又分为技术性管理和法律性管理两类。其中技术管理是以OSI安全机制和安全服务的管理及对物理环境的技术监控为主,而法律性管理则是以法律法规遵从性管理为主。信息系统安全管理本身虽然并不能完成正常的业务应用逻辑,但是支持与控制这些逻辑的安全所必需的。

10.1.2　信息系统安全标准

信息系统安全标准是信息系统安全保障体系的重要组成部分,是政府管理范畴的一个重要内容,也是信息系统安全微观管理的重要依据之一。但由于信息系统安全标准不同于其他标准,它关系到一个国家的利益和安全,因此,任何国家都不会过分相信和依赖他人,总是通过自己国家的组织和专家制定出自己可以信赖的标准来保护国家利益和安全。

国际上,信息安全标准化工作起源于20世纪70年代中期,80年代有了较快的发展,90年代引起了世界各国的关注,此时Internet在全球迅速发展。目前世界上约有300个国际和区域性组织在从事标准或技术规范的制定工作,与信息安全有关的主要标准化组织有四个,即国际标准化组织ISO,国际电工技术委员会IEC,国际电信联盟ITU,Internet工程任务组IETF。ISO成立于1947年2月,是世界上最大的非政府性国际标准化组织。在2004年,它制定了ISO/IEC 13335标准(即《信息技术 信息技术安全管理指南》)。在2005年,它制定了ISO/IEC 17799《信息安全管理体系实施细则》。信息技术安全评估公共标准(Common Criteria of Information Technical Security Evaluation,简称CCITES),即CC标准(ISO/IEC 15408标准),也是该组织制定的。IEC制定了信息技术设备的安全标准,以及网络开放互联、密钥管理、数字签名和安全评估等标准。ITU的SG17工作组负责研究通信系统安全标准,制定了安全框架,计算安全,安全管理,用于安全的生物鉴定和安全通信服务等相关标准,而SG16工作组则对通信安全、H323网络安全、下一代网络安全等方面的相关标准展开研究。IETF主要负责互联网相关技术规范的研发和制定,其内容包括Internet路由、传输和应用等领域。

国外信息化发达国家制定信息安全标准的代表性机构分别是美国、英国、德国、加拿大等国家的标准化组织。以美国和英国为例,美国国家标准和技术委员会NIST成立于1901年,它主要负责为美国政府和上市机构提供信息安全管理相关的标准和规范,其代表性成果是SP 800系列标准,涉及的内容包括安全意识和培训、认证认可和安全评估、配置管理、持续性规划、安全事件响应、维护、介质保护、物理和环境保护、规划、人员安全、风险评估、系统和服务采购、系统和信息完整性等13个安全管理和运营控制标准族以及106个具体安全措施。英国标准化协会BSI也成立于1901年,其主要贡献是制定了BS 7799系列标准(即信息安全管理标准体系),该标准在2000年12月被ISO采用并形成了ISO 17799国际标准(即国际信息安全管理标准体系)。

中国的标准化组织是按照国务院授权,在国家质量监督检验检疫总局管理下,由国家标准化管理委员会统一管理全国标准化工作,下设255个专业委员会。中国标准化工作实行统一管理与分工负责相结合的管理体制,有80余个国务院有关行政主管部门和国务院授权的有关行业协会分工管理本部门、本行业的标准化工作,有32个省、自治区、直辖市政府有关行政主管部门分工管理本行政区域内本部门、本行业的标准化工作。为了加强信息安全标准化工作的组织协调力度,国家标准化管理委员会批准成立了全国信息安全标准化技术委员会(CITS)(简称信息安全标委会,标号TC260),它负责全国信息安全技术领域以及与ISO/IEC JTC1相对应的标准制定工作。其主要工作是负责信息和通信安全的通用框架、方法、技术和机制的标准化,归口管理国内外对应的标准化工作。TC260下设信息安全标准体系与协调工作组(WG1)、内容安全分析及标识工作组(WG2)、通信安全工作组(WG3)、PKI/PMI工作组(WG4)、信息安全评估工作组(WG5)、应急处理工作组(WG6)、信息安全管理工作组(WG7)、电子证据及处理工作组(WG8)、身份标识与鉴别协议工作组(WG9)和操作系统与数据库安全工作组(WG10)。它们制定的与信息安全管理有关的国家标准包括:GB/T 20269-2006标准(即《信息安全技术 信息系统安全管理要求》),GB/T 19715-2005标准(即《信息技术 信息技术安全管理指南》),GB/T 19716-2005标准(即《信息技术 信息安全管理实用规则》)。

10.1.3　信息系统安全管理要求

信息系统安全等级保护是从与信息系统安全相关的物理层面、网络层面、系统层面、应用层面和管理层面对信息和信息系统实施分等级保护。管理层面贯穿于其他所有层面,是其他层面实施分等级安全保护的保证。GB/T 20269-2006标准对信息和信息系统的安全保护提出了分等级安全管理的要求,阐述了安全管理要素及其强度,并将管理要求落实到信息安全等级保护(参见GA/T 708-2007标准)所规定的五个等级上,有利于对安全管理的实施、评估和检查。

GB/T 20269-2006标准以安全管理要素作为描述安全管理要求的基本组件。安全管理要素是指,为实现信息系统安全等级保护所规定的安全要求,从管理角度应采取的主要控制方法和措施。根据GA/T 708-2007标准对安全保护等级的划分,不同的安全保护等级会有不同的安全管理要求,可以体现在管理要素的增加和管理强度的增强两方面。对于每个管理要素,根据特定情况分别列出不同的管理强度,最多分为五级,最少可不分级。在具体描述中,除特别声明之外,一般高级别管理强度的描述都是在对低级别描述基础之上进行的。

10.1.4　信息系统安全管理的原则

信息系统安全管理是对一个组织机构中信息系统的生存周期全过程实施符合安全等级责任要求的管理。安全管理的原则包括以下内容:

(1)基于安全需求原则:组织机构应根据其信息系统担负的使命,积累的信息资产的重要性,可能受到的威胁及面临的风险分析安全需求,按照信息系统等级保护要求确定相应的信息系统保护等级,遵从相应等级的规范要求,从全局上恰当地平衡安全投入与效果。

(2)主要领导负责原则:主要领导应确立其组织统一的信息安全保障的宗旨和政策,负责提高员工的安全意识,组织有效安全保障队伍,调动并优化配置必要的资源,协调安全管理工作与各部门工作的关系,并确保其落实、有效。

(3)全员参与原则:信息系统所有相关人员应普遍参与信息系统的安全管理,并与相关方面协同、协调,共同保障信息系统安全。

(4)系统方法原则:按照系统工程的要求,识别和理解信息安全保障相互关联的层面和过程,采用管理和技术结合的方法,提高实现安全保障目标的有效性和效率。

(5)持续改进原则:安全管理是一种动态反馈过程,贯穿整个安全管理的生存周期,随着安全需求和系统脆弱性的时空分布变化,威胁程度的变化,系统环境的变化以及对系统安全认识的深化等,应及时地将现有的安全策略、风险接受程度和保护措施进行复查、修改、调整以至提升安全管理等级,维护和持续改进信息安全管理体系的有效性。

(6)依法管理原则:信息安全管理工作主要体现为管理行为,应保证信息系统安全管理主体合法、管理行为合法,管理内容合法,管理程序合法。对安全事件的处理,应由授权者适时发布准确一致的有关信息,避免带来不良的社会影响。

(7)分权和授权原则:对特定职能或责任领域的管理功能实施分离、独立审计等分权,避免权力过分集中所带来的隐患,以减小未授权的修改或滥用系统资源的机会。任何实体(如用户、管理员、进程、应用或系统)仅享有该实体需要完成其任务所必需的权限,不应享有任何多余权限。

（8）选用成熟技术原则:成熟的技术具有较好的可靠性和稳定性,采用新技术时要重视其成熟的程度,并应首先局部试点然后逐步推广,以减少或避免可能出现的失误。

（9）分级保护原则:按等级划分标准确定信息系统的安全保护等级,实行分级保护。对多个子系统构成的大型信息系统,确定系统的基本安全保护等级,并根据实际安全需求,分别确定各子系统的安全保护等级,实行多级安全保护。

（10）管理与技术并重原则:坚持积极防御和综合防范,全面提高信息系统安全防护能力,立足国情,采用管理与技术相结合,管理科学性和技术前瞻性相结合的方法,保障信息系统的安全性达到所要求的目标。

（11）自保护和国家监管结合原则:对信息系统安全实行自保护和国家保护相结合。组织机构要对自己的信息系统安全保护负责,政府相关部门有责任对信息系统的安全进行指导、监督和检查,形成自管、自查、自评和国家监管相结合的管理模式,提高信息系统的安全保护能力和水平,保障国家信息安全。

10.2　信息系统安全管理体系

信息系统安全管理理论是基于风险的信息安全管理体系。而风险是与生俱来的,只要机构需要依靠信息系统来维持业务运作,机构就必须面对信息系统所带来的信息安全风险。信息安全是相对的,同样承载信息的系统安全也是相对的,这主要是因为机构在建立系统安全防护体系时需要考虑成本和效益之间的平衡,同时所采用的安全技术（如密码技术）本身也存在着缺陷,因此,信息系统安全建设的宗旨之一就是在综合考虑成本和效益的前提下,通过恰当、足够、综合的安全措施来控制风险,使残余风险降低到可以被机构接受的程度,既不能忽视保护,也不能过度保护。在这种状况下,信息系统安全管理要做的就是如何利用管理的手段,控制风险。

一般来说,基于风险的信息系统安全管理体系在风险分析之后,将采用一系列的安全技术和措施来控制风险,达到信息系统安全的目标,它是整个信息系统安全保障的过程。信息系统安全保障的两大要素就是技术要素和管理要素,安全管理和安全技术在信息系统安全保障中具有同等重要的地位。但是,在这两个要素之外,还有一个容易被忽略的因素——人的因素。人使用了技术,也参与了管理,一旦人出问题,那么再先进的技术,再严格的管理手段也无法抵御可能存在的风险。人的因素可以通过必要的技术培训来解决。

信息系统安全管理的主要内容包括:

（1）确定机构信息安全目标、政策和策略;

（2）确定机构信息安全要求;

（3）标记和分析对机构内信息资产的安全威胁;

（4）根据信息系统实际操作环境，进一步标记和分析威胁所带来的安全风险；

（5）实现合适的风险控制策略，以降低或转移信息系统可能面临的安全风险；

（6）监督风险控制措施的实现和运作；

（7）制定安全教育培训大纲，以及对安全事故的监测和应急反应。

10.2.1　信息系统安全管理策略

依据GB/T 20269-2006标准，不同安全等级的信息系统，其安全策略应有选择地满足以下要求的一项：

（1）基本的安全管理策略。信息系统安全管理策略包括：依照国家政策法规和技术及管理标准进行自主保护；阐明管理者对信息系统安全的承诺，并陈述组织机构管理信息系统安全的方法；说明信息系统安全的总体目标、范围和安全框架；申明支持信息系统安全目标和原则的管理意向；简要说明对组织机构有重大意义的安全方针、原则、标准和符合性要求。

（2）较完整的安全管理策略。在基本的安全管理策略的基础上，信息安全管理策略还包括：在信息系统安全监管职能部门的指导下，依照国家政策法规和技术及管理标准自主进行保护；明确划分信息系统（分系统或域）的安全保护等级（按区域分等级保护）；制定风险管理策略、业务连续性策略、安全培训与教育策略、审计策略等较完整的信息安全策略。

（3）体系化的安全管理策略。在较完整的安全管理策略的基础上，信息安全管理策略还包括：在接受信息系统安全监管职能部门监督、检查的前提下，依照国家政策法规和技术及管理标准自主进行保护；制定目标策略、规划策略、机构策略、人员策略、管理策略、安全技术策略、控制策略、生存周期策略、投资策略、质量策略等，形成体系化的信息系统安全策略。

（4）强制保护的安全管理策略。在体系化的安全管理策略的基础上，信息安全管理策略还包括：在接受信息系统安全监管职能部门的强制监督、检查的前提下，依照国家政策法规和技术及管理标准自主进行保护；制定体系完整的信息系统安全管理策略。

（5）专控保护的安全管理策略。在强制保护的安全管理策略的基础上，信息安全管理策略还包括：在接受国家指定的专门部门、专门机构的专门监督的前提下，依照国家政策法规、技术及管理标准自主进行保护；制定可持续改进的信息系统安全管理策略。

针对上述信息系统安全管理策略，在制定该策略时，根据不同安全等级应有选择地满足以下要求中的一项：

（1）基本的安全管理策略制定：应由安全管理人员为主制定，由分管信息安全工作的负责人召集，以安全管理人员为主，与相关人员一起制定基本的信息系统安全管理策略，包括总体策略和具体策略，并以文件形式表述。

（2）较完整的安全管理策略制定：应由信息安全职能部门负责制定，由分管信息安全工作的负责人组织，信息安全职能部门负责制定较完整的信息系统安全管理策略，包括总体策略和具体策略，并以文件形式表述。

(3)体系化的安全管理策略制定:应由信息安全领导小组组织制定,由信息安全领导小组组织并提出指导思想,信息安全职能部门负责具体制定体系化的信息系统安全管理策略,包括总体策略和具体策略,并以文件形式表述。

(4)强制保护的安全管理策略制定:应由信息安全领导小组组织并提出指导思想,由信息安全职能部门指派专人负责制定强制保护的信息系统安全管理策略,包括总体策略和具体策略,并以文件形式表述。涉密系统安全策略的制定应限定在相应范围内进行,必要时,可征求信息安全监管职能部门的意见。

(5)专控保护的安全管理策略制定:在强制保护的安全管理策略制定的基础上,必要时应征求国家指定的专门部门或机构的意见,或者共同制定专控保护的信息系统安全管理策略,包括总体策略和具体策略。

10.2.2 信息系统安全管理模型

依据 ISO/IEC 27001 标准(即信息安全管理体系 ISMS),采用"计划(P)-实施(D)-检查(C)-处置(A)"(PDCA)模型去架构所有 ISMS 的流程,如图 10.1 所示。

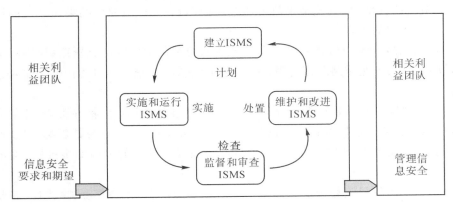

图 10.1 应用与 ISMS 过程的 PDCA 模型

一个组织应在其整体业务活动和所面临风险的环境下建立、实施、运行、监视、评审、保持和改进 ISMS。PDCA 循环是实施信息系统安全管理的有效模型,能够实现对信息安全管理只有起点,没有终点的持续改进,逐步提高信息安全管理的水平。应用于 ISMS 过程的 PDCA 模型说明了如何将相关利益团体的信息安全要求和期望作为输入,并通过必要的行程和过程产生满足这些要求和期望的信息安全结果。

1.计划(Plan)——P阶段

要启动 PDCA 循环,必须有"启动器":提供必需的资源,选择风险管理方法,确定评审方法和文件化实践。计划阶段就是为了确保正确建立信息安全管理体系的范围和详略程度,识别并评估所有的信息安全风险,为这些风险制订适当的处理计划。这个阶段的所有重要活动都要被文件化,以备将来追溯和控制更改情况。

(1)确定范围和方针。信息系统安全管理体系可以覆盖组织的全部或者部分。无论是全部还是部分,组织都必须明确界定体系的范围。如果体系仅涵盖组织的一部分,确定范围就变得更重要了。组织需要文件化信息系统安全管理体系的范围,信息系统安全管理体系范围文件应该涵盖:确立信息系统安全管理体系范围和体系环境所需的过程;战略性和组织化的信息系统安全管理环境;组织的信息系统安全风险管理方法;信息系统安全风险评价标准以及所要求的保证程度;信息资产识别的范围。

安全方针是关于在一个组织内,指导如何对信息资产进行管理、保护和分配的规则与指示,是组织信息系统安全管理体系的基本法。组织的信息系统安全方针是描述信息系统安全在组织内的重要性,表明管理层的承诺,提出组织管理信息系统安全的方法,为组织的信息系统安全管理提供方向和支持。

(2)定义风险评估的系统性方法。确定信息系统安全风险评估方法,并确定风险等级准则。评估方法应该和组织既定的信息系统安全管理体系范围、信息系统安全需求、法律法规要求相适应,兼顾效果和效率。组织需要建立风险评估文件,解释所选择的风险评估方法,说明为什么该方法适合组织的安全要求和业务环境,介绍所采用的技术和工具,以及使用这些技术和工具的原因。评估文件还应该规范下列评估细节:信息系统安全管理体系内资产的估价,包括所用的价值尺度信息;威胁和薄弱点的识别;可能利用薄弱点的威胁的评估,以及此类事故可能造成的影响;以风险评估结果为基础的风险计算,以及残余风险的识别。

(3)识别风险。识别信息系统安全管理体系控制范围内的信息资产;识别对这些资产的威胁;识别可能被威胁利用的薄弱点;识别保密性、完整性和可用性的丢失对这些资产的潜在影响。

(4)评估风险。根据资产保密性、完整性或可用性被破坏后的潜在影响,评估由于安全失败可能引起的商业影响;根据与资产相关的主要威胁、薄弱点及其影响,以及目前实施的控制,评估此类控制失败发生的现实可能性;根据既定的风险等级准则,确定风险等级。

(5)识别并评价风险处理的方法。对于所识别的信息系统安全风险,组织需要分析后区别对待。如果风险满足组织的风险接受方针和准则,那么就有意地、客观地接受风险;对于不可接受的风险,组织可以考虑避免风险或者转移风险;对于不可避免也不可转移的风险应该采取适当的安全控制,将其降低到可接受的水平。

(6)选择处理风险的控制目标与控制方式。选择并文件化控制目标和控制方式,以将风险降低到可接受的等级。BS 7799-2:2002的附录A提供了可供选择的控制目标与控制方式。

不可能总是以可接受的费用将风险降低到可接受的等级,那么需要确定是增加额外的控制,还是接受高风险。在设定可接受的风险等级时,控制的强度和费用应该与事故的潜在费用相比较。

这个阶段还应该计划安全破坏或者违背的探测机制,进而安排预防、制止、限制和恢复机制。

(7)获得最高管理者的授权批准。残余风险(Residual Risk)的建议应该获得批准,开始实施和运作信息系统安全管理体系需要获得最高管理者的授权。

2.实施(Do)——D阶段

实施在计划阶段所涉及方针和方法,以及所选择的控制措施,保证ISMS的正常运行,管理计划阶段所识别的安全风险。

对于那些被评估认为是可接受的风险,不需要采取进一步的措施;对于不可接受风险,需要实施所选择的控制,这应该与策划活动中准备的风险处理计划同步进行。计划的成功实施需要有一个有效的管理系统,其中要规定所选择方法、分配职责和职责分离,并且要依据规定的方式方法监控这些活动。

在不可接受的风险被降低或转移之后,还会有一部分残余风险。应对这部分风险进行控制,确保不期望的影响、破坏被快速识别并得到适当管理。

本阶段还需要分配适当的资源(人员、时间和资金)运行信息系统安全管理体系以及所有的安全控制。这包括将所有已实施控制的文件化,以及信息系统安全管理体系文件的积极维护。

3.检查(Check)——C阶段

检查阶段是PDCA循环的关键阶段,是分析实施阶段运行效果,寻求改进机会的阶段。如果发现一个控制措施不合理、不充分,就要采取纠正措施,以防止信息系统处于不可接受风险状态。组织应该通过多种方式检查信息系统安全管理体系是否运行良好,并对其业绩进行监视。这个阶段包括下列管理过程:

(1)执行程序和其他控制以快速检测处理结果中的错误;快速识别安全体系中失败的和成功的破坏;能使管理者确认人工或自动执行的安全活动达到预期的结果;按照商业优先权确定解决安全破坏所要采取的措施;接受其他组织和组织自身的安全经验。

(2)常规评审信息系统安全管理体系的有效性;收集安全审核的结果、事故以及来自所有股东和其他相关方的建议和反馈,定期评审信息系统安全管理体系的有效性。

(3)评审残余风险和可接受风险的等级;注意组织、技术、商业目标和过程的内部变化,以及已识别的威胁和社会风险的外部变化,定期评审残余风险和可接受风险等级的合理性。

(4)审核是执行管理程序,以确定规定的安全程序是否适当,是否符合标准,以及是否按照预期的目的进行工作。审核的就是按照规定的周期(最多不超过一年)检查信息系统安全管理体系的所有方面是否行之有效。审核的依据包括BS 7799-2:2002标准和组织所发布的信息系统安全管理程序。

管理者应该确保有证据证明:信息系统安全方针仍然是业务要求的正确反映;正在遵循文件化的程序(信息系统安全管理体系范围内),并且能够满足其期望的目标;有适当的技术控制(例如防火墙、实物访问控制),被正确地配置,且行之有效;残余风险已被正确评估,并且是组织管理可以接受的;前期审核和评审所认同的措施已经被实施。

(5)正式评审。为确保范围保持充分性,以及信息系统安全管理体系过程的持续改进得到识别和实施,组织应定期对信息系统安全管理体系进行正式的评审(最少一年评审一次)。

(6)记录并报告能影响信息系统安全管理体系有效性或业绩的所有活动、事件。

4.处置(Act)——A阶段

经过了计划、实施、检查之后,组织在处置阶段必须对所计划的方案给以结论,是应该继续执行,还是应该放弃而重新进行新的策划? 当然该循环给管理体系带来明显的业绩提升,组织可以考虑是否将成果扩大到其他的部门或领域,这就开始了新一轮的PDCA循环。

在这个过程中组织可能持续地进行以下操作:测量信息系统安全管理体系满足安全方针和目标方面的业绩;识别信息系统安全管理体系的改进,并有效实施;采取适当的纠正和预防措施;针对结果,进行及时沟通,并与所有相关方磋商;必要时修订信息安全管理体系;确保修订达到预期的目标。

在这个阶段需要注意的是:很多看起来单纯的、孤立的事件,如果不及时处理就可能对整个组织产生影响,所采取的措施不仅具有直接的效果,还可能带来深远的影响。组织需要把措施放在信息系统安全管理体系持续改进的大背景下,以长远的眼光来打算,确保措施不仅致力于眼前的问题,还要杜绝类似事故再发生或者降低其再发生的可能性。

10.2.3 信息系统安全管理体系建设

在信息系统安全管理体系建设过程中,是将信息系统安全管理体系、等级保护和风险评估三者进行融合。风险评估与等级保护都融合在实施信息系统安全管理体系的过程中,而风险评估则是信息系统安全管理体系建设过程中的关键环节。

ISO/IEC 27001标准是建立和维护信息系统安全管理体系的标准,它要求通过PDCA的过程来建立信息系统安全管理体系框架,其重点关注的问题包括:确定体系范围,制定信息安全策略,明确管理职责,通过风险评估确定控制目标和控制方式。信息系统安全管理体系一旦建立,机构应该按照PDCA周期来实施、维护和持续改进,确保体系运作的有效性。同时,ISO/IEC 27001标准非常强调过程中文件化工作,其文件体系应该包括安全策略、实用性申明(选择与未选择的控制目标和控制措施)、实施安全控制所需的程序文件、管理和操作程序,以及信息系统安全管理体系开展的所有活动的证明材料。

但在信息系统安全管理体系建设过程中,需要理清信息系统安全管理体系和等级保护制度之间的关系。

1.两者的相同点

无论是信息系统安全管理体系还是等级保护制度,它们的目标都是一致的,即保障组织的信息安全,都充分体现了信息安全应重视管理的思想,只有做好安全管理,安全技术才能充分发挥作用。

(1)两者的目标是相同的。在信息系统安全管理体系建设过程中,应该结合等级保护工作,通过等级测评,对信息系统实施保护。它们的目标都是保障机构的信息安全。

(2)管理要求有相似之处。两者从标准来看,都用到了ISO/IEC 17799标准。信息系统安全管理体系实施过程中,按照ISO/IEC 27001的建设过程要求,依据ISO/IEC

17799中的控制目标和控制措施实施风险评估,建立机构的安全策略和措施等。在等级测评过程中,依据DB/T 171-2002标准,安全管理测评要求也是来自于ISO/IEC 17799的各项安全控制目标和控制措施。

（3）两者互补。两者之间是相互促进和补充的。ISO/IEC 17799的控制措施包含了等级保护方面的绝大多数要求,而信息系统安全管理体系实施流程中风险控制措施的选择,是结合信息系统确定的安全等级要求,从等级保护相关标准中选择补充ISO/IEC 17799之外的控制措施。两者之间的联系主要体现在管理方面。

2.两者的不同点

等级保护制度作为信息保障的一项基本机制,而信息系统安全管理体系是一种管理机制,它们的区别主要体现在以下几个方面:

（1）出发点和侧重点不同。重点在于对信息系统进行分类分级,而信息系统安全管理体系则主要是从安全管理角度出发,重点在于建立安全方针和目标,通过各种要素的相互作用实现这些方针和目标,并实施体系的持续改进,主要体现安全管理的作用和重要性。

（2）实施依据不同。信息系统安全管理体系建设是依据标准ISO/IEC 27001,其中详细规定了信息系统安全管理体系的模型和完整过程。在实施信息系统安全管理体系的工程中,间接使用了ISO/IEC 17799标准。等级安全保护依据的标准是GA/T 708-2007标准,其中详细规定了信息系统的不同安全等级。

（3）实施的主体不同。信息系统安全管理体系的建设主体是各机构组织,它们为了维护本组织的信息安全,出于自身安全的需要,主动建立适合本组织需要的信息安全管理体系。而等级保护是通过等级测评的方式,由经过国家认可的信息安全评测认证机构,进行等级测评工作。

（4）实施对象不同。信息系统安全管理体系的实施对象主要是各企事业单位、党政机关等。等级保护的对象是有信息系统等级要求的各级党政机关等政府部门。

（5）实施过程不同。信息系统安全管理体系的完整过程贯穿组织或组织某一特定范围的管理体系的整个生命周期,既可以与其管理体系同步进行,也可以在其管理体系建设完成的基础上进行。信息系统安全管理体系可以作为管理体系的一部分,利用风险分析的方法来建立、实施和运行、监视和评审、保持和改进组织的信息安全管理体系,保证组织的信息安全。

等级保护制度的完整过程贯穿信息系统的整个生命周期。对于新建信息系统,从信息系统建设项目启动阶段确定其安全保护等级,到运行维护阶段进行等级保护的维护管理;对于已建信息系统,等级保护的系统定级、安全规划设计、安全实施和安全运行维护管理等过程都是在系统运行维护阶段完成的。

（6）实施结果不同。信息系统安全管理体系是为组织或机构建立一整套信息系统安全管理体系的文件,通过在组织和日常业务过程中加以实施,不断改进,从而有力加强本组织的信息安全。

等级保护制度是通过等级测评的结果,给出被测评对象是否达到其申明的安全等级要求。在某种意义上来讲,测评也是认证过程。

10.3　信息系统安全管理措施

信息系统安全管理措施主要是针对安全要求和风险,选择和实施合适的控制,以确保将风险控制到一个可以接受的程度。这种安全控制措施主要分为三种类型:管理控制,技术控制和物理控制。

(1)管理控制通常是管理人员的职责,包括:筛选人员,执行安全意识培训,编制业务连续性和灾难计划,执行安全规则,以及变更控制。

(2)技术控制是通过技术手段保护资源和信息的逻辑机制。

(3)物理控制主要用于保护计算机系统、部门、人员和设施,包括:保安,边界防护,门禁等。

10.3.1　物理安全管理

物理安全是信息系统安全的基础,它就是保障信息系统有一个安全的物理环境,对接触信息系统的人员有一套完整的技术控制手段,且充分考虑自然事件可能对信息系统造成的威胁并加以规避。

1.机房与设施安全管理

机房与设施安全管理就是对放置信息系统的空间和设施进行仔细周密的计划,对信息系统进行物理上的严密保护,以避免可能存在的不安全因素。一般的做法是对机房规定不同的安全等级,从而提供相应的安全管理手段,既不欠保护,也不过保护。在这个过程中,需要增加必要的技术手段,以保证只有授权人员才能接触到被保护的信息系统,及时发现和阻止非法进入。

2.环境和人身安全管理

物理安全管理需要考虑防火、防漏水和水灾、防自然灾害等物理安全威胁,因此,需要一系列措施保证组织或机构有足够的能力控制这些物理威胁,及时发现,并且一旦出现这些威胁,能够及时处理,保证人员安全。

3.电磁泄漏管理

电磁泄漏是主要的安全威胁之一,它不仅可以通过电源线、控制线、信号线和地线等向外传导造成信息泄漏,而且可以通过电磁波的形式向外辐射,造成信息的辐射泄漏。电磁泄漏管理就是通过技术控制的手段,防止电磁泄漏。其主要方法有:一是通过电子隐藏技术掩盖信息系统的工作状态和保护信息;二是通过屏蔽等物理抑制手段,抑制一切有用信息的电磁外泄。

10.3.2　系统安全管理

根据系统需要完成的目标和任务类型不同,应用系统可以分为四种类型:业务处理系统(即支持或替代工作人员完成某种工作和业务所使用的系统,如自动柜员机),职能信息系统(即用于完成职能部门工作所使用的信息系统,如财务信息系统),组织信息系统(即用于行政管理部门或某一行业领域的信息管理系统,如政府机关信息系统),决策支持系统(即知识型、智能化处理程序的系统,用于支持、辅助用户的决策管理,如专家系统)。

系统在实际使用过程中,由于其设计不当,操作不正确或人为、自然的破坏,存在一些社会问题和道德问题,如:资源浪费,计算机犯罪,侵犯个人隐私等。

系统安全管理的主要措施包括安全防范设施和安全保障机制,从而有效降低系统风险和操作风险,预防计算机犯罪。具体的工作包括:建立安全管理组织,负责制定信息系统安全管理制度,广泛开展信息技术安全教育,定期或不定期进行系统安全检查,保证系统安全运行。这些工作的执行要求有专门的安全防范组织和安全人员,同时建立相应的信息系统安全委员会、安全小组。安全组织成员应该包括主管领导、信息安全部门、信息系统管理、人事、审计等部门的工作人员。机构的安全组织也可以成立专门的委员会,对安全组织的成立、成员的变动等定期向信息系统安全管理部门报告。

10.3.3　运行安全管理

如果信息系统不能稳定高效运行,对于组织或机构而言是非常严重的事情,因此,对信息系统进行科学有效的管理,及时排除故障,是保证信息系统安全可靠运行的重要前提。

1.故障管理

故障管理是对信息系统中的问题或故障进行定位的过程,包括:发现问题,分离问题,找出失效的原因,解决问题等内容。在这个过程中,可以借助排障工具。

2.性能管理

性能管理是通过监测信息系统中硬件、软件和媒体的性能,及时发现问题,进行修正和补救,保证系统有足够的能力满足用户的需求。

3.变更管理

信息系统在整个生命周期内,处于不断变换的状态。无论这种变化是由于内部原因,还是外部原因,管理员都要花费大量的时间去调查、推断和排除对系统的影响。

10.3.4　数据安全管理

在当今信息时代,信息技术的核心就是信息的处理和存储,而数据是信息的量化内容。在这种大环境下,一旦数据丢失,对组织或机构所造成的损失是无法估量的。数据的安全管理包括:数据载体管理,数据分类管理,数据存储管理,数据访问控制管理,数据备份管理等。

1.数据载体管理

信息系统有大量存储数据的载体,如记录纸、硬盘、软盘、磁带、ROM、RAM、光碟等。这些载体上存储了大量的信息,甚至是密码信息,因此,防止它们被盗取、销毁、破坏和篡改是数据载体管理的重要职责。在管理过程中,除了严格登记载体的使用情况外,还必须设定访问权限,只有被授权的人员才能访问相应的载体。

2.数据分类管理

在信息系统中,其处理和存储的数据安全等级和重要程度是不同的,因此需要对数据进行分类管理,不同类别的数据采用不同的保护措施。

3.数据存储管理

无论数据的处理过程如何,数据最终是要存储到一定载体上的,即信息和信息技术必须依托一定的存储载体而存在,因此数据存储的可靠性和可用性、数据备份和灾难恢复能力,是组织或机构首先需要考虑的问题。数据存储管理就是为了防止意外事件和自然灾害对存储数据的破坏而采取的管理手段。

4.数据访问控制管理

为了保证非法用户使用系统,或合法用户对系统资源的非法使用,需要对信息系统采取自我保护措施,即访问控制管理。一是限制访问系统的人员;二是限制进入系统的用户的权限。

5.数据备份管理

数据备份是保护信息系统安全的重要手段之一。如果没有数据备份和恢复措施,很有可能因为数据的丢失而造成整个系统的瘫痪。数据备份管理需要注意以下几点:

(1)重要的数据库至少每周备份1次,保存期至少为3周。网络数据库的数据需要进行异地交叉备份、相互备份,用于防止火灾等自然灾害的破坏。

(2)在利用数据压缩技术进行数据备份时,应选择具有保密功能的数据压缩算法,对机密信息进行备份,保证数据的安全。

(3)在数据存储、备份、传输和交换过程中,必须通过口令、加密、数字签名或智能卡等技术保证数据的安全。

(4)信息系统安全管理员必须保护好系统运行日志,并及时进行备份,它是数据恢复时的重要依据。

(5)运维部门应该制订完整的数据备份计划,并严格实施,其内容包括:哪些信息系统和数据需要备份,注明完全和增量备份的频度和责任人。

(6)保证备份介质的物理安全。攻击者可以通过恢复介质中的数据而获得信息系统的重要数据,成为攻击系统的切入点。

(7)必须定期检查备份数据的介质的有效性。定期进行恢复演习是对备份数据有效性的有力鉴定,同时也是对网管人员数据恢复技术的操练,做到遇事不慌,从容应对,保障信息系统服务的正常运行。

10.3.5 人员安全管理

信息系统的建设和运用离不开人,人不仅是信息系统建设和应用的主体,也是安全管理的对象。在整个信息系统安全管理中,人员安全管理至关重要,它直接关系到管理的成败,因此,在管理过程中,需要对人员进行安全意识培训和规范化管理。

1.安全组织的建设

安全管理的实施仅靠一个人或几个人的高超技术是不行的,需要依赖于组织行为,因此,机构必须建立安全组织,完善管理制度,建立有效的工作机制,对机构的聘用人员进行严格的审查,明确人员的安全责任和保密要求。必须对组织内部的人员进行有组织的业务培训、安全意识培训和教育,并建立考核和奖惩机制,使信息安全融入组织结构的整个环境和文化中,减少有意、无意的内外部威胁。

2.人员安全审查

人是各个安全环境的最重要因素,许多安全事件都是由内部人员引起的,因此,全面提高人员的技术水平、道德品质和安全意识是信息系统安全最重要的保证,而加强人员安全审查是第一关。

人员的安全审查应该从人员的安全意识、法律意识和安全技能等方面进行审查,根据信息系统所规定的安全等级来确定审查的标准。在实际操作中,应遵循"先审查,后上岗,先试用,后聘用"的原则,对于新录用的人员、预备录用的人员和正在试用的人员都要做好人员记录,对其进行备案。

3.安全培训和考核

人的行为不仅会受到生理、心理因素的影响,而且还会受到技术熟练程度、责任心和品德等素质的影响,因此,人员的教育、培训和训练都将关系到组织的信息安全。机构应定期对从事操作和维护信息系统的工作人员进行培训,包括:信息系统安全培训,政策法规培训等。同时,人力资源和安全部门要定期组织对信息系统所有工作人员的业务和思想品质进行考核,对于考核中发现有违反安全法规行为的人员或发现不适合接触信息系统的人员,要及时调离岗位。

4.签订安全保密合同

对于管理信息系统的人员需要签订保密合同,承诺其对系统应尽的安全保密义务,保证在岗期间和离岗后的一定时期内,不得违反保密合同,泄漏系统秘密。对违反保密合同的人员应进行相应的处理,触犯法律的应追究其法律责任。对接触秘密信息的人员应规定在其离岗后,在规定的时间内不得加入跟组织有业务竞争关系的单位工作或为其提供外包服务。

5.离岗人员的安全管理

组织的人员管理必须有关于人员调离的安全管理制度,如:人员调离的同时,马上收回工作所需的钥匙,进行工作移交,更换口令,取消账号,并向被调离的人员申请其保密义务。

对离开工作岗位的人员,确定该人员是否从事过敏感信息的处理工作。任命或提拔员工时,只要其涉及处理敏感信息或接触敏感信息的处理设备,需要对其进行信用调查,如果这个员工位高权重,则此类信用调查更要定期开展。

6.人员安全管理的原则

(1)职责分离原则。确保组织内不可能存在单独一个人就能破坏机构安全或做欺诈活动的可能性,必须有相应的措施。

(2)岗位轮换原则。保证组织内有多人受到一个特定岗位的培训,如果人员离开或由于某种原因缺席,有后备人员能够及时补上。同时,该原则也可以帮助识别欺骗性活动。

(3)最小特权原则。组织中的每个工作人员只能执行其岗位所需要的最低许可和权限。

(4)强制休假原则。该原则为组织提供了一种发现内部人员恶意、舞弊的机会。某个员工休假后,其他人员通过接手其岗位,可以发现该员工是否利用职权,进行非预期事件和操作。

(5)限幅级别。这是组织为特定错误建立的一个阈值,一旦达到这个阈值,系统会自动报警,一旦超过这个阈值,组织必须进行相关记录和审计。

10.3.6　技术文档安全管理

技术文档是指系统设计、研制、开发、运行和维护过程中的所有技术问题的文字描述,它全面反映了系统的构造原理,阐述了系统的实现方法,记录了系统各阶段的技术信息。

1.文档的分级管理

常见的文档密级分为绝密级、机密级、秘密级、一般级四个级别。文档密级的变更和解密,必须依照国家有关保密法和行政法规的规定办理,发现丢失或泄密事件应及时报告,并认真处理。

2.文档借阅管理

文档借阅需要履行必要的等级和审批手续。查阅技术文档时不得抄录、拍照和复制,已抄录、拍照和复制的文档必须履行等级手续,并只能在本单位使用。组织结构应建立健全文档管理制度,根据文档的密级确定不同的利用范围,规定不同的审批手续。各单位要定期或不定期对管理文档借阅的工作人员进行保密教育,检查遵守保密制度的情况。

3.文档的保管与销毁

所有文档都应该按照安全政策规定的要求进行保管,并采取有效措施消除和减少遗失、损坏文档的各种因素,维护文档的完整与安全。技术文档的保管应从文档的特点出发,管理方法应有利于文档保护和查找。

经过鉴定和审查,认为确无保存价值,或保密期已满的文档,应当妥善处理甚至销毁。销毁文档时,应编造销毁清册和撰写销毁报告,内容包括:立档单位和文档的简要历史情况,销毁档案的数量和详细内容,鉴定文档的情况和销毁文档的依据。准备销毁的文档必须经过相应的审批手续才能销毁。文档销毁清册在批准前,应单独保管。文档销毁时,需要指派两名以上的专人检查无误后监销,直至文档确已销毁。事后,监销人要在销毁清册上注明"已销毁"字样和销毁日期,并由监销人签字。

4.电子文档安全管理

电子文档包括形成、处理、收集、整理、归档、保管和利用等各个环节,在这些环节中都可能存在信息的丢失或更改,因此,需要建立一套科学严密的管理制度,消除每个环节可能导致信息失真的隐患。维护电子文档真实性的管理措施涉及电子文档的各个环节,通常又称为"电子文档全过程管理"。电子文档的管理不仅要注重每个阶段的结果,也要重视每项工作的具体过程,并将其一一记录在案。

5.技术文档备份

技术文档需要进行备份,但不得非法复制、备份,确需复制的,必须由主管领导同意。而对于秘密级以上的重要技术文档应考虑双备份,并存放于不同的地点,备份的文档与源文档具有同样的安全级别。

10.4　本章小结

本章主要讲解了信息系统安全管理的概念,所涉及的相关标准,以及管理的原则;在此基础上,讨论了信息系统安全管理体系,阐述了其安全管理的策略,管理的模型,以及如何建立安全管理体系等;最后,从六个方面,讲解了实现信息系统安全管理的措施。

习题

1.简述信息系统宏观和微观安全管理的主要内容。

2.简述信息系统安全管理体系和等级保护制度的区别和联系。

3.简要阐述信息系统安全管理的内容。

4.一个组织机构内部,实施信息系统安全管理的原则是什么?

5.阐述信息系统安全管理模型,分析该模型的优、缺点。

6.信息系统安全管理体系建设需要哪些主要内容?

7.在信息系统安全管理措施中阐述的物理安全管理,与第3章的物理安全之间是什么关系? 分析说明。

第11章

信息系统安全风险评估和等级保护

　　信息系统在使用过程中,必然面临人为的破坏或自然的威胁,其存在安全风险是必然的。所谓信息系统是安全的,是指信息系统实施了安全风险评估之后,根据其可能存在的安全威胁和系统的安全等级,进行风险控制,使其风险降低到一个可以接收的程度。

　　本章11.1节简单阐述信息系统安全风险评估的概念,评估的目的和意义,评估的原则。11.2节讨论信息系统安全风险评估方法,包括:安全风险评估的基本要素、主要内容、评估流程和风险计算方法。11.3节讨论信息系统风险评估工具以及工具选择的原则。11.4节讨论信息系统安全等级保护,包括:信息系统安全防护等级,安全需求等级,等级保护的基本要求、实施指南和设计方法。

11.1　信息系统安全风险评估概述

11.1.1　信息系统安全风险评估的概念

　　信息系统安全风险评估是传统的风险理论和方法在信息系统中的应用,是在科学分析和评价信息系统所面临的安全风险的基础上,对减少、规避和转移安全风险所采用的控制方法做出抉择,综合平衡成本和效益的过程。风险评估将标识信息系统的资产价值,识别信息系统面临的自然和人为的威胁,识别信息系统的脆弱性,分析各种威胁发生的可能性。它是根据国家有关信息安全技术标准,对信息系统及其处理、传输和存储信息的安全属性进行科学评估的过程,即评估信息系统的脆弱性,所面临的威胁以及脆弱性被威胁源利用后对系统造成的负面影响,并根据安全事件发生的可能性和负面影响来识别信息系统的安全风险。

　　信息系统安全风险评估有利于了解组织的信息系统的安全环境、管理和安全现状,有助于提高信息系统安全保障能力。其目的和意义主要体现在以下几个方面:

（1）任何系统的安全性都可以通过风险的大小来衡量，科学地分析系统的安全风险，能够确定系统脆弱性和威胁源的分布，如：入侵者、内部人员和自然灾害等；确定这些威胁发生的可能性；分析威胁发生后对系统造成的危害到底有多大，以确定相应的级别；确定敏感、重要资产在威胁发生后的损失。

（2）信息系统安全风险评估是信息系统建设的起点和源头。组织内所有信息系统的建设都必须基于其安全风险评估，只有正确地、全面地识别安全风险、分析风险，才能在预防风险、控制风险、减少风险和转移风险之间做出正确的抉择，决定调动多少资源，付出多大的成本，采取怎样的措施控制和化解风险。

（3）明晰组织的安全需求，指导组织建立安全管理体系，合理规划安全建设计划。通过安全风险评估，可全面、准确地了解组织的安全现状，发现系统的安全问题和可能的危害，从而确定信息系统的安全需求，找出目前的安全策略和实际需求之间的差距，为决策者制定安全策略，构建安全管理体系，确定安全措施，选择安全产品，设计防御的技术体系和建立安全防护架构，提供严谨的、科学的理论依据和完整、规范的指导模型。

（4）信息系统安全风险是以安全需求为主导的，但在评估过程中需要突出重点。风险是客观存在的，完全消灭或完全避免是不现实的，因此，需要根据组织的具体安全需求，信息系统的威胁大小，需要付出的成本和可能出现问题的严重程度，坚持从实际出发、需求主导、重点突出、科学评估和分级保护来降低或控制风险。

信息系统安全风险评估是信息系统每个生命周期的起点和动因，评估早了，不仅造成组织资源的浪费，消耗了不必要的成本，而且不一定与信息系统具体使用时的情况一致，可能需要重新评估；评估晚了，可能威胁和损失已经发生。因此，信息系统安全风险评估需要考虑具体的时机。一般情况如下：

（1）在设计规划或升级信息系统时。前者是在信息系统建立时，通过信息系统安全风险评估，将安全体系和机制的建设与系统的建设同步进行，有利于为信息系统建立完整和全面的防护体系；后者是在现有的信息系统升级时，其安全威胁和安全需求可能发生改变，此时需要对其风险重新评估。

（2）目前的信息系统需要增加新的应用或新的扩充时，其运行环境可能发生变化，造成其威胁源发生变化，从而需要重新对其进行风险评估，进一步确定新的安全需求。

（3）发生一次安全事件后，意味着原有的安全威胁分析不够全面，有所遗漏，此时需要重新评估其风险。

（4）组织发生结构性变动时，信息系统的运行环境将发生变化，管理人员和运行、使用系统的人员可能发生变化，需要对信息系统安全风险重新评估。

（5）按照某些规定或特殊要求，对信息系统的安全进行评估时。

11.1.2　信息系统安全风险评估的原则和参考标准

1.风险评估的原则

根据国标GB/T　31509-2015《信息安全技术　信息安全风险评估实施指南》的要求，

在信息系统风险评估过程中,应遵循以下原则:

(1)标准性原则。信息系统的安全风险评估,应按照GB/T 20984-2007《信息安全技术 信息安全风险评估规范》的规定,在各阶段性的评估工作中,实施评估流程。

(2)关键业务原则。信息系统安全风险评估应以被评估组织的关键业务作为评估工作的核心,把涉及这些业务的相关网络与系统,包括基础网络、业务网络、应用基础平台、业务应用平台等作为评估的重点。

(3)可控性原则。在风险评估项目实施过程中,应严格按照标准的项目管理方法对服务过程、人员和工具进行控制,以确保风险评估实施过程中的可控和安全。

①服务可控性。评估方应事先在评估工作沟通会议中,向用户介绍评估服务流程,明确需要得到被评估组织协作的工作内容,确保安全评估服务工作的顺利进行。

②人员与信息可控性。所有参与评估的人员均应进行严格的资格审查和备案,明确其职责分工,应签署保密协议,以保证项目信息的安全;应对工作过程数据和结果数据严格管理,未经授权不得泄露给任何单位和个人。

③过程可控性。应按照项目管理的要求,成立项目实施团队,采用项目组长负责制,达到项目过程的可控。

④工具可控性。安全评估人员所使用的评估工具应该事先通告用户,并在实施前获得用户的许可,包括产品本身、测试策略等。

(4)最小影响原则。对于在线业务系统的风险评估,应采用最小影响原则,即首要保障业务系统的稳定运行,而对于需要进行攻击性测试的工作内容,需与用户沟通并进行应急备份,同时选择避开业务的高峰时间进行。

2.信息系统安全风险评估参考的标准

信息系统安全风险评估可以参考的标准如下:

(1)GB/T 31509—2015 信息安全技术 信息安全风险评估实施指南(中国标准)。

(2)GB/T 20984—2007 信息安全技术 信息安全风险评估规范(中国标准)。

(3)GB/T 18336系列标准 安全技术 信息技术安全评估准则(中国标准)。

(4)GB 17859—1999 计算机信息系统安全保护等级划分准则(中国标准)。

(5)ISO/IEC 17799系列标准 信息安全管理(国际标准)。

(6)ISO/IEC 13335系列标准 信息安全管理指南(国际标准)。

(7)ISO/IEC 15408系列标准 信息技术安全的评估准则(国际标准)。

(8)NIST SP 800-30 信息系统风险管理指南(美国NIST标准)。

(9)BS 15000 信息服务管理体系(英国标准)。

(10)BS 7799-2 信息安全管理(英国标准)。

(11) OCTAVE (Operationally Critical Threat, Asset, and Vulnerability Evaluation),风险评估方法(美国卡内基·梅隆大学开发)。

11.2　信息系统安全风险评估方法

11.2.1　安全风险评估的基本要素

　　根据国家标准GB/T 20984-2007,安全风险评估涉及的基本要素包括资产、威胁、风险、脆弱性和安全措施,并明确了这些要素在风险管理过程中的相互关系,如图11.1所示。

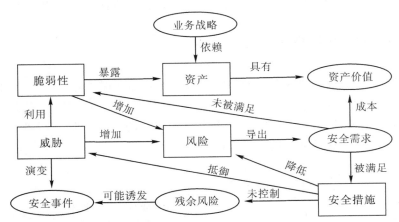

图注:在图11.1中,方框部分的内容为风险评估的基本要素,椭圆部分的内容是与这些要素相关的属性。

图11.1　风险评估要素关系

　　风险评估围绕着这些基本要素展开,在对基本要素的评估过程中,需要充分考虑业务战略、资产价值、安全需求、安全事件、残余风险等与这些基本要素相关的各种属性。

　　(1)业务战略:组织为实现其发展目标而制定的一组规则或要求。

　　(2)资产价值:资产是指对组织具有价值的信息或资源,是安全策略保护的对象。资产价值是资产的重要程度或敏感程度的表征,是资产的属性,也是进行资产识别的主要内容。

　　(3)安全需求:为保证组织业务战略的正常运行而在安全措施方面提出的要求。

　　(4)安全事件:它是指系统、服务或网络的一种可识别状态的发生,它可能是对信息安全策略的违反或防护措施的失效,或未预知的不安全状态。

　　(5)残余风险:采取安全措施后,信息系统仍然可能存在的风险,即未被安全措施控制的风险。

　　风险评估的基本要素与其属性之间存在以下关系:

　　(1)业务战略的实现对资产具有依赖性,依赖程度越高,要求其风险越小。

(2)资产是有价值的,组织的业务战略对资产的依赖程度越高,资产的价值就越大。

(3)风险是由威胁引发的,资产面临的威胁越多则风险越大,并可能演变成为安全事件。

(4)资产的脆弱性可能暴露资产的价值,资产具有的弱点越多则风险越大。

(5)脆弱性是未被满足的安全需求,威胁利用脆弱性将危害资产。

(6)风险的存在和对风险的认识,导出安全需求。

(7)安全需求可通过安全措施得以满足,需要结合资产价值考虑实施成本。

(8)安全措施可以抵御威胁,降低风险。

(9)残余风险有些是由于安全措施不当或无效造成的,而有些则是在综合考虑了安全成本与效益后未去控制的风险。

(10)残余风险必须密切关注,它可能在将来的某个时刻诱发新的安全事件。

11.2.2　安全风险评估的主要内容

风险评估一般包含识别风险、分析风险、评价风险和处理风险等环节,其中风险分析主要涉及资产、威胁、脆弱性等三个基本要素,每个要素有各自的属性,资产的属性是资产的价值;威胁的属性可以是威胁主体、影响对象、出现频率、动机等;脆弱性的属性是资产弱点的严重程度。风险分析的原理如图11.2所示。

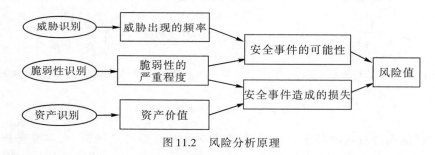

图11.2　风险分析原理

风险分析的主要内容包含以下几个方面:

(1)对资产进行识别,并对资产的价值进行赋值。

(2)对威胁进行识别,描述威胁的属性,并对威胁出现的频率赋值。

(3)对脆弱性进行识别,并对具体资产脆弱性的严重程度赋值。

(4)根据威胁及威胁利用脆弱性的难易程度判断安全事件发生的可能性。

(5)根据脆弱性的严重程度及安全事件所作用的资产价值,计算安全事件的损失。

(6)根据安全事件发生的可能性及安全事件出现后的损失,计算安全事件一旦发生对组织造成的影响,即风险值。

11.2.3　风险评估实施流程

风险评估的实施流程如图11.3所示。

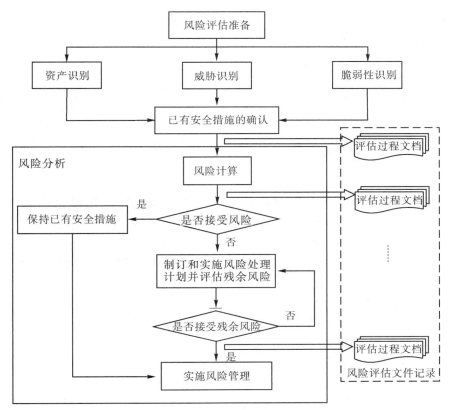

图 11.3 风险评估实施流程

1.风险评估准备

组织实施风险评估是一种战略性的考虑,其结果将受到组织业务战略、业务流程、安全需求、系统规模和结构等方面的影响,因此,在风险评估实施前,必须进行充分的准备。风险评估准备是整个风险评估过程有效性的保证,它包括以下几个方面的内容:

(1)确定风险评估的目标。根据满足组织业务持续发展在安全方面的需要、法律法规等内容,识别现有信息系统及管理上的不足,以及可能造成的风险大小。

(2)确定范围。风险评估范围可能是组织全部的信息及与信息处理相关的各类资产、管理机构,也可能是某个独立的信息系统、关键业务流程、与客户知识产权相关的系统或部门等。

(3)组建团队。风险评估实施团队,由管理层、相关业务骨干、信息技术等人员组成的风险评估小组。必要时,可组建由评估方、被评估方领导和相关部门负责人参加的风险评估领导小组,聘请相关专业的技术专家和技术骨干组成专家小组。

评估实施团队应做好评估前的表格、文档、检测工具等各项准备工作,进行风险评估技术培训和保密教育,制定风险评估过程管理的相关规定。可根据被评估方要求,双方签署保密合同,必要时签署个人保密协议。

(4)系统调研。系统调研是确定被评估对象的过程,风险评估小组应进行充分的系统调研,为风险评估依据和方法的选择,评估内容的实施奠定基础。调研内容至少应包括:

①业务战略及管理制度。

②主要的业务功能和要求。

③网络结构与网络环境,包括内部连接和外部连接。

④系统边界。

⑤主要的硬件、软件。

⑥数据和信息。

⑦系统和数据的敏感性。

⑧支持和使用系统的人员。

⑨其他。

系统调研可以采取问卷调查、现场面谈相结合的方式进行。调查问卷是提供一套关于管理或操作控制的问题表格,供系统技术或管理人员填写。现场面谈则是由评估人员到现场观察并收集系统在物理、环境和操作方面的信息。

(5)确定依据。根据系统调研结果,确定评估依据和评估方法。评估依据包括但不仅限于:

①现行国际标准、国家标准、行业标准。

②行业主管机关的业务系统的要求和制度。

③系统安全保护等级要求。

④系统互联单位的安全要求。

⑤系统本身的实时性或性能要求等。

根据评估依据,应考虑评估的目的、范围、时间、效果、人员素质等因素来选择具体的风险计算方法,并依据业务实施对系统安全运行的需求,确定相关的判断依据,使之能够与组织环境和安全要求相适应。

(6)制定方案。风险评估方案的目的是为后面的风险评估实施活动提供一个总体计划,用于指导实施方开展后续工作。风险评估方案的内容一般包括(但不仅限于):

①团队组织:包括评估团队成员、组织结构、角色、责任等内容。

②工作计划:风险评估各阶段的工作计划,包括工作内容、工作形式、工作成果等内容。

③时间进度安排:项目实施的时间进度安排。

(7)获得支持。上述所有内容确定后,应形成较为完整的风险评估实施方案,得到组织最高管理者的支持、批准;对管理层和技术人员进行传达,在组织范围内就风险评估相关内容进行培训,以明确有关人员在风险评估中的任务。

2.资产识别

(1)资产分类。保密性、完整性和可用性是评价资产的三个安全属性。风险评估中资产的价值不是以资产的经济价值来衡量,而是由资产在这三个安全属性上的达成程度或者其安全属性未达成时所造成的影响来决定的。安全属性达成程度的不同将使资产具有不同的价值,而资产面临的威胁,存在的脆弱性以及已采用的安全措施都将对资产安全属性的达成程度产生影响。为此,应对组织中的资产进行识别。

在一个组织中,资产有多种表现形式。同样的两个资产也因属于不同的信息系统而有不同重要性,而且对于提供多种业务的组织,其支持业务持续运行的系统数量可能更多。这时首先需要将信息系统及相关的资产进行恰当的分类,以此为基础进行下一步的风险评估。在实际工作中,具体的资产分类方法可以根据具体的评估对象和要求,由评估者灵活把握。根据资产的表现形式,可将资产分为数据、软件、硬件、服务、人员等类型。

(2)资产赋值。

①保密性赋值。根据资产在保密性上的不同要求,将其分为五个不同的等级,分别对应资产在保密性上应达成的不同程度或者保密性缺失时对整个组织的影响。表11.1提供了一种保密性赋值参考。

表11.1　资产保密性赋值

等级	标识	描述
5	很高	包含组织最重要的秘密,关系未来发展的前途命运,对组织根本利益有着决定性的影响,如果泄露会造成灾难性的损害
4	高	包含组织的重要秘密,其泄露会使组织的安全和利益遭受严重损害
3	中等	组织的一般性秘密,其泄露会使组织的安全和利益受到损害
2	低	仅能在组织内部或在组织某一部门内部公开的信息,向外扩散有可能对组织的利益造成轻微损害
1	很低	可对社会公开的信息,公用的信息处理设备和系统资源等

②完整性赋值。根据资产在完整性上的不同要求,将其分为五个不同的等级,分别对应资产在完整性上缺失时对整个组织的影响。表11.2提供了一种完整性赋值的参考。

表11.2　资产完整性赋值

等级	标识	描述
5	很高	完整性价值非常关键,未经授权的修改或破坏会对组织造成重大的或无法接受的影响,对业务冲击重大并可能造成严重的业务中断,难以弥补
4	高	完整性价值较高,未经授权的修改或破坏会对组织造成重大影响,对业务冲击严重,较难弥补
3	中等	完整性价值中等,未经授权的修改或破坏会对组织造成影响,对业务冲击明显,但可以弥补
2	低	完整性价值较低,未经授权的修改或破坏会对组织造成轻微影响,对业务冲击轻微,容易弥补
1	很低	完整性价值非常低,未经授权的修改或破坏对组织造成的影响可以忽略,对业务冲击可以忽略

③可用性赋值。根据资产在可用性上的不同要求,将其分为五个不同的等级,分别对应资产在可用性上应达成的不同程度。表11.3提供了一种可用性赋值的参考。

表 11.3　资产可用性赋值

等级	标识	描述
5	很高	可用性价值非常高,合法使用者对信息及信息系统的可用度达到年度99.9%以上,或系统不允许中断
4	高	可用性价值较高,合法使用者对信息及信息系统的可用度达到每天90%以上,或系统允许中断时间小于10min
3	中等	可用性价值中等,合法使用者对信息及信息系统的可用度在正常工作时间达到70%以上,或系统允许中断时间小于30min
2	低	可用性价值较低,合法使用者对信息及信息系统的可用度在正常工作时间达到25%以上,或系统允许中断时间小于60 min
1	很低	可用性价值可以忽略,合法使用者对信息及信息系统的可用度在正常工作时间低于25%

④资产重要性等级。资产价值应依据资产在保密性、完整性和可用性上的赋值等级,经过综合评定得出。综合评定方法可以根据自身的特点,选择对资产保密性、完整性和可用性最为重要的一个属性的赋值等级作为资产的最终赋值结果。也可以根据资产保密性、完整性和可用性的不同等级对其赋值进行加权计算,得到资产的最终赋值结果。加权方法可根据组织的业务特点确定。

为与上述安全属性的赋值相对应,根据最终赋值将资产划分为五级,级别越高表示资产越重要,也可以根据组织的实际情况确定资产识别中的赋值依据和等级。表 11.4 中的资产等级划分表明了不同等级重要性的综合描述。评估者可根据资产赋值结果,确定重要资产的范围,并主要围绕重要资产进行下一步的风险评估。

表 11.4　资产等级及含义描述

等级	标识	描述
5	很高	非常重要,其安全属性破坏后可能对组织造成非常严重的损失
4	高	重要,其安全属性破坏后可能对组织造成比较严重的损失
3	中等	比较重要,其安全属性破坏后可能对组织造成中等程度的损失
2	低	不太重要,其安全属性破坏后可能对组织造成较低的损失
1	很低	不重要,其安全属性破坏后对组织造成很小的损失,甚至可忽略不计

3.威胁识别

(1)威胁分类。威胁可以通过威胁主体、资源、动机、途径等多种属性来描述。造成威胁的因素可分为人为因素和环境因素。根据威胁的动机,人为因素又可分为恶意和非恶意两种。环境因素包括自然界不可抗的因素和其他物理因素。威胁作用的形式可以是对信息系统直接或间接的攻击,在保密性、完整性和可用性等方面造成损害,也可能是偶发的或蓄意的事件。

(2)威胁赋值。判断威胁出现的频率是威胁赋值的重要内容,评估者应根据经验或有关的统计数据来进行判断。在评估中,需要综合考虑以下三个方面,以形成在某种评估环境中各种威胁出现的频率：

①以往安全事件报告中出现过的威胁及其频率的统计；

②实际环境中通过检测工具以及各种日志发现的威胁及其频率的统计；

③近一两年来国际组织发布的对于整个社会或特定行业的威胁及其频率统计，以及发布的威胁预警。

可以对威胁出现的频率进行等级化处理，不同等级分别代表威胁出现的频率的高低。等级数值越大，威胁出现的频率越高。

4.脆弱性识别

(1)脆弱性识别的内容。脆弱性是资产本身存在的，如果没有被相应的威胁利用，单纯的脆弱性本身不会对资产造成损害。而且如果系统足够强健，严重的威胁也不会导致安全事件发生，并造成损失。即威胁总是要利用资产的脆弱性才可能造成危害。

资产的脆弱性具有隐蔽性，有些脆弱性只有在一定条件和环境下才能显现，这是脆弱性识别中最为困难的部分。不正确的，起不到应有作用的或没有正确实施的安全措施本身就可能是脆弱性。

脆弱性识别是风险评估中最重要的一个环节。脆弱性识别可以资产为核心，针对每一项需要保护的资产，识别可能被威胁利用的弱点，并对脆弱性的严重程度进行评估。也可以从物理、网络、系统、应用等层次进行识别，然后与资产、威胁对应起来。脆弱性识别的依据可以是国际或国家安全标准，也可以是行业规范、应用流程的安全要求。对应用在不同环境中的相同弱点，其脆弱性严重程度是不同的，评估者应从组织安全策略的角度考虑、判断资产的脆弱性及其严重程度。信息系统所采用的协议，应用流程的完备与否，与其他网络的互联等也应考虑在内。

脆弱性识别时的数据应来自于资产的所有者、使用者，以及相关业务领域和软、硬件方面的专业人员等。脆弱性识别所采用的方法主要有问卷调查、工具检测、人工核查、文档查阅、渗透性测试等。

脆弱性识别主要从技术和管理两个方面进行。技术脆弱性涉及物理层、网络层、系统层、应用层等各个层面的安全问题。管理脆弱性又可分为技术管理脆弱性和组织管理脆弱性两方面，前者与具体技术活动相关，后者与管理环境相关。

(2)脆弱性赋值。可以根据脆弱性对资产的暴露程度，技术实现的难易程度，流行程度等，采用等级方式对已识别的脆弱性的严重程度进行赋值。由于很多脆弱性反映的是同一方面的问题，或可能造成相似的后果，赋值时应综合考虑这些脆弱性，以确定这一方面脆弱性的严重程度。

对某个资产，其技术脆弱性的严重程度还受到组织管理脆弱性的影响。因此，资产的脆弱性赋值还应参考技术管理和组织管理脆弱性的严重程度。

脆弱性严重程度可以进行等级化处理，不同的等级分别代表资产脆弱性严重程度的高低。等级数值越大，脆弱性严重程度越高。

5.已有安全措施确认

在识别脆弱性的同时，评估人员应对已采取的安全措施的有效性进行确认，即是否真正地降低了系统的脆弱性，抵御了威胁。对有效的安全措施继续保持，以避免不必要的工作和费用,防止安全措施的重复实施。对确认为不适当的安全措施应核实是否应被取消或对其进行修正,或用更合适的安全措施替代。

安全措施可以分为预防性安全措施和保护性安全措施两种。预防性安全措施可以降低威胁利用脆弱性导致安全事件发生的可能性,如入侵检测系统;保护性安全措施可以减少安全事件发生后对组织或系统造成的影响。

已有安全措施确认与脆弱性识别存在一定的联系。一般来说,安全措施的使用将减少系统技术或管理上的脆弱性,但安全措施确认并不需要和脆弱性识别过程那样具体到每个资产、组件的脆弱性,而是一类具体措施的集合,为风险处理计划的制订提供依据和参考。

6.风险分析

(1)风险结果的判定。为实现对风险的控制与管理,可以对风险评估的结果进行等级化处理。风险可以划分为五级,等级越高,风险越高。评估者应根据所采用的风险计算方法,计算每种资产面临的风险值,根据风险值的分布状况,为每个等级设定风险值范围,并对所有风险计算结果进行等级处理。每个等级代表了相应风险的严重程度,如表11.5提供了一种风险等级划分方法。

表 11.5   风险等级划分

等级	标识	描述
5	很高	一旦发生将产生非常严重的经济或社会影响,如:组织声誉被严重破坏,严重影响组织的正常经营,经济损失重大,社会影响恶劣
4	高	一旦发生将产生较大的经济或社会影响,在一定范围内给组织经营和组织声誉造成损害
3	中等	一旦发生将造成一定的经济、社会或生产经营影响,但影响面和影响程度不大
2	低	一旦发生造成的影响程度较低,一般仅限于组织内部,通过一定手段能够很快解决
1	很低	一旦发生造成的影响几乎不存在,通过简单的措施就能够弥补

风险等级处理的目的是为风险管理过程中对不同风险的直观比较,以确定组织安全策略。组织应当综合考虑风险控制成本与风险造成的影响,提出一个可接受的风险范围。对某些资产的风险,如果风险计算值在可接受的范围内,则该风险是可接受的,应保持已有的安全措施;如果风险计算值在可接受的范围外,即风险计算值高于可接受范围的上限值,则该风险是不可接受的,需要采取安全措施以降低、控制风险。另一种确定不可接受风险的办法是根据等级化处理的结果,不设定可接受风险值的基准,对达到相应等级的风险都进行处理。

(2)风险处理计划。对不可接受的风险应根据导致该风险的脆弱性制订风险处理计划。风险处理计划中应明确采取的弥补脆弱性的安全措施、预期效果、实施条件、进度安排、责任部门等。安全措施的选择和实施应从管理与技术两个方面考虑,参照信息安全的相关标准进行。

(3)参与风险评估。对于不可接受的风险选择适当安全措施后,为确保安全措施的有效性,可进行再评估,以判断实施安全措施后的残余风险是否已经降低到可接受的水平。残余风险的评估可以依据本标准提出的风险评估流程实施,也可做适当裁减。一般来说,安全措施的实施是以减少脆弱性或降低安全事件发生可能性为目标的,因此,残余风险的评估可以从脆弱性评估开始,在对照安全措施实施前后的脆弱性状况后,再次计算风险值的大小。

某些风险可能在选择了适当的安全措施后,残余风险的结果仍处于不可接受的风险范围内,应考虑是否接受此风险或进一步增加相应的安全措施。

7. 风险评估文档记录

(1)风险评估文档的记录要求。记录风险评估过程的相关文档,应符合以下要求,但不仅限于:

①确保文档发布前是得到批准的。

②确保文档的更改和现行修订状态是可识别的。

③确保文档的分发得到适当的控制,并确保在使用时可获得有关版本的适用文档。

④防止作废文档的非预期使用,若因任何目的需保留作废文档时,应对这些文档添加适当的标识。

对于风险评估过程中形成的相关文档,还应规定其标识、存储、保护、检索、保存期限以及处置所需的控制。相关文档是否需要以及详略程度由组织的管理者来决定。

(2)风险评估文档。风险评估文档是指在整个风险评估过程中产生的评估过程文档和评估结果文档,包括但不仅限于:

①风险评估方案:阐述风险评估的目标、范围、人员、评估方法、评估结果的形式和实施进度等。

②风险评估程序:明确评估的目的、职责、过程、相关的文档要求,以及实施本次评估所需要的各种资产、威胁、脆弱性识别和判断依据。

③资产识别清单:根据组织在风险评估程序文档中所确定的资产分类方法进行资产识别,形成资产识别清单,明确资产的责任人或部门。

④重要资产清单:根据资产识别和赋值的结果,形成重要资产列表,包括重要资产名称、描述、类型、重要程度、责任人或部门等。

⑤威胁列表:根据威胁识别和赋值的结果,形成威胁列表,包括威胁名称、种类、来源、动机及出现的频率等。

⑥脆弱性列表:根据脆弱性识别和赋值的结果,形成脆弱性列表,包括具体脆弱性的名称、描述、类型及严重程度等。

⑦已有安全措施确认表:根据对已采取的安全措施确认的结果,形成已有安全措施确认表,包括已有安全措施名称、类型、功能描述及实施效果等。

⑧风险评估报告:对整个风险评估过程和结果进行总结,详细说明被评估对象、风险评估方法、资产、威胁、脆弱性的识别结果、风险分析、风险统计和结论等内容。

⑨风险处理计划:对评估结果中不可接受的风险制订风险处理计划,选择适当的控制目标及安全措施,明确责任、进度、资源,并通过对残余风险的评价以确定所选择安全措施的有效性。

⑩风险评估记录:根据风险评估程序,要求风险评估过程中的各种现场记录可复现

评估过程,并作为产生歧义后解决问题的依据。

11.2.4 风险计算的方法

使用范式来形式化说明风险值的计算原理:
$$U = R(A, T, V) = R(L(T, V), F(I_a, V_a))$$
其中:R 表示安全风险值的计算函数,A 表示资产,T 表示威胁出现的频率,V 表示脆弱性,I_a 表示安全事件所作用的资产价值,V_a 表示脆弱性严重程度,L 表示威胁利用资产脆弱性导致安全事件发生的概率,F 表示安全事件发生后造成的损失。

(1)计算安全事件发生的概率。根据威胁出现的频率和资产脆弱性状况,计算威胁利用脆弱性导致安全事件发生的可能性,即
$$P_L = L(T, V)$$

在具体评估中,应综合攻击者的技术能力(专业技术程度、攻击设备等),脆弱性被利用的难易程度(可访问事件、设计和操作知识公开程度等),资产吸引力等因素来判断安全事件发生的可能性。

(2)计算安全事件发生后的损失。根据资产价值和脆弱性的严重程度,计算安全事件一旦发生后的损失,即
$$Q = F(I_a, V_a)$$

部分安全事件的发生造成的损失,不仅针对该资产本身,还可能影响业务的连续性;不同安全事件的发生对组织造成的影响也是不一样的。在计算某个安全事件的损失时,应考虑对组织的影响。

部分安全事件造成的损失判断还应参照安全事件发生的概率,对发生可能性极小的安全事件,如处于非地震带的地震威胁,在采用完备供电措施的情况下,其电力故障的威胁可以忽略不计。

(3)计算风险值。根据安全事件发生的概率和造成的损失计算风险值,即
$$U = R(L(T, V), F(I_a, V_a))$$

评估者一般根据自身的情况选择相应的风险计算方法,如:相乘法或矩阵法。它们可以分别用来计算安全事件发生的概率 P_L、安全事件发生后造成的损失 Q 和综合两者之后的风险值 U。相乘法是通过构造经验函数,将安全事件发生的可能性与安全事件的损失进行运算得到风险值。而矩阵法是通过构造一个二维矩阵,形成安全事件发生的可能性与安全事件的损失之间的二维关系。

1.相乘法

(1)相乘法原理。相乘法主要用于两个或多个要素确定一个要素值的情况,即:$z = f(x, y)$。相乘法的原理是
$$z = f(x, y) = x \otimes y$$

当 f 为增量函数时,$\otimes$ 可以是直接相乘,如:对安全事件发生可能性 P_L 的计算是
$$P_L = T \times V$$
即可以将 z 定义为

$$z = f(x, y) = x \times y$$

但是在实际工作中,如果上述直接相乘获得的值"跳跃性"较大(如所有安全事件可能性的值计算完后,其值域从1~10000),也常常会将这些值进行"软化"处理,使其符合人们的常识,也有利于进行风险等级的划分。常用的"软化"处理方法包括:

$$z = f(x, y) = x \otimes y = \sqrt{x \times y}$$

$$z = f(x, y) = x \otimes y = \left\lfloor \sqrt{x \times y} \right\rfloor$$

$$z = f(x, y) = x \otimes y = \left\lceil \frac{\sqrt{x \times y}}{x \times y} \right\rceil$$

式中,$\lfloor \; \rfloor$ 和 $\lceil \; \rceil$ 分别表示取(整数)下界和上界。

(2)风险值的计算实例。假设某信息系统有两个重要的资产 $A_1 = 4$ 和 $A_2 = 5$,其中 A_1 面临三个主要威胁 $T_1 = 1, T_2 = 5, T_3 = 4$,而 A_2 面临两个主要威胁 $T_4 = 3, T_5 = 4$。威胁 T_1 可以利用资产 A_1 存在的一个脆弱性 $V_1 = 3$;威胁 T_2 可以利用资产 A_1 存在的两个脆弱性 $V_2 = 1, V_3 = 5$;威胁 T_3 可以利用资产 A_1 存在的一个脆弱性 $V_4 = 4$。威胁 T_4 可以利用资产 A_2 存在的一个脆弱性 $V_5 = 4$;威胁 T_5 可以利用资产 A_2 存在的一个脆弱性 $V_6 = 3$。因此,资产 A_1 面临的风险值一共有四个,而资产 A_2 面临的风险值一共有两个。现在以 A_1 面临的威胁发生的频率 T_1 及其利用脆弱性 A_2 为例,来计算面临的风险值。在这里,我们采用公式:

$$z = f(x, y) = x \otimes y = \sqrt{x \times y}$$

① 安全事件发生的概率 $L(T, V)$

$$z = f(x, y) = L(T, V) = \sqrt{T_1 \times V_1} = \sqrt{1 \times 3} = \sqrt{3}$$

② 安全事件发生后的损失 $F(I_a, V_a)$

$$z = f(x, y) = F(I_a, V_a) = \sqrt{A_1 \times V_1} = \sqrt{4 \times 3} = \sqrt{12}$$

③ 风险值 $R(L(T, V), F(I_a, V_a))$

$$z = f(x, y) = R(A, T, V) = R(L(T, V), F(I_a, V_a)) = \sqrt{3} \times \sqrt{12} = \sqrt{6}$$

同理,可以计算出 A_1 的其他三个风险值和 A_2 的两个风险值,然后再进行风险结果的等级判定。

(3)结果判定。在确定上述实例中的风险等级划分时,首先根据国家标准GB/T 20984—2007明确风险划分的等级表。按照该标准,根据风险值的分布状况,为每个等级设定风险值范围,并对所有风险计算结果进行等级处理。

在这里,确定风险等级与风险值的关系如表11.6所示。

表11.6　风险等级与风险值的关系表

风险值	1~5	6~10	11~15	16~20	21~25
风险等级	1	2	3	4	5

根据上述计算,以此类推,可以得到两个重要资产 A_1 和 A_2 的风险值,并根据风险等级与风险值的关系表,确定风险等级,结果如表11.7所示。

表 11.7 资产 A_1 和 A_2 的风险等级

资产	威胁	脆弱性	风险值	风险等级
资产 A_1	威胁 T_1	脆弱性 V_1	6	2
	威胁 T_2	脆弱性 V_2	4	1
	威胁 T_2	脆弱性 V_3	22	5
	威胁 T_3	脆弱性 V_4	16	4
资产 A_2	威胁 T_4	脆弱性 V_5	15	3
	威胁 T_5	脆弱性 V_6	13	3

2. 矩阵法

(1) 矩阵法原理。矩阵法主要适用于由两个要素值确定一个要素值的情况。首先需要确定二维计算矩阵,矩阵内各个要素的值根据具体情况和函数递增情况采用数学方法确定,然后将两个元素的值在矩阵中进行比对,行列交叉处即为所确定的计算结果。

$$z = f(x, y)$$

其中,函数 f 可以采用矩阵法。

$$x = \{x_1, x_2, \cdots, x_i, \cdots, x_m\}, 1 \leqslant i \leqslant m \quad x_i \text{为正整数}$$
$$y = \{y_1, y_2, \cdots, y_j, \cdots, y_n\}, 1 \leqslant j \leqslant n \quad y_j \text{为正整数}$$

以要素 x 和要素 y 的取值构建一个二维矩阵,如表 11.8 所示。矩阵行值为要素 y 的所有取值,矩阵列值为要素 x 的所有取值。矩阵 $m \times n$ 个值即为要素 z 的取值,$z = \{z_{11}, z_{12}, \cdots, z_{ij}, \cdots, z_{mn}\}, 1 \leqslant i \leqslant m, 1 \leqslant j \leqslant n, z_{ij}$ 为正整数。

表 11.8 二维矩阵构造

x	y					
	y_1	y_2	$\cdots$	y_j	$\cdots$	y_n
x_1	z_{11}	z_{12}	$\cdots$	z_{1j}	$\cdots$	z_{1n}
x_2	z_{21}	z_{22}	$\cdots$	z_{2j}	$\cdots$	z_{2n}
$\cdots$	$\cdots$	$\cdots$	$\cdots$	$\cdots$	$\cdots$	$\cdots$
x_i	z_{i1}	z_{i2}	$\cdots$	z_{ij}	$\cdots$	z_{in}
$\cdots$	$\cdots$	$\cdots$	$\cdots$	$\cdots$	$\cdots$	$\cdots$
x_m	z_{m1}	z_{m2}	$\cdots$	z_{mj}	$\cdots$	z_{mn}

对于 z_{ij} 的计算,可以采用以下计算公式:

$$z_{ij} = x_i + y_j, \text{或} z_{ij} = x_i \times y_j, \text{或} z_{ij} = \alpha \times x_i + \beta \times y_j$$

其中 α 和 β 为正常数。

z_{ij} 的计算需要根据实际情况确定,矩阵内 z_{ij} 值的计算不一定遵循统一的计算公式,但必须具有统一的增减趋势,即:如果 f 是递增函数,z_{ij} 的值应随着 x_i 与 y_j 的值递增,反之亦然。

矩阵法的特点在于通过构造两要素计算矩阵,可以清晰罗列要素的变化趋势,具备良好的灵活性。在风险值计算中,通常需要对两个要素确定的另一个要素值进行计算,例如:由威胁和脆弱性确定安全事件发生可能性值,由资产和脆弱性确定安全事件的损失值等。同时需要整体掌握风险值的确定,因此矩阵法在风险分析中得到广泛应用。

(2)风险值的计算实例。假如某信息系统有三个重要的资产 $A_1=2$,$A_2=3$ 和 $A_3=5$,其中 A_1 面临两个主要威胁 $T_1=2$ 和 $T_2=1$,A_2 面临一个主要威胁 $T_3=2$,A_3 面临两个主要威胁 $T_4=5$ 和 $T_5=4$。威胁 T_1 可以利用资产 A_1 存在的两个脆弱性 $V_1=2$ 和 $V_2=3$;威胁 T_2 可以利用资产 A_1 存在的三个脆弱性 $V_3=1$,$V_4=4$ 和 $V_5=2$。威胁 T_3 可以利用资产 A_2 存在的两个脆弱性 $V_6=4$ 和 $V_7=2$。威胁 T_4 可以利用资产 A_3 存在的一个脆弱性 $V_8=3$;威胁 T_5 可以利用资产 A_3 存在的一个脆弱性 $V_9=5$。

资产 A_1 面临的风险值一共有五个,资产 A_2 面临的风险值一共有两个,而资产 A_3 面临的风险值一共有两个。三个资产的风险值计算过程类似,以资产 A_1 为例使用矩阵法计算风险值。A_1 的五个风险值计算过程类似,下面以资产 A_1 面临的威胁 T_1 可以利用的脆弱性 T_1 为例,计算安全风险值。

①安全事件发生的概率 $L(T,V)$:

威胁发生的频率:威胁 $T_1=2$。

脆弱性严重程度:脆弱性 $V_1=2$。

首先构造安全事件发生可能性矩阵,如表11.9所示。

表11.9 安全事件可能性矩阵

威胁发生频率	脆弱性程度				
	1	2	3	4	5
1	2	4	7	11	14
2	3	6	10	13	17
3	5	9	12	16	20
4	7	11	14	18	22
5	8	12	17	22	25

然后根据威胁发生频率和脆弱性严重程度在矩阵中查表,确定安全事件发生的可能性值为6。

由于安全事件发生可能性将参与风险值的计算,为了构建风险矩阵,对上述计算得到的安全事件发生可能性进行等级划分,如表11.10所示,安全事件发生可能性的等级为2。

表11.10 安全事件可能性等级划分

安全事件发生可能性值	1~5	6~11	12~16	17~21	22~25
发生可能性等级	1	2	3	4	5

②安全事件发生后的损失 $F(I_a,V_a)$:

资产价值:资产 $A_1 = 2$。

脆弱性严重程度:脆弱性 $V_1 = 2$。

首先构建安全事件损失矩阵,如表 11.11 所示。

表 11.11　安全事件损失矩阵

资产价值	脆弱性程度				
	1	2	3	4	5
1	2	4	6	10	13
2	3	5	9	12	16
3	4	7	11	15	20
4	5	8	14	19	22
5	6	10	16	21	25

　　然后根据资产价值和脆弱性严重程度在矩阵中查表,确定安全事件损失值为 5。由于安全事件损失将参与风险值的计算,为了构建风险矩阵,对上述计算得到的安全事件损失进行等级划分,如表 11.12 所示,安全事件损失的等级为 1。

表 11.12　安全事件损失等级划分

安全事件损失值	1～5	6～10	11～15	16～20	21～25
安全事件损失等级	1	2	3	4	5

③风险值 $R(L(T, V), F(I_a, V_a))$:

安全事件发生可能性等级为 2。

安全事件损失的等级为 1。

首先构建风险矩阵,如表 11.13 所示。

表 11.13　风险矩阵

损失等级	可能性等级				
	1	2	3	4	5
1	3	6	9	12	16
2	5	8	11	15	18
3	6	9	13	17	21
4	7	11	16	20	23
5	9	14	20	23	25

　　然后根据安全事件发生可能性和安全事件损失在矩阵中查表,确定安全事件风险值为 6。按照上述方法进行计算,得到资产 A_1 的其他风险值,以及资产 A_2 和资产 A_3 的风险值,然后再进行风险结果等级判定。

　　(3)结果判定。确定风险等级划分,如表 11.14 所示。

表 11.14 风险等级划分

风险值	1~6	7~12	13~18	19~23	24~25
风险等级	1	2	3	4	5

根据上述计算方法,以此类推,得到三个重要资产的风险值,并根据风险等级划分表,确定风险等级,结果如表 11.15 所示。

表 11.15 资产 A_1 和 A_2 的风险等级

资产	威胁	脆弱性	风险值	风险等级
资产 A_1	威胁 T_1	脆弱性 V_1	6	1
	威胁 T_1	脆弱性 V_2	8	2
	威胁 T_2	脆弱性 V_3	3	1
	威胁 T_2	脆弱性 V_4	9	2
	威胁 T_2	脆弱性 V_5	3	1
资产 A_2	威胁 T_3	脆弱性 V_6	11	2
	威胁 T_3	脆弱性 V_7	8	2
资产 A_3	威胁 T_4	脆弱性 V_8	20	4
	威胁 T_5	脆弱性 V_9	25	5

11.3 信息系统安全风险评估工具

11.3.1 风险评估工具的选择原则

风险评估工具是风险评估的辅助手段,是保证风险评估结果可信度的一个重要因素。风险评估工具不仅在一定程度上解决了手动评估的局限性,更关键的是它能够集中专家知识,使得专家的经验知识得到广泛应用,可以极大减少专业顾问的负担。

市面上,安全风险评估工具比较多,选择时必须慎重。在一定环境、系统和应用条件下,表现出色的工具,不一定适合另外的环境、系统和应用条件,因此,在进行信息系统安全风险评估时,必须根据具体问题,有选择地使用工具。其选择的原则如下:

1.实际需要原则

首先必须清楚风险评估工具的运行平台和应用平台,如:一个纯 Windows 环境,则应该选择一个能够运行于 Windows 上,且擅长分析 Windows 缺陷和漏洞的工具。如 Nessus 是一个广受欢迎的免费风险评估工具,它能够测试多种 Windows 漏洞,但它是一个 Windows 客户机端的软件工具,需要一个 UNIX 或 Linux 主机来运行服务器端的软件。

在选购时,一定要注意工具是否能够检测最新操作系统所特有的安全问题,同时,还要留意工具除了对 TCP/IP 协议进行分析外,还应该能够对其他网络协议进行分析。

2.试用原则

评估一个工具是否满足用户的要求,最好的办法是在购买前,测试或试用一下,在用户的实际环境和系统下看看工具能否有效运行。

3.实用原则

为了提高实用性,风险评估工具不仅能够找出特定系统的安全弱点,帮助管理员修补漏洞,而且能够提供风险分析报告。一个好的风险评估工具具有良好的人机界面,具有依托互联网的强大服务功能,能够通过互联网为用户提供有关漏洞的详细说明、风险程度、修补措施等。

4.满足脚本数量与更新速度要求

评估工具脚本的数量并不一定与漏洞的数量成正比,有的厂商把许多相关漏洞算作一个漏洞,而有的厂商则把它们算作多个漏洞。有些优秀的风险评估工具能够将每一种漏洞链接到一个标准的漏洞案例上,如:CVE工具。必须留意工具的更新频率,看它是自动更新的,还是手工更新的,以及发现威胁后,它需要多长时间才能推出新版本。

5.支持不同级别的入侵检测

所有风险评估工具都有这样的警告:入侵检测过程可能产生 DoS 攻击,或导致受测试系统挂起。一般地,在高访问量期间,对担负关键任务的系统不应运行风险评估工具。原因是风险评估工具本身可能引起服务终端或系统死机。大多数高级的风险评估工具允许执行侵害程度较小的入侵测试,以免造成系统运行中断。

初步选定风险评估工具后,必须进行必要的试用,看看它的实际使用效果和效率怎样。已有的风险评估工具不少,但都不是十全十美的,我们能够做的就是根据组织的实际网络环境、投资预算、扫描精度和报告信息等,选择适合自己要求的一款风险评估工具。

11.3.2 风险评估工具

风险评估工具通常是建立在一定的模型或算法之上的,实现了对风险评估全过程的管理,包括被评估信息系统基本信息获取,资产信息获取,脆弱性识别与管理,威胁识别,风险计算,评估过程与评估结果管理等功能。

风险既可以由重要资产、所面临的威胁以及威胁所利用的脆弱性三者来确定;也可以通过建立专家系统,利用专家经验进行分析,给出专家结论,这种评估工具需要不断扩充知识库。评估的方式可以是通过调查问卷的方式,也可以通过结构化的推理过程,建立模型,收集相关信息,得出评论结果。

根据使用方法的不同,风险评估工具可以分为三类:

1.基于信息安全管理标准或指南的风险评估工具

目前国际上存在多种不同的风险管理标准或指南,其侧重点不同。以这些标准或指南的内容为基础,分别开发相应的评估工具,完全遵循标准或指南的风险评估过程。如在 BS 7799标准基础上建立的CRAMM、RA/SYS等风险分析和评估工具。

2.基于知识库的风险评估工具

这类工具不仅遵循某个单一的标准或指南,而且将各种风险分析方法进行综合,结合实践经验,形成风险评估知识库,以此为基础完成评估过程。它利用专家系统建立的规则和外部知识库,通过调查问卷方式收集组织内部的信息安全状况,对重要资产的威胁和脆弱点进行评估,生成风险评估报告,根据风险的严重程度给出指导,并对可能存在的问题进行分析,给出处理办法和控制措施。如COBRA、@RISK、BDSS等。

3.基于定性或定量算法的风险评估工具

根据对各要素的指标量化以及不同的计算方法,可分为定性的和定量的风险评估工具。定性的评估工具需要借助评估者的知识、经验和直觉,或业界的标准和实践,为风险的各要素定级,如:CONTROL-IT,JANBER等工具。定量分析工具则是对构成威胁的各个要素和潜在损失水平赋予数值,建立综合评价的数学模型,从而完成风险评估的量化计算,但前期建立系统风险模型比较困难,因此,这类工具一般是与定性分析方法一起使用,如@RISK,BDSS,RiskWatch等为定性与定量分析相结合的风险评估工具。

常用风险评估工具的比较如表11.16所示。

表11.16 常用风险评估工具对比

属性	工具							
	@RISK	ASSET	BDSS	CORA	COBRA	CRAMM	RA/SYS	Risk-Watch
国家、公司	美国、Palisade	美国、NIST	美国/综合风险管理公司	美国国际安全技术公司	美国、C&A系统安全公司	英国、Insight咨询公司	英国、BSI	美国Risk-Watch公司
体系结构	单机版	单机版	单机版	单机版	客户机/服务器模式	单机版	单机版	单机版
成熟度	成熟产品	NIST发布	成熟产品	成熟产品	成熟产品	成熟产品	BSI发布	成熟产品
功能	利用蒙特卡罗模拟法,进行定量风险分析	依据SP 800-26标准进行评估	结合定量知识库,通过算法,分析系统风险	定量风险分析的管理决策知识系统	依据ISO 17799进行风险评估	遵循BS7799标准的全面风险评估工具	定量的自动化风险分析系统	综合各类标准的风险评估系统
所用方法	专家系统	基于知识的分析算法	专家系统	过程式算法	专家系统	过程式算法	过程式算法	专家系统

续表

属性	工具							
	@RISK	ASSET	BDSS	CORA	COBRA	CRAMM	RA/SYS	Risk - Watch
定性/定量算法	定量	定性/定量结合	定性/定量结合	定量	定性/定量结合	定性/定量结合	定量	定性/定量结合
数据采集形式	调查文件	调查问卷	调查问卷	调查文件	调查文件	过程	过程	调查文件
对使用人员的要求	无须风险评估专业知识	无须风险评估专业知识	无须风险评估专业知识	无须风险评估专业知识	无须风险评估专业知识	依靠评估人员的知识与经验	依靠评估人员的知识与经验	无须风险评估专业知识
输出结果形式	决策支持信息	提供控制目标和建议	安全防护措施列表	决策支持信息	结果报告、风险等级、控制措施	风险等级、控制措施（基于BS 7799标准提供的控制措施）	风险等级、控制措施（基于BS 7799标准提供的控制措施）	风险分析综合报告

11.4　信息系统安全等级保护

开展信息系统安全等级保护工作是保护信息化发展,维护国家信息安全的根本保障,是信息安全保障工作中国家意志的体现。2004年公安部发布的《关于信息安全等级保护工作的实施意见》中明确指出,信息系统安全等级保护是指对国家秘密信息、法人和其他组织及公民的专有信息,以及公开信息和存储、传输、处理这些信息的信息系统分等级实施安全保护,对信息系统中使用的信息安全产品实行按等级管理,对信息系统中发生的信息安全事件分等级响应、处置。

11.4.1　信息系统安全防护等级

针对安全目标,参照GB 17859-1999《计算机信息系统安全保护等级划分准则》,信息系统的五个安全等级分别为:

1.第一级:用户自主保护级(对应C1级)

具有第一级安全的信息系统,一般是运行在单一计算机环境或网络平台上的信息系统,需要依照国家相关的管理规定和技术标准,自主进行适当的安全控制,重点防止来自外部的攻击。技术方面的安全控制,重点保护系统和信息的完整性、可用性不受破坏,同时为用户提供基本的自主信息保护能力。管理方面的安全控制包括从人员、法规、机构、制度、规程等方面采用基本的管理措施,确保技术的安全控制达到预期的目标。

根据标准4.1的要求,对信息系统进行安全控制,既保护系统的安全性,又保护信息的安全性,采用身份鉴别、自主访问控制、数据完整性等安全技术,提供每一个用户具有对自身所创建的数据信息进行安全控制的能力。首先,用户自己应能以各种方式访问这些数据信息。其次,用户应有权将这些数据信息的访问权转让给别的用户,并阻止非授权的用户访问数据信息。

2.第二级:系统审计保护级(对应C2级)

具有第二级安全的信息系统,一般是运行于计算机网络平台上的信息系统,需要在信息安全监管职能部门指导下,依照国家相关的管理规定和技术标准进行一定的安全保护,重点防止来自外部的攻击。技术方面的安全控制包括采用一定的信息安全技术,对信息系统的运行进行一定的控制,对信息系统中所产生、传输、存储、处理和使用的信息进行一定的安全控制,以提供系统和信息的一定强度保密性、完整性和可用性。管理方面的安全控制包括从人员、法规、机构、制度、规程等方面采取一定的管理措施,确保技术的安全控制达到预期的目标。

按照标准4.2的要求,对信息系统进行安全控制,既保护系统的安全性,又保护信息的安全性。在第一级安全的基础上,该级增加了审计与客体重用等安全要求,身份鉴别则要求在系统的整个生命周期,每一个用户具有唯一标识,使用户对自己的行为负责,具有可查性。同时,要求自主访问控制具有更细的访问控制粒度。

3.第三级:安全标记保护级(对应B1级)

具有第三级安全的信息系统,一般是运行于计算机网络平台上的信息系统,需要依照国家相关的管理规定和技术标准,在信息安全监管职能部门的监督、检查、指导下进行较严格的安全控制,防止来自内部和外部的攻击。技术方面的安全控制包括采用必要的信息安全技术,对信息系统的运行进行较严格的控制,对信息系统中产生、传输、存储、处理和使用的信息进行较严格的安全控制,以提供系统和信息的较高强度保密性、完整性和可用性。管理方面的安全控制包括从人员、法规、机构、制度、规程等方面采取较严格的管理措施,确保技术的安全控制达到预期的目标。

按照标准4.3的要求,对信息系统进行安全控制,既保护系统安全性,又保护信息的安全性。在第二级安全的基础上,该级增加了标记和强制访问控制要求,从保密性保护和完整性保护两方面实施强制访问控制安全策略,增强了特权用户管理,要求对系统管理员、系统安全员和系统审计员的权限进行分离和限制。同时,对身份鉴别、审计、数据完整性、数据保密性和可用性等安全功能均有更进一步的要求。要求使用完整性敏感标记,确保信息在网络传输中的完整性。

4.第四级:结构化保护级(对应B2级)

具有第四级安全的信息系统,一般是运行在限定的计算机网络平台上的信息系统,应依照国家相关的管理规定和技术标准,在信息安全监管职能部门的强制监督、检查、指导下进行严格的安全控制,重点防止来自内部的越权访问等攻击。技术方面的安全控制包括采用有效的信息安全技术,对信息网络系统的运行进行严格的控制,对信息网络系统中产生、传输、存储、处理和使用的信息进行严格的安全控制,保证系统和信息具有高强度的保密性、完整性和可用性。管理方面的安全控制包括从人员、法规、机构、制度、规程等方面采取严格的管理措施,确保技术的安全控制达到预期的目标,并弥补技术方面安全控制的不足。

按照标准4.4的要求,对信息系统进行安全控制,既保护系统的安全性,又保护信息的安全性。在第三级安全的基础上,该级要求将自主访问控制和强制访问控制扩展到系统的所有主体与客体,并包括对输入、输出数据信息的控制;相应地,其他安全要求,如数据存储保护和传输保护也应有所增强,对用户初始登录和鉴别则要求提供安全机制与登录用户之间的"可信路径"。本级强调通过结构化设计方法和采用"存储隐蔽信道"分析等技术,使系统设计与实现能获得更充分的测试和更完整的复审,具有更高的安全强度和相当的抗渗透能力。

5. 第五级:访问验证保护级(对应B3级)

具有第五级安全的信息系统,一般是运行在限定的局域网环境内的计算机网络平台上的信息系统,需要依照国家相关的管理规定和技术标准,在国家指定的专门部门、专门机构的专门监督下进行最严格的安全控制,重点防止来自内外勾结的集团性攻击。技术方面的安全控制包括采用当前最有效的信息安全技术,以及采用非技术措施,对信息系统的运行进行最严格的控制,对信息系统中存储、传输和处理的信息进行最严格的安全保护,以提供系统和信息的最高强度保密性、完整性和可用性。管理方面的安全控制包括从人员、法规、机构、制度、规程等方面采取最严格的管理措施,确保技术的安全控制达到预期的目标,并弥补技术方面安全控制的不足。

按照标准4.5的要求,对信息系统进行安全控制,既保护系统安全性,又保护信息的安全性。在第四级安全的基础上,该级提出了可信恢复的要求,以及要求在用户登录时建立安全机制与用户之间的"可信路径",并在逻辑上与其他通信路径相隔离。本级重点强调"访问监控器"本身的可验证性;要求访问监控器仲裁主体对客体的所有访问;要求访问监控器本身是抗篡改的,应足够小,能够分析和测试,并在设计和实现时,从系统工程角度将其复杂性降低到最低程度。

11.4.2 信息系统总体安全需求等级

信息安全需求等级保护制度是国家在国民经济和社会信息化的发展过程中,提高信息安全保障能力和水平,维护国家安全、社会稳定和公共利益,保障和促进信息化建设健康发展的一项基本制度。根据11.4.1节的规定,按照一个单位的信息系统所承载的业务和应用,所管理和控制的相关资源(含信息资源和其他资源)的重要性,可以定性地对该单位的信息系统应具有的总体安全保护要求进行评估,确定目标信息系统需要进行保护的等级。这种安全等级划分是在假定安全威胁相同的情况下,从国家利益出发考虑信息系统资产价值(重要性)的角度提出的安全需求。在具体进行安全需求等级的确定时,还应充分考虑该单位自身的安全要求,以及在国家安全、经济建设、企业活动、社会生活中的重要程度。以下是对信息系统的总体安全等级进行划分的基本原则:

1.一级安全信息系统

一级安全信息系统适用于一般的信息和信息系统,其保密性、完整性和可用性受到破坏后,会对公民、法人和其他组织的权益有一定影响,但不危害国家安全、社会秩序、经济建设和公共利益。该类信息系统所存储、传输和处理的信息从总体上被认为是公开信息。

2.二级安全信息系统

二级安全信息系统适用于一定程度上涉及国家安全、社会秩序、经济建设和公共利益的一般信息和信息系统,其保密性、完整性和可用性受到破坏后,会对国家安全、社会秩序、经济建设和公共利益造成一定损害。该类信息系统所存储、传输和处理的信息从总体上被认为是一般信息。

3.三级安全信息系统

三级安全信息系统适用于涉及国家安全、社会秩序、经济建设和公共利益的较重要信息和信息系统,其保密性、完整性和可用性受到破坏后,会对国家安全、社会秩序、经济建设和公共利益造成较大损害。该类信息系统所存储、传输和处理的信息从总体上被认为是重要信息。

4.四级安全信息系统

四级安全信息系统适用于涉及国家安全、社会秩序、经济建设和公共利益的重要信息和信息系统,其保密性、完整性和可用性受到破坏后,会对国家安全、社会秩序、经济建设和公共利益造成严重损害。该类信息系统所存储、传输和处理的信息从总体上被认为是关键信息。

5.五级安全信息系统

五级安全信息系统适用于涉及国家安全、社会秩序、经济建设和公共利益的重要信息和信息系统的核心子系统,其保密性、完整性和可用性受到破坏后,会对国家安全、社会秩序、经济建设和公共利益造成特别严重损害。该类信息系统所存储、传输和处理的信息从总体上被认为是核心信息。

11.4.3　信息系统安全等级保护的基本要求

针对各安全等级信息系统应当对抗的安全威胁和应具有的恢复能力,GB/T 22239-2008《信息安全技术　信息系统安全等级保护基本要求》,提出了各等级的基本安全要求,包括基本技术要求和基本管理要求。基本技术要求包括物理安全、网络安全、主机安全、应用安全和数据安全等5个层面,而基本管理要求包括安全管理制度、安全管理机构、人员安全管理、系统建设管理和系统运维管理等5个方面。图11.4所示为GB/T 22239-2008标准的描述模型。

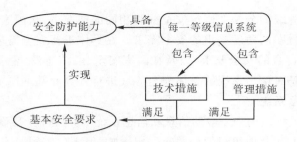

图 11.4 GB/T 22239-2008 标准的描述模型

不同安全等级的信息系统具备的安全防护能力不同,即:其对抗能力和恢复能力不同;安全防护能力不同意味着能够应对的威胁不同,较高级别的系统应该能够应对更多的威胁;应对威胁应该通过技术措施和管理措施来实现,应对同一个威胁可以有不同强度和数量的措施,较高级别的系统应考虑更为周密的应对措施。

1.安全技术要求

(1)物理安全。物理安全的目的主要是使存放计算机、网络设备的机房以及信息系统的设备和存储数据的介质免受物理环境、自然灾害以及人为操作失误和恶意操作等各种威胁的攻击。物理安全是防护信息系统安全的基础,没有物理安全,其他任何安全措施都将失去意义。

物理安全主要包括环境安全(防火、防水、防雷击等),设备和介质的防盗窃、防破坏等。物理安全具体包括:物理位置的选择,物理访问控制,防盗窃和防破坏,防雷击,防火,防水和防潮,防静电,温湿度控制,电力供应和电磁防护等控制点。

(2)网络安全。网络安全为信息系统在网络环境中安全运行提供支撑。一方面,确保网络设备的安全运行,提供有效的网络服务;另一方面,确保在网上传输的数据的保密性、完整性和可用性等。网络安全主要关注两个方面:共享和安全。信息系统安全是在两者之间寻求平衡点,在尽可能安全的情况下实现最大限度的资源共享。

网络安全主要包括网络结构、网络边界和网络设备自身的安全等。其具体包括:结构安全,访问控制,安全审计,边界完整性检查,入侵防范,恶意代码防范和网络设备防护等控制点。

(3)主机安全。主机安全是包括服务器、终端/工作站等在内的计算机设备,其操作系统和数据库系统的安全。主机安全具体包括:身份鉴别,安全标记,访问控制,可信路径,安全审计,剩余信息保护,入侵防范,恶意代码防范和资源控制等控制点。

(4)应用安全。应用安全是信息系统整体防御的最后一道防线。由于各种基本应用最终是为业务应用服务的,因此对应用系统的安全保护最终就是如何保护系统的各种业务应用程序安全运行。应用安全具体包括:身份鉴别,安全标记,访问控制,可信路径,安全审计,剩余信息保护,通信完整性,通信保密性,抗抵赖,软件容错和资源控制等控制点。

(5)数据安全及备份恢复。信息系统上处理的各种数据(用户数据、系统数据和业务数据等)是维持系统正常运行的关键。一旦数据遭到破坏,都会在不同程度上对系统造成影响,从而危害系统的正常运行。同时,数据备份也是系统数据遭到破坏后,保证系统快速恢复的重要手段。数据安全及备份恢复具体包括:数据完整性,数据机密性,备份和恢复等控制点。

2.安全管理要求

(1)安全管理制度。安全指南的指导,安全意识的提高,安全技能的培训,人力资源管理措施和企业文化熏陶,都是以完备的安全管理政策和制度为前提的。安全管理制度主要包括信息安全工作的总体方针、安全策略、安全管理制度、操作范围和规程等。安全管理制度具体包括管理的制度、制定和发布、评审和修订等控制点。

(2)安全管理机构。要实施信息系统安全管理,首先要设立健全、务实、有效的安全管理机构,明确机构成员的安全职责,这是信息安全管理得以实施、推广的基础。其主要工作内容是对机构内重要的信息安全工作进行授权和审批,进行内部相关业务部门和管理部门之间的沟通协调,以及与机构外部各类单位的合作,定期对组织的安全措施落实情况进行检查,发现问题后及时改进。

安全管理机构具体包括岗位设置,人员配备,授权和审批,沟通和合作,审核和检查等控制点。

(3)人员安全管理。人员安全管理是针对可能与信息系统接触的所有人员,无论是长期聘用,还是临时聘用,以及外来人员等都必须制定详细的管理办法。人员安全管理具体包括人员录用,人员离岗,人员考核,安全意识教育和培训,外部人员访问管理等控制点。

(4)系统建设管理。在信息系统生命周期模型中,将信息系统的整个生命周期抽象成规划组织、开发采购、实施交付、运行维护和废弃五个阶段,而信息系统建设管理主要关注的是系统生命周期中前三个阶段的各项安全管理活动。

系统建设管理分别考虑工程实施建设前、建设过程和建设完毕交付等三个方面,具体包括系统定级,安全方案设计,产品采购和使用,自行软件开发,外包软件开发,工程实施,测试验收,系统交付,系统备案,等级测评,安全服务商选择等控制点。

(5)系统运维管理。系统运维管理主要包括环境管理,资产管理,介质管理,设备管理,监控管理和安全管理中心,网络安全管理,系统安全管理,恶意代码防范管理,密码管理,变更管理,备份与恢复管理,安全事件处置,应急预案管理等控制点。

11.4.4 信息系统安全等级保护实施指南

1.信息系统安全等级保护实施应遵循的原则

信息系统安全等级保护的核心是对信息系统分等级、按标准进行建设、管理和监督。信息系统安全等级保护实施过程中应遵循以下基本原则:

(1)自主保护原则。信息系统运营、使用单位及其主管部门按照国家相关法规和标准,自主确定信息系统的安全保护等级,自行组织实施安全保护。

(2)重点保护原则。根据信息系统的重要程度、业务特点,通过划分不同安全保护等级的信息系统,实现不同强度的安全保护,集中资源优先保护涉及核心业务或关键信息资产的信息系统。

（3）同步建设原则。信息系统在新建、改建、扩建时应当同步规划和设计安全方案,投入一定比例的资金建设信息安全设施,保障信息安全与信息化建设相适应。

（4）动态调整原则。要跟踪信息系统的变化情况,调整安全保护措施。由于信息系统的应用类型、范围等条件的变化及其他原因,安全保护等级需要变更的,应当根据等级保护管理规范和技术标准的要求,重新确定信息系统安全保护等级,根据信息系统安全保护等级的调整情况,重新实施安全保护。

2. 等级保护实施的基本流程

对信息系统实施等级保护的基本流程如图11.5所示。

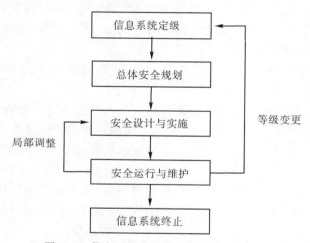

图11.5　信息系统实施等级保护的基本流程

在安全运行和维护阶段,信息系统因需求变化等原因导致局部调整,而系统的安全保护等级并未改变,应从安全运行与维护阶段进入安全设计与实施阶段,重新设计、调整和实施安全措施,确保满足等级保护的要求。如果信息系统发生重大变更导致系统安全保护等级变化时,应从安全运行与维护阶段进入信息系统定级阶段,重新开始新一轮的信息安全等级保护的实施过程。

（1）信息系统定级。信息系统定级阶段的目标是信息系统运营、使用单位按照国家有关管理规范和GB/T 22240-2008,确定信息系统的安全保护等级,信息系统运营、使用单位有主管部门的,应当经主管部门审核批准。

（2）总体安全规划。总体安全规划阶段的目标是根据信息系统的划分情况,信息系统的定级情况,信息系统承载业务情况,通过分析明确信息系统安全需求,设计合理的、满足等级保护要求的总体安全方案,并制订出安全实施计划,以指导后续的信息系统安全建设工程实施。对于已经运营的信息系统,需求分析应当首先判断信息系统的安全保护现状与等级保护要求之间的差距。

（3）安全设计与实施。安全设计与实施阶段的目标是按照信息系统安全总体方案的要求,结合信息系统安全建设项目计划,分期分步落实安全措施。

（4）安全运行与维护。安全运行与维护阶段是等级保护实施过程中确保信息系统正常运行的必要环节,涉及的内容较多,包括:安全运行与维护机构和安全运行与维护机制的简介,环境、资产、设备、介质的管理,网络、系统的管理,密码、密钥的管理,运行、变更的管理,安全状态监控和安全事件处置,安全审计和安全检查等内容。

（5）信息系统终止。信息系统终止阶段是等级保护实施过程中的最后环节。当信息系统被转移、终止或废除时,正确处理系统内的敏感信息对于确保机构信息资产的安全至关重要。在信息系统生命周期中,有些系统并不是真正意义上的废弃,而是改进技术或转变业务到新的信息系统,对于这些信息系统在终止处理过程中应确保信息转移、设备迁移和介质销毁等方面的安全。

11.4.5　信息系统安全等级的设计方法

1.信息系统安全保护等级划分的基本思想

在资产价值级别和威胁级别明确的前提下,确定信息系统(安全域)安全保护等级的基本思想是:在资产价值级别与威胁级别相同的情况下,该级别则为信息系统(安全域)的安全保护等级;在资产价值级别大于威胁级别的情况下,以威胁级别作为信息系统(安全域)的安全保护等级;在资产价值级别小于威胁级别的情况下,以资产价值级别作为信息系统(安全域)的安全保护等级。

2.信息系统安全等级的设计方法与步骤

按照11.4.2节的原则确定信息系统总体安全需求等级的基础上,为了实施具体的安全保护,需要进一步确定信息系统的安全保护等级。以下是可供参考的对信息系统的安全保护等级进行划分的方法和步骤。

步骤1:根据确定信息系统的总体安全等级过程中对信息和信息系统安全保护需求的分析,明确信息系统的安全保护需求是否需要进一步划分安全域。如果不需要划分安全域,则以下的工作以信息系统为基本单元进行。如果需要划分安全域,则以下的工作在划分和确定安全域以后,以安全域为基本单元进行。

步骤2:对目标信息系统(安全域)及其相关设施的资产价值及该信息系统(安全域)可能受到的威胁进行评估,确定其相应的资产价值级别和威胁级别,并据此确定目标信息系统(安全域)应具有的安全保护等级。

步骤3:按照确定的安全保护等级,从等级保护的相关标准中选取对应等级的安全措施(包括技术措施和管理措施),用系统化方法设计具有相应安全保护等级的安全子系统,并对设计好的安全子系统的脆弱性进行评估。

步骤4:用风险分析的方法对已经设计好安全子系统的目标信息系统(安全域)的资产价值、安全威胁和脆弱性进行评估,确定该信息系统(安全域)具有的残余风险。如果其残余风险从总体上是可接受的,则所确定的信息系统(安全域)的安全保护等级即为该信息系统(安全域)最终的安全保护等级,并可按照所设计的安全子系统进行目标信息系统的安全建设。如果其残余风险是不可接受的,或者有些安全措施明显地超过保护需求,则应对安全子系统的相关安全措施进行调整,再对调整后的信息系统(安全域)的脆弱性进行评估,得到新的残余风险。如此循环,直至残余风险可接受为止。

步骤5: 再根据安全措施的调整情况,对照等级保护的相关标准中不同安全保护等级的安全技术和安全管理的要求,确定目标信息系统(安全域)的最终安全保护等级。对于一个大型的复杂信息系统,通常在不同的范围需要有不同的安全保护,从而需要引进安全域的概念。

11.5　本章小结

信息系统安全等级保护是提高信息安全保障能力和水平,维护国家安全、社会稳定和公共利益,保障和促进信息化建设健康发展的重要手段;信息系统安全风险评估则是信息安全管理的基础,是确定组织满足信息安全要求的方法。

本章从信息系统安全风险评估的概念着手,阐述了风险评估的内容、实施流程和风险计算方法,并给出了相关的评估工具,通过对比,各类工具的优、缺点一目了然。本章接着阐述了信息系统安全等级保护的相关内容,安全等级一般分为五级,最低安全等级为一级,最高安全等级为五级;分析了不同的安全等级要满足哪些安全技术要求和管理要求;讨论了等级保护的实施应遵循的原则、实施的流程和设计方法。

习题

1. 什么是风险评估? 为什么要对信息系统进行安全风险评估? 其目的和意义是什么?
2. 信息系统的生命周期包含哪几个阶段? 风险评估应该在哪个阶段进行? 为什么?
3. 风险评估的原则和参考标准是什么?
4. 风险评估的基本要素和相互关系?
5. 风险评估的主要内容和流程是什么?
6. 简述风险评估工具的选择原则。
7. 信息系统安全等级分哪几类? 每一类的要求是什么?
8. 等级保护的基本要求是什么?
9. 等级保护实施时,应遵循的原则是什么?
10. 简述等级保护实施的基本流程和主要内容?
11. 等级保护的设计方法是什么?

12.假设:某信息系统有3个重要的资产 $A_1=2, A_2=1, A_3=3$。其中 A_1 面临3个主要威胁 $T_1=1, T_2=5, T_3=4$; A_2 面临两个主要威胁 $T_4=3, T_5=4$; A_3 面临两个主要威胁 $T_6=3, T_7=4$。威胁 T_1 可以利用资产 A_1 存在的一个脆弱性 $V_1=3$;威胁 T_2 可以利用资产 A_1 存在的两个脆弱性 $V_2=1, V_3=5$;威胁 T_3 可以利用资产 A_1 存在的一个脆弱性 $V_4=4$。威胁 T_4 可以利用资产 A_2 存在的一个脆弱性 $V_5=4$;威胁 T_5 可以利用资产 A_2 存在的一个脆弱性 $V_6=3$。威胁 T_6 可以利用资产 A_3 存在的一个脆弱性 $V_7=2$;威胁 T_7 可以利用资产 A_3 存在的一个脆弱性 $V_8=3$。

计算各资产在不同威胁和脆弱性下的风险值,判定各风险值的风险等级。

第12章

信息安全应急响应

　　信息系统受到各种已知或未知的威胁而导致安全事件的发生是在所难免的,虽然很多安全事件可以通过技术的、管理的、操作的方法予以消减,但没有任何一种安全策略和保护措施能够对信息系统提供绝对的保护。即使采用了保护措施,仍可能存在残留的弱点。一方面是由于技术水平不够,或管理出现了漏洞;另一方面是由于成本,保留了部分看似无害的残留威胁。这将使得安全防护可能被攻破,导致业务中断、系统死机、网络瘫痪等突发或重点安全事件的发生,并对组织和业务的运行产生直接或间接的负面影响。因此,为了减少信息安全事件对组织和业务的影响,应制订有效的安全应急响应计划,并形成预案。

　　本章主要从三个方面阐述应急响应相关的内容,即:应急响应概述,应急响应计划和应急响应文档。

12.1　信息安全应急响应概述

　　信息安全应急响应是指一个组织或国家为了应对各种信息安全突发事件的发生所做的准备,以及在事件发生后所采取的措施。应急响应的对象是针对信息系统或网络,以及所存储、传输、处理的信息的突发安全事件;而安全事件是指破坏信息系统或信息的机密性、完整性和可用性的行为,其主体可能来自自然界,系统自身故障,组织内部或外部的人,计算机病毒或蠕虫等。突发的安全事件包含(但不限于)以下内容:

　　(1)破坏保密性的安全事件。攻击者入侵系统并读取信息,搭线窃听,远程探测网络拓扑结构和计算机系统配置等。

　　(2)破坏完整性的安全事件。攻击者入侵系统并篡改数据,劫持网络连接并篡改或插入数据,安装特洛伊木马和计算机病毒等。

　　(3)破坏可用性的安全事件。攻击者造成系统故障,拒绝服务攻击,计算机蠕虫等。

　　由于应急响应针对的是突发事件,因此,不仅要做到"未雨绸缪",即在事件发生前事先做好准备,如:风险评估,制订安全计划,安全意识的培训,以发布安全通告的方式进行的预警,以及各种防范措施。还要做到"亡羊补牢",即在事件发生后采取的措施,把事件造成的损失降到最小。这些行动措施可能来自于人,也可能来自系统,如:事件发生后,系统备份、病毒检测、后门检测、清除病毒,或后门、隔离、系统恢复、调查与追踪、入侵者取证等一系列操作。所有的这些都将包含在应急响应计划中。

应急响应计划是组织为了应对突发或重大信息安全事件而编制的,对包括信息系统运行在内的业务运行进行维持或恢复的策略和规程。它与应急响应相辅相成。首先,应急响应计划为信息安全事件发生后的"抢险救灾"工作提供了指导策略和详细的抢险流程,否则"抢险救灾"工作将陷于混乱,不仅不能达到"抢险救灾"目的,而且可能会造成更大的损失。其次,应急响应过程中会发现应急响应计划中的不足之处,从而吸取教训,进一步完善信息安全应急响应计划。

在应急响应所涉及的各种活动中,需要抓住应急响应的三个关键环节,即计划的准备、编制和实践,三者相辅相成,形成一个循环往复、不断反馈、螺旋上升的闭环。应急响应的基础是计划的准备,应急响应的依据是计划的编制,应急响应的核心是计划的实践。

1.计划的准备阶段

应急计划的准备就是指应急响应需求分析和应急响应策略的确定。需求分析和策略的确定建立在风险评估的基础之上,并且紧紧围绕着组织的业务战略来展开。

2.计划的编制阶段

在明确了应急响应的需求和响应策略的基础上,应当将这些需求和策略细化成应急响应的各种措施,也就是编制应急响应计划文档。

3.计划的实践阶段

计划的实践阶段就是对应急响应的参与人员进行培训、演练和维护。

应急响应计划的工作流程如图12.1所示。

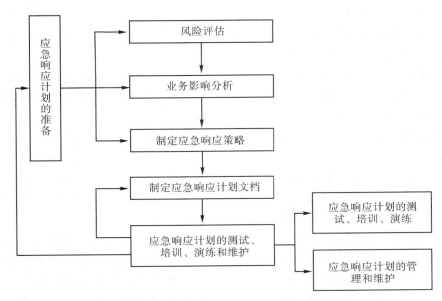

图12.1　应急响应计划的工作流程

关于风险评估的概念、内容、评估过程和方法已经在第11章详细介绍了,在这里不再赘述,12.2节应急响应计划准备主要是介绍业务影响分析和制定应急响应策略的相关内容。

12.2　应急响应计划准备

1.业务影响分析

业务影响分析(Business Impact Analysis,BIA)是在风险评估的基础上,分析各种信息安全事件发生时对业务功能可能产生的影响,进而确定应急响应的恢复目标。

(1)分析业务功能和相关资源配置。对单位或部门的各种业务功能及各项业务功能之间的相关性进行分析,确定支持各种业务功能的相应信息系统资源及其他资源,明确相关信息的保密性、完整性和可用性要求。

(2)确定信息系统关键资源。对信息系统进行评估,以确定系统所执行的关键功能,并确定执行这些功能所需要的特定系统资源。

(3)确定信息安全事件影响。采用定量、定性的方法,对业务中断、系统死机、网络瘫痪等信息安全事件造成的影响进行评估。定量分析即以量化方法,评估业务中断、系统死机、网络瘫痪等可能给组织带来的直接经济损失和间接经济损失;定性分析即运用归纳与演绎、分析与综合以及抽象与概括等方法,评估业务中断、系统死机、网络瘫痪等可能给组织带来的非经济损失,包括组织的声誉、顾客的忠诚度、员工的信心、社会和政治影响等。

(4)确定应急响应的恢复目标。恢复目标即为风险评估过程中整理出来的重要资产清单,但需要注意以下两点:

①关键业务功能及恢复的优先顺序,即整个组织的业务全面中断后,最先应该"抢修"的是哪个子系统。需要将业务功能的优先级进行排序。

②恢复时间和范围,即恢复时间目标(Recovery Time Object,RTO)和恢复点目标(Recovery Point Object,RPO)的范围。它们是通过模拟业务停顿后,随时间而造成的损失,进而确定RTO和RPO。

RTO和RPO的确定是综合各种因素的结果,包括业务重要性、恢复难度和恢复成本等因素。

①业务重要性。业务越重要,相应的RTO值就越小。这个需要事先与用户沟通,沟通的顺序应该以该组织的决策层和信息系统管理部门为主,兼顾各业务应用部门,并从风险控制和承担残余风险的角度来量化RTO和RPO。

②恢复难度。对于那些业务连续性要求很高的单位(如证券交易信息系统、电网信息系统等),就必须考虑使用双机热备份(Hot Standby)等不间断恢复技术来确保组织的核心业务不受到重大影响,接下来再考虑查出故障,恢复主服务器功能等操作。对于一般的组织而言,RTO和RPO的确定需要决策层提供参考意见,此时,不宜过多地询问所有用户,否则,你会发现所有的业务都很重要,无法区分优先级。

③恢复成本。恢复成本是BIA乃至整个应急响应计划编制工作中一个非常重要的部分。RTO和RPO的恢复成本实际上就是应急响应计划中的"所需资源"。整个需要由应急响应服务机构和组织的管理层反复协商,最后确定"有多少资源,先办哪些事,能办多少事"。

2.制定应急响应策略

制定应急响应策略是应急响应计划准备阶段的最后一个内容,它提供了业务中断、系统死机、网络瘫痪等信息安全事件发生后,快速有效地恢复信息系统运行的方法。这些策略中应涉及在BIA中确定的应急响应的恢复目标。

(1)系统恢复能力等级划分及资源要求。系统恢复能力可以分为基本支持、备用场地支持、电子传输和部分设备支持、电子传输及完整设备支持、实时数据传输及完整设备支持、数据零丢失及远程集群支持等6个等级。每个等级都包含数据备份系统、备用数据处理系统、备用网络系统、备用基础设施、专业技术支持能力、运行维护管理能力和灾难恢复预案等7个要素。

①数据备份系统是由数据备份的硬件、软件和数据备份介质组成,如果是依靠电子传输的数据备份系统,还包括数据备份线路和相应的通信设备。需要确定:数据备份的范围,数据备份的时间间隔,数据备份的技术与介质,数据备份线路的速率,相关通信设备的规格和要求。

②备用数据处理系统是指备用的计算机、外网设备和软件。需要确定:数据的处理能力,与主系统的兼容性要求,平时处于就绪还是运行状态等。

③备用网络系统是最终用户用来访问备用数据处理系统的网络,包含备用网络通信设备和备用数据通信线路。需要确定:备用数据通信的技术和线路带宽,网络通信设备的功能和容量等。

④备用基础设备是灾难恢复所需的,支持灾难恢复系统运行的建筑、设备和组织,包括介质的场外存放场所,备用的机房及灾难恢复工作辅助设施,以及允许灾难恢复人员连续停留的生活设施。需要确定:与主中心的距离,场地和环境要求,运行维护和管理要求。

⑤专业技术支持能力是对灾难恢复系统的运转提供支撑和综合保障的能力,以实现灾难恢复系统的预期目标。包括:硬件、系统软件和应用软件的问题分析和处理能力,网络系统安全运行管理能力,沟通协调能力等。需要确定:灾难备份中心在软件、硬件和网络等方面的技术支持要求,即技术支持的组织架构,各类技术支持人员的数量和素质等要求。

⑥运行维护管理能力包括运行环境管理、系统管理、安全管理和变更管理等。需要确定:运行维护管理组织架构,人员数量和素质,运行维护管理制度等。

⑦灾难恢复预案即组织根据需求分析的结果,按照成本风险平衡的原则,预先制定的灾难恢复方案,包括整体要求,制定过程的要求,教育、培训和演练要求,管理要求等。

(2)成本考虑。信息系统的使用或管理组织应确保有足够的人员和资金执行所选择的策略。各种类型的备用站点、设备更换和存储方法的费用应与预算限制相平衡。应保证预算充足,即软件、硬件、差旅及运送、测试、计划培训项目、意识培训项目、劳务、其他合同服务以及任何其他适用资源的费用。同时组织应进行成本效益分析,以确定最佳应急响应策略。

(3)应注意的问题。

①通用性和特殊性。从管理的角度而言,一个组织机构层次越高,应急计划就越应该具备通用性,而业务工作越单一的部门,应急计划就越应该具备特殊性。

②灵活性和规范性。计划越详细,执行过程就越规范,但也就越缺乏灵活性。一个可行的方法是,根据对过往历史事件的分析,对于那些出现频率较高或一旦发生就会严重影响业务连续性的安全事件,制定比较详细的应急响应步骤,而对较少发生或尚未发生的安全事件,其应急响应步骤保留一定的灵活性,在后续的工作中不断补充。

③可操作性和系统性。应急计划不是为了应付检查,而是一旦发生安全事件后真正地能够应急。尽管我们始终强调在从事信息安全保障工作中,要有系统科学的思想,但并不是越复杂越好。实际上,应急响应计划不仅是为应急响应专家制订,也是为那些参与"救援",但对信息安全事件不熟悉的人员制订的,因此,计划应该明确、简洁,易于在紧急情况下执行,并尽量使用应急检查列表和可操作的流程。

12.3 应急响应计划编制

编制应急响应计划是应急响应规划过程中的关键一步,它应描述适应机构需求,并支持应急操作的技术能力,它包括总则、角色及职责、预防和预警机制、应急响应流程、应急响应保障措施和附件等6个部分。

1.总则

总则部分提供了重要的背景或相关信息,使应急响应计划更容易理解、实施和维护。通常这部分包括编制目的、编制依据、使用范围和工作原则等。

(1)编制目的:介绍编制信息安全应急响应计划的原因和目标。

(2)编制的依据:说明编制信息安全应急响应计划的依据。供参考的依据包括:国家有关信息安全应急响应的相关标准,政府或企业制定的有关突发公共事件应急响应的文件,本单位突发公共事件应急响应计划,本单位信息安全保障工作相关文件等。

(3)适用范围:说明计划的作用范围,解决哪些问题,不解决哪些问题。凡是在本计划中没有罗列的其他安全问题,都不在解决范围内。

(4)工作原则:确定应急响应计划组织和实施原则。要简明、扼要、易懂。

2.角色及职责

组织应结合本单位日常机构建立信息安全应急响应的工作机构,并明确其职责。其中一些人可负责两种或多种职责,而一些职位可由多人担任,但应明确他们的替代顺序。

应急响应的工作机构由管理、业务、技术和行政后勤等人员组成,一般来说,按角色可划分为5个功能小组:应急响应领导小组,应急响应技术保障小组,应急响应专家小组,应急响应实施小组和应急响应日常运行小组。组织应该根据其所具备的技能和知识将人员分配到这些小组中,理想的情况是:分配到相关小组中的人员在正常条件下负责的是相同或类似的工作。

实际中,可以不必成立专门机构对应各功能小组,组织可以根据自身情况由其具体的某个或某几个部门或部门中的某几个人担当其中一个或几个角色。组织可聘请具有相应资质的外部专家协助应急响应工作,也可委托具有相应资质的外部机构承担实施小组及日常运行小组的部分或全部工作,但需要和其签订相关协议,如信息保密协议、服务水平协议、服务持续协议等。

3.预防和预警机制

预防和预警机制是一种防御性机制,在某种程度上,可以将安全隐患消灭在萌芽状态。组织应加强信息安全监测、分析和预警工作,建立信息安全事件报告和通报制度,发生信息安全事件的单位和部门应当在安全事件发生后,立即向应急响应日常运行小组报告。

应急响应日常运行小组接到信息安全事件报告后,应当经初步核实后,将有关情况及时向应急响应领导小组报告,并进一步进行情况综合,研究分析可能造成损害的程度,提出初步行动对策。应急响应领导小组视情况召集协调会,决策行动方案发布指示和命令。

在组织内部,积极推行信息安全等级保护制度,基础信息网络和重要信息系统建设要充分考虑抗毁性与灾难恢复。预防机制应被记录在应急响应计划中,应对相关的人员进行培训,使他们明确如何以及何时使用预防机制。预防机制应得到维护,以保持良好状态,确保它们在信息安全事件中的有效性。

4.应急响应流程

应急响应流程是应急响应计划的核心部分,它描述并规定了信息安全事件发生后应采取的工作流程和相应的条款,目的是保证应急响应能够有组织地执行,从而最大限度地保证应急响应的有效性。如图12.2所示为信息安全应急响应流程。

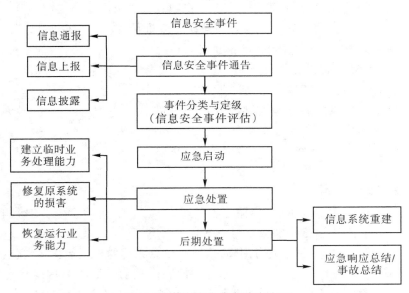

图12.2 信息安全应急响应流程

应急响应流程包含了信息安全事件通告、事件分类与定级(信息安全事件评估)、应急启动、应急处置和后期处置等5个部分。

(1)事件通告。事件通告包括信息通报、信息上报和信息披露等3个部分。

①信息通报。信息通报分为组织内信息通报和组织外信息通报。组织内信息通报是在信息安全事件发生后,应及时通知应急响应日常运行小组,使其能够确定事态的严重程度和下一步将要采取的行动。在损害评估完成后,应通知应急响应领导小组。其通知方法可以是固定电话、移动电话或电子邮件等。由于电子邮件无法确定能否得到有效回复,所以应谨慎使用电子邮件发送通知,除非是低等级、影响轻微的安全事件。

应急响应通知策略应定义信息安全事件发生后人员无法联络时的规程,并在应急响应计划中明确描述。一种通用的通知策略是"呼叫树",它包括主要的和备用的联络方法,应确定在某个人无法联系上时应采取的规程。需要通知的人员应在计划附件中的联系人清单中标明。联系人清单确定人员在其小组中的职位、姓名和联络信息(如家庭电话、工作电话、手机号码、电子邮件地址和家庭地址等)。

组织外信息通报是在信息安全事件发生后,应将相关信息及时通报给受到负面影响的外部机构、互联的单位系统和重要的用户,同时根据应急响应的需要,应将相关信息准确通报给相关设备及服务提供商(包括通信、电力等),以获得适当的应急响应支持。对外信息通报应符合组织的对外信息发布策略。

②信息上报。信息安全事件发生后,应按照相关规定和要求,及时将情况上报相关主管或监管单位或部门。需要上报的安全事件一般是Ⅱ级和Ⅲ级以上的安全事件,对于低等级安全事件可以予以记录存档,或以月报、季报、年报等形式提交给上级主管或监管部门,以供长期跟踪研究和大范围安全事态预报研究。

③信息披露。信息安全事件发生后,根据信息安全事件的严重程度,组织应指定特定的小组及时向新闻媒体发布相关信息。指定的小组应严格按照组织相关规定和要求对外发布信息,同时组织内其他部门或个人不得随意接受新闻媒体采访或对外发表自己的看法。其目的是避免信息安全事件影响被误传或讹传,及时掌握和引导公众舆论,同时规范组织内部人员的信息披露,保证信息发布口径的一致性。

(2)事件分类与定级。信息安全事件发生后,应急响应日常运行小组对信息安全事件进行评估,确定信息安全事件的类别和级别。

①事件分类。信息安全事件可以是由故意、过失或非人为原因引起的,因此分类信息安全事件需要考虑引发信息安全事件的起因、表现、结果等。信息安全事件可以分为有害程序事件、网络攻击事件、信息破坏事件、信息内容安全事件、设备设施故障、灾害性事件和其他信息安全事件等7个基本分类。

1)有害程序事件(MI)

有害程序事件是指蓄意制造、传播有害程序,或是因受到有害程序的影响而导致的信息安全事件。有害程序是指插入信息系统中的一段程序,它危害系统中数据、应用程序或操作系统的保密性、完整性或可用性,或影响信息系统的正常运行。它包括:

•计算机病毒事件(CVI),是指蓄意制造、传播计算机病毒,或是因受到计算机病毒影响而导致的信息安全事件。计算机病毒是指编制或者在计算机程序中插入的一组计算机指令或者程序代码,它可以破坏计算机功能或者毁坏数据,影响计算机使用,并能自我复制。

　　•蠕虫事件(WI),是指蓄意制造、传播蠕虫,或是因受到蠕虫影响而导致的信息安全事件。蠕虫是指除计算机病毒以外,利用信息系统缺陷,通过网络自动复制并传播的有害程序。

　　•特洛伊木马事件(THI),是指蓄意制造、传播特洛伊木马程序,或是因受到特洛伊木马程序影响而导致的信息安全事件。特洛伊木马程序是指伪装在信息系统中的一种有害程序,具有控制该信息系统或进行信息窃取等对该信息系统有害的功能。

　　•僵尸网络事件(BI),是指利用僵尸工具软件,形成僵尸网络而导致的信息安全事件。僵尸网络是指网络上受到黑客集中控制的一群计算机,它可以被用于伺机发起网络攻击,进行信息窃取或传播木马、蠕虫等其他有害程序。

　　•混合攻击程序事件(BAI),是指蓄意制造、传播混合攻击程序,或是因受到混合攻击程序影响而导致的信息安全事件。混合攻击程序是指利用多种方法传播和感染其他系统的有害程序,可能兼有计算机病毒、蠕虫、木马或僵尸网络等多种特征。混合攻击程序事件也可以是一系列有害程序综合作用的结果,例如一个计算机病毒或蠕虫在侵入系统后安装木马程序等。

　　•网页内嵌恶意代码事件(WBPI),是指蓄意制造、传播网页内嵌恶意代码,或是因受到网页内嵌恶意代码影响而导致的信息安全事件。网页内嵌恶意代码是指内嵌在网页中,未经允许由浏览器执行,影响信息系统正常运行的有害程序。

　　•其他有害程序事件(OMI),是指不能被包含在以上6个子类之中的有害程序事件。

　　2)网络攻击事件(NAI)

　　网络攻击事件是指通过网络或其他技术手段,利用信息系统的配置缺陷、协议缺陷、程序缺陷或使用暴力对信息系统实施攻击,并造成信息系统异常或对信息系统当前运行造成潜在危害的信息安全事件。它包括:

　　•拒绝服务攻击事件(DOSAI),是指利用信息系统缺陷或通过暴力的手段,以大量消耗信息系统的CPU、内存、磁盘空间或网络带宽等资源,从而影响信息系统正常运行为目的的信息安全事件。

　　•后门攻击事件(BDAI),是指利用软件系统、硬件系统设计过程中留下的后门或有害程序所设置的后门而对信息系统实施攻击的信息安全事件。

　　•漏洞攻击事件(VAI),是指除拒绝服务攻击事件和后门攻击事件之外,利用信息系统配置缺陷、协议缺陷、程序缺陷等漏洞,对信息系统实施攻击的信息安全事件。

　　•网络扫描窃听事件(NSEI),是指利用网络扫描或窃听软件,获取信息系统网络配置、端口、服务、存在的脆弱性等特征而导致的信息安全事件。

　　•网络钓鱼事件(PI),是指利用欺骗性的计算机网络技术,使用户泄漏重要信息而导致的信息安全事件。例如,利用欺骗性电子邮件获取用户银行账号密码等。

　　•干扰事件(II),是指通过技术手段对网络进行干扰,或对广播电视有线或无线传输网络进行插播,对卫星广播电视信号非法攻击等导致的信息安全事件。

　　•其他网络攻击事件(ONAI),是指不能被包含在以上6个子类中的网络攻击事件。

3)信息破坏事件(IDI)

信息破坏事件是指通过网络或其他技术手段,造成信息系统中的信息被篡改、假冒、泄漏、窃取等而导致的信息安全事件。它包括:

•信息篡改事件(IAI),是指未经授权将信息系统中的信息更换为攻击者所提供的信息而导致的信息安全事件,如网页篡改。

•信息假冒事件(IMI),是指通过假冒他人信息系统收发信息而导致的信息安全事件,如网页假冒。

•信息泄漏事件(ILEI),是指因误操作,软、硬件缺陷或电磁泄漏等因素,导致信息系统中的保密、敏感、个人隐私等信息暴露给未经授权者而导致的信息安全事件。

•信息窃取事件(III),是指未经授权用户利用可能的技术手段恶意主动获取信息系统中的信息而导致的信息安全事件。

•信息丢失事件(ILOI),是指因误操作,人为蓄意或软、硬件缺陷等因素导致信息系统中的信息丢失的信息安全事件。

•其他信息破坏事件(OIDI),是指不能被包含在以上5个子类中的信息破坏事件。

4)信息内容安全事件(ICSI)

信息内容安全事件是指利用信息网络发布、传播危害国家安全、社会稳定和公共利益的内容的安全事件。它包括:

•违反宪法和法律、行政法规的信息安全事件。

•针对社会事件进行讨论、评论形成网上敏感的舆论热点,出现一定规模炒作的信息安全事件。

•组织串联、煽动集会游行的信息安全事件。

•其他信息内容安全事件等。

5)设备设施故障(FF)

设备设施故障是指由于信息系统自身故障或外围保障设施故障而导致的信息安全事件,以及人为地使用非技术手段有意或无意地造成信息系统破坏而导致的信息安全事件。它包括:

•软、硬件自身故障(SHF),是指因信息系统中硬件设备的自然故障,软、硬件设计缺陷或者软、硬件运行环境发生变化等导致的信息安全事件。

•外围保障设施故障(PSFF),是指由于保障信息系统正常运行所必需的外部设施出现故障而导致的信息安全事件,例如电力故障、外围网络故障等导致的信息安全事件。

•人为破坏事故(MDA),是指人为蓄意的对保障信息系统正常运行的硬件、软件等实施窃取、破坏造成的信息安全事件;或由于人为的遗失、误操作以及其他无意行为造成信息系统硬件、软件等遭到破坏,影响信息系统正常运行的信息安全事件。

•其他设备设施故障(IF-OT),是指不能被包含在以上3个子类中的设备设施故障而导致的信息安全事件。

6)灾害性事件(DI)

灾害性事件是指由于不可抗力对信息系统造成物理破坏而导致的信息安全事件。它包括水灾、台风、地震、雷击、坍塌、火灾、恐怖袭击、战争等导致的信息安全事件。

7)其他安全事件(OI)

其他事件类别是指不能归为以上6个基本分类的信息安全事件。

②事件分级。对信息安全事件的分级主要考虑信息系统的重要程度、系统损失和社会影响等3个因素。

信息系统的重要程度主要考虑信息系统所承载的业务对国家安全、经济建设、社会生活的重要性以及业务对信息系统的依赖程度,划分为特别重要信息系统、重要信息系统和一般信息系统。

系统损失是指由于信息安全事件对信息系统的软、硬件,功能及数据的破坏,导致系统业务中断,从而给事发组织所造成的损失,其大小主要考虑恢复系统正常运行和消除安全事件负面影响所需付出的代价。系统损失划分为特别严重的系统损失、严重的系统损失、较大的系统损失和较小的系统损失。其中:特别严重的系统损失是指造成系统大面积瘫痪,使其丧失业务处理能力,或系统关键数据的保密性、完整性、可用性遭到严重破坏,恢复系统正常运行和消除安全事件负面影响所需付出的代价十分巨大,对于事发组织是不可承受的。严重的系统损失是指造成系统长时间中断或局部瘫痪,使其业务处理能力受到极大影响,或系统关键数据的保密性、完整性、可用性遭到破坏,恢复系统正常运行和消除安全事件负面影响所需付出的代价巨大,但对于事发组织是可承受的。较大的系统损失是指造成系统中断,明显影响系统效率,使重要信息系统或一般信息系统业务处理能力受到影响,或系统重要数据的保密性、完整性、可用性遭到破坏,恢复系统正常运行和消除安全事件负面影响所需付出的代价较大,但对于事发组织是完全可以承受的。较小的系统损失是指造成系统短暂中断,影响系统效率,使系统业务处理能力受到影响,或系统重要数据的保密性、完整性、可用性遭到影响,恢复系统正常运行和消除安全事件负面影响所需付出的代价较小。

社会影响是指信息安全事件对社会所造成影响的范围和程度,其大小主要考虑国家安全、社会秩序、经济建设和公众利益等方面的影响,划分为特别重大的社会影响、重大的社会影响、较大的社会影响和一般的社会影响。其中:特别重大的社会影响是指波及一个或多个省市的大部分地区,极大威胁国家安全,引起社会动荡,对经济建设有极其恶劣的负面影响,或者严重损害公众利益。重大的社会影响是指波及一个或多个地市的大部分地区,威胁到国家安全,引起社会恐慌,对经济建设有重大的负面影响,或者损害到公众利益。较大的社会影响是指波及一个或多个地市的部分地区,可能影响到国家安全,扰乱社会秩序,对经济建设有一定的负面影响,或者影响到公众利益。一般的社会影响是指波及一个地市的部分地区,对国家安全、社会秩序、经济建设和公众利益基本没有影响,但对个别公民、法人或其他组织的利益会造成损害。

根据上述3个要素,将信息安全事件进行分级,如表12.1所示。

表12.1　信息安全事件分级

安全事件等级	描述
特别重大事件 (I级事件)	能够导致特别严重影响或破坏的信息安全事件,包括:会使特别重要信息系统遭受特别严重的系统损失;或产生特别重大的社会影响

续表

安全事件等级	描述
重大事件 （Ⅱ级事件）	能够导致严重影响或破坏的信息安全事件,包括:会使特别重要信息系统遭受严重的系统损失,或使重要信息系统遭受特别严重的系统损失;或产生的重大的社会影响
较大事件 （Ⅲ级事件）	能够导致较严重影响或破坏的信息安全事件,包括:会使特别重要信息系统遭受较大的系统损失,或使重要信息系统遭受严重的系统损失,一般信息系统遭受特别严重的系统损失;或产生较大的社会影响
一般事件 （Ⅳ级事件）	不满足以上条件的信息安全事件,包括:会使特别重要信息系统遭受较小的系统损失,或使重要信息系统遭受较大的系统损失,一般信息系统遭受严重或严重以下级别的系统损失;或产生一般的社会影响

（3）应急启动。一旦应急响应计划启动,组织的信息系统甚至整个组织就从平时运行维护状态转为应急状态。应急启动在具体操作时,需要注意以下几点:

①启动原则:快速、有序。即整个应急响应团队的协同要非常流畅,包括计划启动的通知,人员到位,事件处置,外协单位进场等应按照响应流程有条不紊地展开。

②启动依据:一般而言,对于导致业务中断、系统死机、网络瘫痪等突发或重大信息安全事件应立即启动应急。但由于组织规模、构成、性质等不同,不同组织对突发或重大信息安全事件的定义可能不一样,因此,各组织的应急启动条件可能各不相同。启动条件需要考虑以下内容:人员的安全和（或）设施损失的程度;系统损失的程度（如物理的、运作的或成本的）;系统对于组织使命的影响程度;预期的中断持续时间。只有当损害评估的结果显示一个或多个启动条件被满足时,应急响应计划才应被启动。

③启动方法:由应急响应领导小组发布应急响应启动令。值得注意的是,在特殊情况下（如特别重大的安全事件发生或特殊组织、特殊岗位）,事件发生的现场人员应按照预先制定的响应方案立即采取抢险措施,同时请示应急响应领导小组发布应急响应启动令,以获取更大范围的支持。一种有效的方法是由应急领导小组实现授权给特殊岗位的人员,以便在特殊情况下第一线人员能够果断决定,但这需要非常慎重。

（4）应急处置。启动应急响应计划后,应立即采取相关措施抑制信息安全事件影响,避免造成更大的损失。在确定有效控制了信息安全事件影响后,开始实施恢复操作。恢复阶段的行动集中于建立临时业务处理能力,修复原系统的损害,在原系统或新设施中恢复运行业务能力等应急措施。为此,需要关注以下几点:

①恢复顺序。当恢复复杂系统时,恢复进程应反映出BIA中确定的系统优先顺序。恢复的顺序应该反映出系统允许的中断时间,以避免对相关系统及业务的重大影响。

②恢复流程。为了进行恢复操作,应急响应计划应提供恢复业务能力的详细规程。规程应被设定给适当的恢复小组,并且通常涉及以下行动:获得访问受损设施和（或）地理区域的授权;通知相关系统的内容和外部业务伙伴;获得所需的办公用品和工作空间;获得安装所需的硬件部件;获得装载备份的介质;恢复关键操作系统和应用软件;恢复系统数据;成功运行备用设备。

恢复规程应按照直接和分步骤书写。为了防止信息安全事件中产生困难或混乱,不能假定或忽略规程的步骤,并在应急演练中不断完善。

(5)后期处置。在应急处置工作结束后,要迅速采取措施,抓紧组织抢险受损的基础设施,减少损失,尽快恢复正常工作。通过统计各种数据,查明原因,对信息安全事件造成的损失和影响以及恢复重建能力进行评估,认真制订重建计划,迅速组织实施信息系统重建工作。

应急响应总结是应急处置后应进行的另一项工作,具体包括:分析和总结事件发生的原因;分析和总结事件的现象;评估系统的损失程度;评估事件导致的损失;分析和总结应急处置记录;评审应急响应措施的效果和效率,并提出改进建议;评审应急响应计划的效果和效率,并提出改进建议。这部分工作可以与"信息系统重建"工作结合在一起进行。

5.应急响应保障措施

应急响应保障措施是信息安全应急响应计划的重要组成部分,是保证信息安全事件发生后能够快速有效地实施应急响应计划的关键要素。考虑到各个组织的性质和需求可能存在很大差异性,本书描述的内容都是可选的,也可以做适当的调整,但人力保障、物质保障和技术保障这3大方面是必需的。

(1)人力保障。组织要依据自身的职责,制订具体角色和职责分工细则。细则需要制度化,并依据现有人员的实际情况制定合理的工作安排。工作安排要落实到人,形成所有工作人员的独立工作手册,如有人员工作安排变动时,要及时修改工作手册。管理人员的具体保障由应急响应领导小组统一规划和组织管理。

技术人员保障通过建立应急响应技术保障小组和应急响应专家小组来保障,所有技术保障问题统一由技术保障小组负责。技术保障小组要根据应急的技术需要,制订具体角色和职责分工细则。细则需要制度化,并依据现有人员的实际情况制订合理工作安排。工作安排要直接落实到人,形成所有工作人员的独立工作手册,如有人员工作安排变动时,要及时修改工作手册。

由于技术保障小组除了建立自身的技术支持队伍外,所确定的角色与职责多数需要依赖合作者(包括社会力量和专家等),因此,技术保障小组要建立完善的技术培训机构和操作管理方案,保证新技术与应急响应技术的及时培训,保证应急响应技术的有效性。技术保障小组可以依据自身的工作特点,协作单位与人员的具体情况,制订应急响应协同调度方案,但无论采取什么方案,均要有具体的协同工作记录,以备审计。

(2)物质保障。基础物质保障需求应与技术保障和日常管理相关联,即应保证日常技术保障的实现,日常管理工作的展开和应急响应技术服务在应急响应时及时到位。物质需求由应急响应技术保障小组提出,由应急响应日常运行小组落实。

应急响应物质保障包括财力保障、交通运输保障、治安维护和通信保障等部分。

①财力保障:保障应急响应所需的资金,包括应急设备的采购与组织内部人员所需的必要费用,应急响应外协单位的服务费。

②交通运输保障:要保证紧急情况下应急交通工具的优先安排、优先调度、优先放行,确保运输安全畅通。根据应急处置要求,对现场及相关通道实行交通管制,开设应急

响应"绿色通道",保证应急响应工作的顺利开展。

③治安维护:重大信息安全事件发生后,特别是影响范围超出了信息系统或组织内部的情况下,治安维护工作除了通常意义的维持应急抢修秩序,还包括对事发现场的保护,以利于事故原因取证。

④通信保障:建立健全应急通信、应急广播电视保障工作体系,完善公用通信网,建立有线和无线相结合,基础电信网络与机动通信系统相配套的应急通信系统,确保通信畅通。

(3)技术保障。技术保障由应急响应技术保障小组统一负责。依据应急响应的需要,应急响应技术保障小组应制定信息安全事件的技术应对表,全面考察和管理相关技术基础,选择合适的技术服务者,明确职责和沟通方式。

日常技术保障包括事件监控与预警的技术保障、应急技术储备两部分。

①事件监控与预警的技术保障。事件监控与预警的技术保障由应急响应日常运行小组负责。应急响应日常运行小组应保证信息安全事件的快速发现和及时预警。对信息安全事件进行日常监控的方法、流程、记录等应明确职责,落实到人。

②应急技术储备。应急技术储备由应急响应技术保障小组配合应急处理技术服务和技术人力保障来实现。

6.附件

应急响应计划的附件提供了计划主体不包含的关键细节。常见的应急响应计划附件包括:具体的组织体系结构及人员职责;应急响应计划各小组成员的联络信息;供应商联络信息,包括离站存储和备用站点的外部联系点(POC);系统恢复或处理的标准操作规程和检查列表;支持系统运行所需的硬件、软件、固件和其他资源的设备与系统需求清单,清单中的每个条目应包含型号或版本号、规定说明和数量等详细内容;供应商服务水平协议(SLA),与其他机构的互惠协议和其他关键记录;备用站点的描述和说明;在计划制订前进行的BIA,包含关于系统各部分的相互关系、风险、优先级别等;应急响应计划文档的保存和分发方法。

12.4 应急响应计划的测试、培训、演练和维护

1.应急响应计划的测试、培训和演练

为了检测应急响应计划的有效性,同时使相关人员了解信息安全应急响应计划的目的和流程,熟悉应急响应的操作规程,组织应按以下要求组织应急响应计划的测试、培训和演练。

(1)预先制订测试、培训和演练计划,在计划中说明测试和演练的场景。

(2)测试、培训和演练的整个过程应有详细的记录,并形成报告。

(3)测试和演练不能打断信息系统的正常业务运行。

(4)每年至少完成一次有最终用户参与的完整测试和演练。

2.应急响应计划的管理和维护

(1)应急响应计划文档的保存与分发。经过审核和批准的应急响应计划文档,应由专人负责保存与分发;具有多份拷贝,并在不同的地点存放;分发给参与应急响应的所有工作人员;在每次修订后,所有拷贝统一更新,并保留一套,以备查阅;旧版本应按照有关规定销毁。

(2)应急响应计划文档的维护。为了保证应急响应计划的有效性,应从以下3个方面对应急响应计划文档进行严格的维护:业务流程的变化,信息系统的变更,人员的变更都应在应急响应计划文档中及时反映;应急响应计划在测试、演练和信息安全事件发生后实际执行时,其过程均应有详细的记录,并应对测试、演练和执行的效果进行评估,同时对应急响应计划文档进行相应的修订;应急响应计划文档应定期评审和修订,至少每年一次。

12.5　本章小结

信息系统安全应急响应是信息系统安全的最后一道防线,一旦出现业务中断、系统死机、网络瘫痪等突发或重点安全事件的发生,组织必将启动应急响应预案。本章主要讲解了哪些安全事件将引发应急响应,以及应急响应的主要工作流程,并针对其中3个主要的环节(即:应急响应计划准备,应急响应计划编制和应急响应计划的测试、培训、演练和维护)所涉及的主要内容和注意事项进行了详细讲解。

习题

1.什么是应急响应? 哪些安全事件会引发应急响应?

2.应急响应的工作流程是什么? 简要说明。

3.应急响应计划准备包含哪些内容?

4.制订应急响应策略需要考虑哪些方面的问题?

5.编制应急响应计划时,角色和职责该如何划分?

6.应急响应的流程是什么? 简要说明。

7.安全事件是如何分类与定级的?

8.为什么应急处置完成后,还需要后期处置?

9.应急响应的技术保障中,需要完成哪些工作?

参考文献

[1]林国恩,李建彬.信息系统安全[M].北京:电子工业出版社,2010.

[2]陈泽茂,朱婷婷,严博,等.信息系统安全[M].武汉:武汉大学出版社,2014.

[3]张基温.信息系统安全教程[M].3版.北京:清华大学出版社,2017.

[4]曹天杰,张立江,张爱娟.计算机系统安全[M].3版.北京:高等教育出版社,2014.

[5]陈萍,张涛,赵敏.信息系统安全[M].北京:清华大学出版社,2016.

[6]徐云峰,郭正彪.物理安全[M].武汉:武汉大学出版社,2010.

[7]王凤英.访问控制原理与实践[M].北京:北京邮电大学出版社,2010.

[8]陈越,寇红召,费晓飞,等.数据库安全[M].北京:国防工业出版社,2011.

[9]卿斯汉,沈晴霓,刘文清,等.操作系统安全[M].2版.北京:清华大学出版社,2011.

[10]李洋.Linux安全技术内幕[M].北京:清华大学出版社,2010.

[11]Nikolay Elenkov.Android安全架构深究[M].刘惠明,刘跃,译.北京:电子工业出版社,2016.

[12]汤永利,陈爱国,叶青,等.信息安全管理[M].北京:电子工业出版社,2017.

[13]田俊峰,杜瑞忠,蔡红云,等.可信计算与信任管理[M].北京:科学出版社,2014.

[14]邹德清,羌卫中,金海.可信计算技术原理与应用[M].北京:科学出版社,2011.

[15]张波云,鄢喜爱,范强.操作系统安全[M].北京:人民邮电出版社,2012.

[16]William Stallings.密码编码学与网络安全——原理与实践[M].4版.孟庆树,王丽娜,傅建明,等译.北京:电子工业出版社,2006.

[17]张启浩.信息系统安全集成[M].北京:中国建筑工业出版社,2016.

[18]王祯学,周安民,方勇,等.信息系统安全风险估计与控制理论[M].北京:科学出版社,2011.

[19]王普东,张恒巍,王娜,等.信息系统安全风险评估与防御决策[M].北京:国防工业出版社,2017.

[20]向宏,傅鹂,詹榜华.信息安全测评与风险评估[M].北京:电子工业出版社,2014.

[21]冯涛,鲁晔,方君丽.工业以太网协议脆弱性与安全方法技术综述[J].通信学报,2017,38(Z2):185-186.

[22]王娜,方滨兴,罗建中,等."5432战略":国家信息安全保障体系框架研究[J].通信学报,2004,25(7):1-9.

[23]郜宪林.DGSA、SSAF和CDSA安全体系结构比较与分析[J].计算机工程与应用,2002,38(3):96-98,113.

[24]沈昌祥.构造积极防御的安全保障框架[J].计算机安全,2003(10):1-2.

[25]段海新,吴建平.计算机网络的一种实体安全体系结构[J].计算机学报,24(8):1-7.

[26]曹勇,吴功宜.开放安全的Internet/Intranet信息系统体系结构的研究与实现[J].计算机工程与应用,2000,36(1):108-114.

[27]唐岚.美国国家信息安全保障体系简介[J].国际资料信息,2002(5):18-13.

[28]赵战生.美国信息保障技术框架——IATF简介(一)[J].信息网络安全,2003(4):13-16.

[29]赵战生.美国信息保障技术框架——IATF简介(二)[J].信息网络安全,2003(5):32-34.

[30]吕涛.美军全国防信息系统安全计划(DISSP)[J].通信保密,1993(1):23-30.

[31]邹白茹,李聪,蒋云霞.网络环境下重要信息系统安全体系结构的研究[J].中国安全科学学报.2010,20(1):142-148.

[32]苏俊.信息系统安全体系构建研究[D].武汉:武汉理工大学,2008.

[33]蒋春芳,岳超源,陈太一.信息系统安全体系结构的有关问题研究[J].计算机工程与应用,2004,40(1):138-140,219.

[34]白云,张凤鸣,黄浩,等.信息系统安全体系结构发展研究[J].空军工程大学学报(自然科学版),2010,11(5):75-80.

[35]蒋春芳.信息作战环境下信息系统安全体系结构若干问题研究[D].武汉:华中科技大学,2005.

[36]赵勇.重要信息系统安全体系结构及实用模型研究[D].北京:北京交通大学,2008.

[37]侯丽波.基于信息系统安全等级保护的物理安全的研究[J].网络安全技术与应用,2010,(12):31-33.

[38]邹洁,伍飞.电磁泄漏 信息安全的隐患[J].中小企业管理与科技2009(8):261.

[39]蒋汇洋.电磁泄漏防护技术——TEMPEST技术[J].软件,2011,32(5):123-124.

[40]陈杨,胡晓,刘书杰.战场电磁环境对指挥信息系统的干扰分析[J].四川兵工学报,2010,31(1):60-62.

[41]李海泉.计算机的电磁干扰研究[J].计算机工程与设计,2002,23(12):30-34.

[42]张雷.计算机电磁干扰抑制技术研究[J].计算机技术与发展,2017,27(11):146-149.

[43]李园喜,刘志,金晟.计算机液晶显示器电磁信息泄漏隐患分析[J].数字通信世界,2016(3):150-151.

[44]孔庆善,康迪,王野,等.光纤通信的光信息获取及防护技术研究[J].信息安全研究,2002,2(2):123-130.

[45]姜宏亮.笔迹鉴定中基于动态信息的笔划特征提取技术的研究[D].沈阳:沈阳工业大学,2007.

[46]王科俊,侯本博.步态识别综述[J].中国图像图形学报,2007,12(7):1152-1160.

[47]余飞.基于纹理的计算机笔迹识别算法研究[D].重庆:西南政法大学,2010.

[48]陈子炜,洪思云,林劼,等.基于用户笔迹的移动身份识别技术[J].计算机系统应用,2017,26(12):191-195.

[49]王慧.计算机笔迹鉴定算法研究与实验[D].长春:吉林大学,2007.

[50]R.S.Sandhu,E.J.Coyne,H.L.Feinstein.Role-basedaccesscontrolmodels[J].IEEEComputer,1996,29(2):38-47.

[51]唐铭杰.基于P-RBAC的访问控制模型中职责机制的研究[D].上海:上海交通大学,2012.

[52]陈凤珍,洪帆.基于任务的访问控制(TBAC)模型[J].小型微型计算机系统,2003,24(3):621-624.

[53]邓集波,洪帆.基于任务的访问控制模型[J].软件学报,2003,14(1):76-82.

[54]李晓峰,冯登国,陈朝武,等.基于属性的访问控制模型[J].通信学报,2008,29(4):90-98.

[55]房梁,殷丽华,郭云川,等.基于属性的访问控制关键技术研究综述[J].计算机学报,2017,40(7):1680-1698.

[56]陈彦文.Android应用的安全框架与现状[C].信息安全等级保护技术大会,2016,188-193.

[57]刑常亮,卿斯汉,李丽萍.一个基于Linux的加密文件系统的设计与实现[J].计算机工程与应用,2005,41(17):101-104.

[58]陈建勋,侯方勇,李磊.可信计算研究[J].计算机基于与发展,2010,20(9):1-4,9.

[59]张立强,张焕国,张帆.可信计算中的可信度量机制[J].北京工业大学学报,2010,36(5):586-591.

[60]闵京华.信息安全风险的分析和计算原理[J].网络安全技术与应用,2006,(6):8-10.

[61]GB/T 21052 信息安全技术 信息系统物理安全技术要求[S].2007:8.

[62]TCG. Trusted platform module library Part1:Architecture[S].2016:9.

[63]TCG. Trusted platform module library Part2:Structures[S].2016:9.

[64]GB/T20269 信息安全技术 信息系统安全管理要求[S].2006:5.

[65]ISO/IEC 13335 Information technology-Security techniques-Management of information and communications technology security[S].2004:11.

[66]ISO/IEC 17799 Information technology-Security techniques-Code of practice for information security management[S].2005:6.

[67]Information technology-Security techniques-Evaluation criteria for IT security[S].2009:12.

[68]ISO/IEC 27000 Information security management systems[S].2018:2.

[69]GA/T 389 计算机信息系统安全等级保护数据库管理系统技术要求[S].2002:7.

[70]GB/T 20271 信息安全技术 信息系统通用安全技术要求[S].2006:5.

[71]GB/T 18336.1 信息技术 信息技术安全性评估准则 第一部分:简介和一般模型[S].2005:5.

[72]GB/T 25058 信息安全技术 信息系统安全等级保护实施指南[S].2010:9.

[73]GB/T 22239 信息安全技术 信息系统安全等级保护基本要求[S].2008:6.

[74]GB/T 22240信息安全技术 信息系统安全等级保护定级指南[S].2008:6.

[75]GB 17859 计算机信息系统安全保护等级划分准则[S].1999:9.

[76]GB/T 18336系列标准 安全技术 信息技术安全评估准则[S].2015:5.

[77]GB/T 20984 信息安全技术 信息安全风险评估规范[S].2007:6.

[78]GB/T 31509 信息安全技术 信息安全风险评估实施指南[S].2015:5.

[79]NIST SP 800-30 Risk management guide for information technology systems
    [S]. 2002:7.

[80]NIST SP 800-82 Guide to industrial control systems(ICS) security[S].2013:5.

[81]BS 15000 IT service management[S].2002:9.

[82]BS 7799-2 Information security management systems-specification with guidance
    for use[S].2002:11.

[83]GB/T 24363 信息安全技术 信息安全应急响应计划规范[S].2009:9.

[84]GB/T 20988 信息安全技术 信息系统灾难恢复规范[S].2007:6.

[85]GB/Z 20986 信息安全技术 信息安全事件分类分级指南[S].2007:6.

[86]GA/T 708 信息安全技术 信息系统安全等级保护体系框架[S].2007:8.

[87]ISO/IEC Information technology-Open Systems Interconnection-Basic Reference
    Model:The Basic Model[S].1994:11.

[88]ISO/IEC Information processing systems-Open Systems Interconnection-Basic Refe-
    rence Model-Part 2: Security Architecture [S].1989:11.

[89]RFC 2406 IP Encapsulating Security Payload (ESP)[S].1998:11.

[90]RFC 2535 Domain Name System Security Extensions[S].1999:3.

[91]RFC 2459 Internet X.509 Public Key Infrastructure Certificate and CRL Profile
    [S].1999:1.

[92]GB 50174数据中心设计规范[S].2017:10.